Technisches SEO

Stephan Czysch, Benedikt Illner, Dominik Wojcik

O'REILLY®

Beijing · Cambridge · Farnham · Köln · Sebastopol · Tokyo

Kommentare und Fragen können Sie gerne an uns richten:
O'Reilly Verlag
Balthasarstr. 81
50670 Köln
E-Mail: kommentar@oreilly.de

Bibliografische Information Der Deutschen Bibliothek
Die Deutsche Bibliothek verzeichnet diese Publikation in der Deutschen Nationalbibliografie; detaillierte bibliografische Daten sind im Internet über *http://dnb.ddb.de* abrufbar.

Lektorat: Susanne Gerbert, Köln
Korrektorat: Eike Nitz, Köln
Umschlaggestaltung: Michael Oreal, Köln
Produktion: Karin Driesen, Köln
Satz: Tung Huynh, Reemers Publishing Services GmbH, Krefeld; www.reemers.de
Belichtung, Druck und buchbinderische Verarbeitung:
Druckerei Kösel, Krugzell; www.koeselbuch.de

ISBN 978-3-95561-716-5

Inhalt

KAPITEL 1

Einleitung

In diesem Kapitel:

• Warum Technisches SEO (und was ist das überhaupt)?

Die Suchmaschinenoptimierung, oder auch kurz *SEO* für Search Engine Optimization, ist einer der Grundpfeiler einer erfolgreichen Online-Marketingstrategie. Denn eine gute Platzierung in den Suchmaschinen verschafft Ihnen nachweislich unmittelbare Umsatzpotenziale und Wettbewerbsvorteile. Doch wie schaffen Sie es, mit Ihrem Webauftritt aus der Masse der Angebote herauszustechen und dauerhaft auf den vorderen Plätzen der Suchergebnisse zu landen? Ein einfaches Rezept, das diese Frage beantwortet, gibt es nicht, und die Suchmaschinenkonzerne – im deutschsprachigen Raum sprechen wir da fast ausschließlich von Google – haben auch kein Interesse daran, ein solches Rezept frei zu verteilen.

Google stellt zwar mit dem kostenfrei angebotenen PDF *Einführung in die Suchmaschinenoptimierung (http://seobuch.net/228)* eine grundsätzliche Hilfe zur Verfügung, doch als Patentlösung für ein besseres Ranking kann dieses Dokument nicht angesehen werden. Es gilt also, andere Informationsquellen anzuzapfen und aus den eigenen Erfahrungen und denen anderer zu lernen. Dazu möchten wir mit diesem Buch einen Beitrag leisten.

Warum Technisches SEO (und was ist das überhaupt)?

Dass eine gute Platzierung in den (Google-)Suchergebnissen für den Erfolg eines Webauftritts enorm wichtig ist, ist heute fast allen bewusst, die im Web aktiv sind. Weniger bekannt ist die Tatsache, dass viele SEO-Maßnahmen erst dann richtig greifen, wenn der Webauftritt die entsprechenden technischen Voraussetzungen aufweist. Das beginnt bei einer für SEO optimierten Informationsarchitektur und reicht bis zur Kommunikation zwischen dem Webserver und dem Suchmaschinen-Bot, dem sogenannten Crawler. Somit ist Technisches SEO ein großer und wichtiger Teil des Bereichs *Onpage-SEO*, also der Optimierungen innerhalb der eigenen Website. Onpage-Optimierung ist die Grundlage, um langfristig kostenlosen Suchmaschinentraffic zu generieren, also das Fundament, auf das die weiteren SEO-Maßnahmen, beispielsweise die Offpage-Optimierung, aufbauen sollten. Es sorgt dafür, dass Suchmaschinen – ebenso wie Nutzer – die Inhalte eines Webauftritts besser finden und einordnen können.

Vielen Website-Betreibern und Webentwicklern ist nicht bewusst, wie viele Chancen allein die fachmännische Anpassung des Quellcodes bietet. Beispielsweise sind Shopsysteme unter SEO-Gesichtspunkten häufig nicht optimal konfiguriert, so dass Unternehmen, die hier nicht nachjustieren, eine Menge Potenzial verschenken.

Die Maßnahmen des Technischen SEO wirken langfristig – und sie werden nicht in ein paar Jahren überholt sein. Idealerweise werden sie bereits bei der Entwicklung eines Webauftritts berücksichtigt, sie lassen sich aber auch nachträglich, Stück für Stück, umsetzen. Wer sich diese Mühe macht, ist auch für die Zukunft bestens gerüstet.

Warum dieses Buch?

Zum Thema Suchmaschinenoptimierung gibt es bereits einiges an Literatur, doch ist uns bisher kein Buch bekannt, das sich detailliert mit den technischen Aspekten des Onpage-SEO auseinandersetzt. Diese Lücke möchten wir schließen, denn aus unserer Sicht werden die hier beschriebenen Maßnahmen in ihrer Wirkung oft unterschätzt. Schon kleine Anpassungen der Website-Konfiguration können große Verbesserungen im Suchmaschinen-Ranking bewirken. Das ist eine Erfahrung, die wir im Rahmen der strategischen und technischen SEO-Beratung für unsere Kunden immer wieder machen.

Eine andere Erkenntnis aus unserer Beratungspraxis ist, dass die verschiedenen an der Suchmaschinenoptimierung eines Webauftritts beteiligten Akteure häufig nicht dieselbe Sprache sprechen. Viele Webentwickler haben sich noch nicht eingehend mit den Erfordernissen des SEO auseinandergesetzt, und umgekehrt fehlt vielen Marketingprofis das nötige Hintergrundwissen im Bereich

Webentwicklung, um zu verstehen, ob und wie die benötigten Veränderungen technisch umgesetzt werden können. Wir denken, dieses Buch kann zwischen den beiden Seiten vermitteln und dazu beitragen, dass der gesamte Themenkomplex SEO innerhalb Ihres Unternehmens besser verstanden wird.

Das Buch eignet sich somit als Vermittler, aber natürlich auch als ganz praktische Anleitung für Entwickler und Techniker und als Nachschlagewerk – zum Beispiel um nachzuschauen, welche Statuscodes für bestimmte Fälle zum Einsatz kommen sollten.

Für wen ist dieses Buch?

Aufgrund der oben beschriebenen Erfahrungen aus unserer täglichen Beratungspraxis sind wir davon überzeugt, dass folgende Personengruppen von unserem Buch in hohem Maße profitieren werden. Natürlich erhebt diese Liste keinen Anspruch auf Vollständigkeit!

- *Webentwickler*, die Websites und Onlineshops erstellen. Ihnen gibt dieses Buch konkrete Techniken an die Hand, um den Webauftritt für Besucher und Suchmaschinen zu optimieren.
- *Marketing- und SEO-Profis*, die ihr Wissen über die technische Seite des Onpage-SEO vertiefen möchten. Ihnen erleichtert die Lektüre des Buchs zudem den Austausch mit den Technikern, die die Optimierungsmaßnahmen umsetzen.
- Website-Betreiber und *Shopbesitzer*, die das Thema Suchmaschinenoptimierung umfassend verstehen möchten.
- *Hersteller von Shopsystemen und Ähnlichem*. Sie gewinnen hier wichtige Erkenntnisse, um ihre Produkte unter SEO-Gesichtspunkten optimal zu konfigurieren.
- Alle, die mehr über die technische Seite des SEO wissen möchten.

Inhalt und Aufbau dieses Buchs

Wir möchten Ihnen mit diesem Buch einen umfassenden Überblick über die technischen Optimierungsmöglichkeiten im Bereich SEO geben. Angefangen vom eigentlichen URL-Design sowie der Verwendung von entsprechenden Meta-Angaben und HTML-Elementen bis hin zum grundlegenden Aufbau einer soliden und durchdachten Informationsarchitektur sowie den wichtigen Crawling- und Indexierungsvorgängen – wenn Sie die Kapitel der Reihe nach lesen, tauchen Sie Schritt für Schritt tiefer in die technischen Möglichkeiten der Website-Optimierung ein. Gerade im Bereich Pagespeed geht es dabei technisch sehr in die Tiefe.

Zusätzlich dazu geben wir Ihnen natürlich Tipps für die optimale Verwendung von Auszeichnungen bzw. Markups zur Snippet-Optimierung und stellen Ihnen im Abschnitt »SEO-Tools« nützliche Programme vor, die Sie als Webmaster oder Entwickler zur Überprüfung der SEO-relevanten Umsetzungen und zur Aufdeckung von SEO-Potenzialen unbedingt verwenden sollten.

Wir wünschen Ihnen viel Freude beim Lesen unseres Buches und natürlich auch viel Erfolg bei der Umsetzung der Empfehlungen und der Anwendung der entsprechenden SEO-Best-Practices. Zögern Sie nicht, sich bei Fragen zu den einzelnen Themenbereichen auch direkt an uns zu wenden.

KAPITEL 2

Suchmaschinenoptimierung – eine kurze Einführung

Wie im ersten Kapitel bereits kurz angeklungen, ist das Thema Suchmaschinenoptimierung (SEO) für viele Webmaster so etwas wie eine Blackbox. Da sich die Suchmaschinenbetreiber nur vage zu den eigentlichen Ranking- und SEO-Erfolgsfaktoren äußern – die sich grundlegend in die Bereiche On- und Offpage (oder auch On- und Offsite genannt) unterteilen lassen –, ist es sehr schwierig, einen kompletten Überblick über das Thema SEO zu erhalten, und auch, entsprechende Planungen anzustellen.

Doch grundsätzlich beurteilen Suchmaschinen nur zwei Aspekte: Die Relevanz einer Ressource zur Suchanfrage (Onpage), und die Popularität der Ressource (Offpage). Denn während es einfach ist, eine relevante Seite, also relevante Inhalte zu erstellen, ist es meist die Popularität, die wichtige von weniger wichtigen Dokumenten unterscheidet.

Aufgrund des enormen Marktanteils von Google verfolgen Online-Marketer weltweit alle Veränderungen bei Google mit größter Aufmerksamkeit. Welche Änderungen werden an der Darstellung der Ergebnisse vorgenommen? Welche neuen Elemente werden angezeigt? Welche neuen Faktoren halten Einzug in die Suchmaschinenalgorithmen? Und wie könnte sich das auf den eigenen Webauftritt auswirken? Diese und viele weitere Fragen stellen sich insbesondere Suchmaschinenoptimierer unentwegt.

Im Hinblick auf die Optimierung von Websites haben in der jüngeren Vergangenheit besonders die Google-Updates mit den Namen *Panda* und *Hummingbird* für Aufsehen gesorgt. Während sich das Panda-Update mit all seinen mittlerweile umgesetzten Aktualisierungen im Großen und Ganzen auf die inhaltliche Qualität und die Nutzersignale der einzelnen Webseiten konzentriert und hochwertige Inhalt besser zu ranken versucht, geht Google mit dem Hummingbird-Update konsequent den Schritt hin zu einem besseren (semantischen) Verständnis der Suchanfrage. Während aktuell noch viele Suchanfragen über Tastaturen eingegeben werden und meist aus wenigen einzelnen Suchbegriffen bestehen, geht Google davon aus, dass mittelfristig mehr Suchanfragen über Spracheingaben mithilfe mobiler Endgeräte durchgeführt werden. Google möchte Suchanfragen wie »Wo und wann fährt der nächste Bus nach Berlin-Mitte« immer besser beantworten können. Dafür ist es notwendig, unterschiedliche Informationen zur Ergebnisbestimmung heranzuziehen, beispielsweise die aktuelle Uhrzeit und den aktuellen Standort.

Zu den wesentlichen Zielen der Suchmaschinenoptimierung zählen eine möglichst vollständige Abbildung des eigenen Inventars – Produkte im Falle eines Shops oder Artikel bei Magazinen – auf optimierten Webseiten und gleichzeitig die Verhinderung von Duplikaten. Im Idealfall gibt es zu jeder Suchanfrage, für die ein oder mehrere einzelne Dokumente (oder Produkte) relevant sein können, eine passend optimierte Zielseite.

Da sich über eine gezielte *Keyword-Recherche* herausfinden lässt, wofür sich Nutzer tatsächlich interessieren, sollte man sich die Frage stellen, welche Webseite(n) des eigenen Webauftritts die durch die Suchanfrage ausgedrückten Bedürfnisse der Suchenden am besten stillen können. Und: Wird es durch den passenden Einsatz von HTML(-Elementen) und gegebenenfalls strukturierten Datenauszeichnungen auch für Suchmaschinen leicht, die Relevanz der jeweiligen Webseiten zu bestimmen?

Die Aggregation von Inhalten ist dabei einer der zentralen Aspekte der Suchmaschinenoptimierung. Ein Beispiel: Wenn mehrere einzelne Artikel auf einer Website zu einem bestimmten Thema angeboten werden, sollte es eine Übersichtsseite für dieses Thema geben, die nicht nur Verweise auf die einzelnen passenden Artikel setzt, sondern darüber hinaus einen Mehrwert für den Nutzer bietet.

Die Entstehung von Duplikaten, also der Verfügbarkeit gleicher oder sehr ähnlicher Informationen auf unterschiedlichen Adressen eines Webauftritts, ist häufig ein technisches Problem, dem man begegnen sollte. Sonst drohen nämlich Ranking-Verschlechterungen. Welche Möglichkeiten Ihnen dazu zur Verfügung stehen, werden Sie in diesem Buch erfahren.

Eine entscheidende Frage, die sich für viele Website-Betreiber stellt: Lohnen sich Investitionen in SEO überhaupt für meine Website bzw. meinen Onlineshop? Grundsätzlich können wir das kurz und knapp mit Ja beantworten. Allerdings muss man es auch immer differenziert betrachten und pro Bereich und Nische gezielt auswerten, bevor man damit beginnt, eine SEO-Strategie zu konzipieren.

Daher wollen wir uns im Folgenden zunächst mit der grundsätzlichen Frage nach der Zweckmäßigkeit der Investitionen in diesem Bereich sowie mit den messbaren (Erfolgs-)Kennzahlen (KPIs) beschäftigen, sowie abschließend einen Blick auf die weiteren relevanten (Such-)Bereiche *Bilder-*, *YouTube-* und *News-SEO* werfen.

Warum Sie überhaupt in SEO investieren sollten

Vorab: Online-Marketingkanäle wie AdWords, Affiliate und Display-bzw. Bannerwerbung bringen Ihnen im Vergleich zum eigentlichen SEO-Kanal wesentlich schneller Erfolge hinsichtlich Traffic und Reichweite. Hier zahlen Sie aber meistens direkt pro Klick bzw. für die Werbeeinblendungen. Dass dadurch auch eine abschließende Konversion stattfindet, also ein Kaufabschluss oder »Werbeklick« auf Ihrer Website, ist nicht garantiert.

Das Schöne an einer gut durchdachten SEO-Strategie sind die langfristig geringeren Kosten im Vergleich z. B. zum SEA-Kanal, dem bezahlten Bereich der Suchergebnisse (SEA steht für Search Engine Advertising), also die entscheidende Tatsache, dass Sie für Klicks, die Sie über die organischen Suchergebnisse erzielen, kein Geld ausgeben müssen. Im besten Fall ersetzen gute organische Rankings sogar Ihre teuren Google-AdWords-Einbuchungen oder unterstützen eben Ihre bestehenden AdWords-Werbetätigkeiten für umkämpfte Suchbegriffe, wenn Sie gleich mehrfach mit Ihrer Website in den Suchergebnisseiten auftauchen (bezahlt und unbezahlt).

Was Sie zudem nicht vergessen sollten: Onpage-Anpassungen kommen zumeist nicht nur den Suchmaschinen-Crawlern zugute, sondern letztlich auch Ihren Websitebesuchern. Klare Strukturen und gut aufbereitete Inhalte sind für beide wichtig, um ein Verständnis für Ihre Website oder Ihr Produkt zu bekommen und auf die wichtigen bzw. wesentlichen URLs aufmerksam zu werden.

Man sollte für seine Website bzw. seinen Onlineshop jedoch stets durchdenken, welche Online-Marketingkanäle letztendlich abgedeckt werden können und wie die Prioritäten und Kostenstrukturen aussehen. Sie sollten dabei aber nicht den Fehler machen, sich von einem Kanal abhängig zu machen. Stellen Sie sich vor, durch ein Update von Google verlieren Sie wichtige Rankings oder die Klickpreise für Traffic-reiche Keywords (AdWords) steigen in für Sie unprofitable Regionen. Beides kann durchaus geschäftsgefährdend sein, wenn Sie nur einen der beiden Kanäle nutzen. Daher ist es wichtig, dass Sie Ihren Website-Traffic über mehrere Wege beziehen. Auch Social-Media-Aktivitäten wie beispielsweise die Betreuung Ihrer Fans bei Facebook und Google+ zählen dazu, genau wie die Kundenbindung per Newsletter oder sonstigen E-Mail-Aktivitäten sowie Preissuchmaschinen-Marketing.

Wie funktioniert überhaupt eine Web-Suchmaschine?

Grundlage einer jeden (Web-)Suchmaschine sind die von ihr indexierten Inhalte, also einzelne Webseiten, Bilder, Videos und andere Dateitypen. Diese werden durch die suchmaschineneigenen *Crawler* erfasst und anschließend detailliert analysiert und bewertet. Google hat für alle Interessierten dazu eine interaktive und anschauliche Übersicht erarbeitet, die Sie unter *http://www.google.de/ intl/de/insidesearch/howsearchworks/thestory/* (*http://seobuch.net/ 086*) betrachten können.

Laut Google-Angaben gibt es rund 200 verschiedene Faktoren, die zur Berechnung der Rankings und damit der Positionierungen von Webseiten für einzelne Suchphrasen herangezogen werden. Die genaue Aufschlüsselung, die Wertigkeit sowie der tatsächliche Einfluss der einzelnen Faktoren werden dabei allerdings geheim gehalten – verständlicherweise. Auch die weiteren Suchmaschinenanbieter, beispielsweise Bing oder Yandex, hüten die Einflussfaktoren für den Suchmaschinenalgorithmus. Über verschiedene Testszenarien und Analysen, z. B. von bereits gut positionierten Webseiten und Domains, kann man sich jedoch wichtige und relevante Ranking-Kriterien erschließen. Des Weiteren bietet es sich für Suchmaschinenoptimierer an, auf die Ergebnisse von bereits durchgeführten SEO-Tests zurückzugreifen und diese für die eigenen Projekte und Kunden gezielt einzusetzen. Eine vollständige Auflistung der einzelnen Kriterien und Faktoren wird es auch in Zukunft mit Sicherheit nicht geben, auch wenn Ihnen das viele Websites im World Wide Web suggerieren. In den folgenden Kapiteln werden Sie von uns aber erfahren, welche Möglichkeiten Sie haben, um Ihre Website im Hinblick auf SEO bestmöglich aufzustellen.

Ein kleiner Exkurs in die Vergangenheit

Das Thema Suchmaschinenoptimierung kam erstmals in den Zeiten von Lycos und AltaVista auf, Anfang bis Mitte der 90er Jahre, also mit der Veröffentlichung der ersten webbasierten Suchmaschinen. Mithilfe der ersten Webcrawler konnten HTML-Dokumente aufgespürt und ausgewertet werden. Suchanfragen der Suchmaschinenbenutzer wurden mit dem generierten Dokumentenindex verglichen und die Ergebnisse unter anderem nach der Häufigkeit des Vorkommens des Suchbegriffs in den Dokumenten aufgelistet. Durch vergleichsweise einfache Optimierung des Inhalts und über sogenanntes *Keyword-Stuffing*, also das mehrfache Wiederholen der gesuchten Begriffe, war es möglich, die Positionen von Webseiten im Ranking zu verbessern – aus heutiger Sicht ein geradezu absurder Zustand. Mittlerweile hat sich aber zum Glück für den gesamten Markt einiges verändert. Die letzten Algorithmus-Updates der Suchmaschinen, vor allem von Google, zeichnen den eingangs bereits beschriebenen Weg vor: SEO soll nicht als Einzeldisziplin verstanden, sondern mit weiteren Unternehmenskanälen (z. B. Pressearbeit) verzahnt werden. Zudem liegt der Fokus im Bereich SEO immer mehr auf den Interessen der Nutzer und nicht mehr nur auf der Verständlichkeit der Inhalte für die Suchmaschinen.

SEO = Google?

Grundsätzlich ist die Optimierung von Webseiten für die verschiedenen Websuchmaschinen größtenteils identisch. Google, Bing und Co. bewerten neben dem eigentlichen Inhalt und dem Keywording der Landingpage einer URL auch die Popularität und Relevanz der externen Verweise im Web. Auch wenn der russische Suchmaschinenbetreiber Yandex angekündigt hat, bei der Berechnung der Rankings für kommerzielle Suchanfragen auf externe Links zu verzichten, sind diese für die großen Vertreter Google und Bing nach wie vor ein entscheidendes Bewertungskriterium.

Der Begriff Suchmaschinenoptimierung gilt aber nicht nur für den Bereich der Websuchmaschinen. Auch andere Dienste, z. B. YouTube (»YouTube-SEO«) und Apples App Store (»App-Store-Optimierung«), arbeiten auf der Grundlage von diversen Ranking-Faktoren und bieten daher ebenso die Möglichkeit der Optimierung einzelner Elemente. Zudem sind interne Suchen, etwa bei Onlineshops, Blogs und Newsportalen, auf gewissen Algorithmen aufgebaut, die Inhalte entsprechend der Relevanz zur jeweiligen Suchanfrage sortieren und für Suchende aufbereiten.

In den folgenden Kapiteln gehen wir allerdings vorrangig auf die Optimierung von Inhalten für die webbasierten Suchmaschinen ein, allen voran Google, da sie die größte Verbreitung und Reichweite aufweisen und somit auch die entsprechenden Potenziale für Website-Betreiber bieten.

KPIs – Key Performance Indicators für den SEO-Erfolg

Ähnlich wie in vielen anderen (Geschäfts-)Bereichen ist die Erfolgsmessung ein wichtiger und entscheidender Bestandteil der täglichen Arbeit des Suchmaschinenoptimierers. Und sie ist unerlässlich, wenn Sie mit Dienstleistern in diesem Bereich zusammenarbeiten. Generieren Sie mehr Traffic über den Kanal SEO als noch vor einem Jahr? Konnten Sie die Reichweite Ihres Portals entscheidend erhöhen? Wie sind Ihre Wettbewerber hinsichtlich SEO aufgestellt? All das sind Fragen, die Sie nur unter Zuhilfenahme der im Folgenden erläuterten SEO-Kennzahlen sicher beantworten können.

Rankings und Sichtbarkeit

Die am besten greifbaren, entscheidendsten Indikatoren für das Controlling Ihrer SEO-Maßnahmen sind die Positionen, auf denen Ihre Website in der Google-Suche von Nutzern gefunden wird. Wenn Sie wissen, für welche Keywords Sie vorrangig gefunden werden wollen, ist es eine mögliche Methode, die Rankings manuell abzufragen. Dabei können die Resultate allerdings aufgrund von lokalisierten und individuell angepassten Suchergebnissen mitunter verfälscht sein. Sind Sie beispielsweise mit Ihrem Google-Konto eingeloggt, speichert die Suchmaschine unter anderem Ihr Suchverhalten und bietet Ihnen für Ihre Suchanfragen speziell auf Sie zugeschnittene Ergebnisse an. Wenn Sie aktiver Google+-Nutzer sind, werden unter die normalen Suchergebnisse zudem passende und relevante Postings aus Googles Social Network gemischt. Nicht eingeloggte Nutzer bekommen hingegen weit weniger personalisierte und somit teilweise anders sortierte Ergebnisse geliefert.

Daher ist es sinnvoll, auf ein Ranking-Monitoring-Tool zurückzugreifen. Die Anbieter dieser Tools werten die Ergebnisse zu den Suchanfragen (Keywords) automatisiert und grundsätzlich unlokalisiert aus, um Ihnen einen neutralen Überblick über die tatsächlichen Positionen Ihrer Website zu geben. Große Toolanbieter werten dazu eine Vielzahl an Suchphrasen aus, wodurch sie in der Lage sind, auch Keywords und Keyword-Rankings auszumachen, die Sie eventuell noch nicht im Fokus haben.

Sichtbarkeitsindex – ein wichtiger Indikator?

SEO-Tools wie Sistrix (*www.sistrix.de – http://seobuch.net/578*), Searchmetrics (*www.searchmetrics.com/de/ – http://seobuch.net/376*), Xovi (*www.xovi.de – http://seobuch.net/680*) und SEOlytics (*www.seolytics.de – http://seobuch.net/776*) berechnen für jede Domain einen eigenen sogenannten Sichtbarkeitsindex oder Visibility Index. Dieser setzt sich je nach Anbieter unterschiedlich zusammen. Gängig ist es, die Sichtbarkeitswerte aus den *Rankings* der Domain für diverse vom jeweiligen Tool kontrollierte Keywords, dem *Suchvolumen* für einen Suchbegriff sowie gegebenenfalls der *Klickwahrscheinlichkeit* (abhängig von der Position in den Suchergebnisseiten) zu berechnen. Aber auch andere Faktoren wie der durchschnittlich zu zahlende Klickpreis innerhalb der bezahlten Suchergebnisse fließt bei manchen Anbietern mit ein. Daraus wird über eine Vielzahl an Begriffen der Gesamt-Sichtbarkeitswert berechnet.

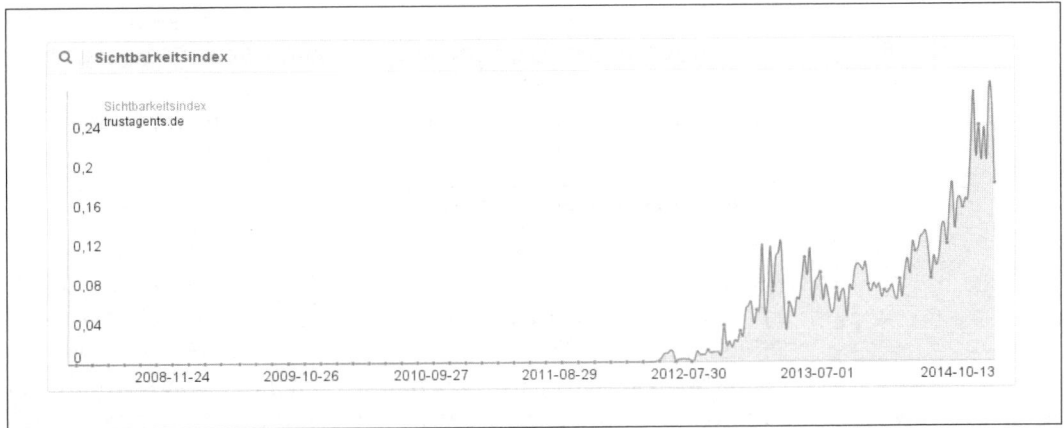

Doch wie aussagekräftig ist diese Kennzahl überhaupt? Entscheidend bei der Bewertung des Sichtbarkeitsindex – gerade auch im Vergleich mit den Werten der Wettbewerber – ist das vom Toolanbieter ausgewertete Keyword-Set. Zudem beschränken sich diese Anbieter beim Generieren aktueller Daten meist auf mehrere hun-

▲ Abbildung 2-1
Verlauf der Sichtbarkeit von trustagents.de (Datenquelle: sistrix.de)

derttausend Suchbegriffe und Keyword-Kombinationen, um mit den bestehenden Ranking-Abfrage-Beschränkungen seitens der Suchmaschinenbetreiber nicht in Konflikt zu geraten. Dadurch kann es sein, dass für Sie wichtige Suchwörter oder längere (»longtail«) Suchphrasen, über die Sie viele Klicks für Ihre Website generieren, nicht erfasst und ausgewertet werden. Zudem kann es vorkommen, dass sich die Breite Ihres Angebotes und damit das mögliche Keyword-Potenzial von dem Ihrer Wettbewerber unterscheidet, obwohl Sie den gleichen Themenbereich abdecken. Daher ist es wichtig, dass man den Sichtbarkeitsindex für die eigene Domain stets relativ betrachtet. Etwaige negative Veränderungen des Sichtbarkeitsgraphen sollten Sie aber trotzdem hinterfragen und als Ausgangspunkt für Analysen nutzen.

Es lohnt sich deshalb, zusätzlich zu den vorliegenden Daten der Toolanbieter ein eigenes Keyword-Set zu definieren und den Wettbewerb nur unter der Berücksichtigung dieser Suchwörter zu vergleichen, um reale Werte für einen fairen und aussagekräftigen Wettbewerbsvergleich zu erhalten. Dafür ist es erforderlich, dass Sie die Positionen Ihrer und der Konkurrenz-Domains auf Tages- und/oder Wochenbasis zusammentragen (manuell oder z. B. mit *www.keywordmonitor.de* – *http://seobuch.net/986*) und anschließend mithilfe des Google AdWords Keyword Planner (siehe *https:// adwords.google.de/KeywordPlanner*, *http://seobuch.net/537*) die jeweiligen Suchvolumina bestimmen, um die Werte zum Abschluss mit einer eigenen Sichtbarkeitsberechnung einander gegenüberzustellen. Dafür können Sie das Suchvolumen eines Keywords jeweils mit einem Wert für die Klickwahrscheinlichkeit multiplizieren.

Konvertierender SEO-Traffic

Das vorrangige Ziel einer jeden SEO-Maßnahme muss sein, die Besucherzahlen der Website über Klicks für relevante Keywords und Suchanfragen in der Suchmaschine zu steigern. Die allgemeine Kennzahl »SEO-Traffic« können Sie, sofern Sie ein Webanalyse-Tool wie Google Analytics benutzen, detailliert auswerten und im zeitlichen Verlauf analysieren. Den Traffic einzelnen Keywords zuzuweisen, erschwert Google allerdings seit Ende 2011, indem es im sogenannten Referrer – also der verweisenden Adresse, über die ein Nutzer auf eine Seite kam – die von den Nutzern eingegebenen Suchbegriffe nur noch für eine geringe Anzahl von Suchanfragen mitsendet. Dieses Phänomen ist unter dem Namen »*not provided*« bekannt.

Es gibt keinen direkten Zusammenhang zwischen dem bereits genannten Sichtbarkeitsindex und dem eigentlichen Traffic-Verlauf. Eine Aussage wie »pro Sichtbarkeitspunkt erhöht sich die Anzahl der über SEO generierten Besucher um 1.000« ist nicht zu beweisen und vor allem nicht branchen- und toolunabhängig zutreffend.

Aber nicht der Traffic, den Sie über die Suchmaschinen generieren, bringt Ihnen letztendlich auch Umsatz, sondern einzig die aus den Suchzugriffen erzielte *Konversion*. Daher ist es wichtig, dass Sie die Rankings sowie die entsprechenden Zielseiten in Einklang bringen und auf Ihre potenziellen Kunden abstimmen. Wie die Konvertierung letztendlich stattfindet, also ob über einen Kauf oder einen Ad-Klick, ist dabei zweitrangig. Mithilfe eines validen Trackings (z. B. mit Google Analytics) können Sie den Weg der Nutzer (die »User Journey«) nachbilden und abschließend ermitteln, wie gut der SEO-Traffic in Wirklichkeit ist. Das gilt natürlich auch für alle anderen Online-Marketingkanäle.

Externe Verlinkungen

Externe Verweise sind nach wie vor ein wichtiger Faktor für Suchmaschinen wie Google und Bing, um die Relevanz eines Webdokumentes zu erkennen und auszuwerten. Der russische Suchmaschinenanbieter Yandex versucht zwar seit Anfang 2014, für bestimmte, kommerzielle Suchanfragen gänzlich auf die Bewertung von Backlinks bei der Relevanz- und Ranking-Berechnung zu verzichten (englischsprachige Ankündigung unter *http://seobuch.net/702*) – aber ob die Onpage-Signale allein zukünftig für eine gute qualitative Bewertung und Einordnung von Webseiten sinnvoll sind, bleibt durchaus fraglich. Das liegt vor allem auch daran, dass sie die eigentliche Grundlage des Google-Suchalgorithmus bilden und somit aufgrund seiner Dominanz auch zukünftig in vielen Märkten weltweit eine wichtige Rolle spielen werden.

Daher ist es stets wichtig zu wissen, wo und wie die eigene Domain verlinkt ist, wie sich das Wachstum der Linkanzahl verhält und welche Offsite-Maßnahmen die Wettbewerber unternehmen. Bezogen auf die eigene Website, können Sie sich über die Google Webmaster Tools externe Verweise anzeigen lassen und sie analysieren. Möchten Sie Zugriff auf eine größere Datenbasis haben und auch die Mitbewerber analysieren, empfehlen sich Backlink-Tools wie Majestic (*https://majestic.com/*, *http://seobuch.net/138*) und ahrefs *(https://ahrefs.com/, http://seobuch.net/113)*, die große Datenmengen zur Verfügung stellen.

Kennzahlen, die bei der Betrachtung von Backlinks und ganzen Backlink-Profilen wichtig sind, sind die Anzahl der verlinkenden Domains (»Domain-Popularität«) sowie die sogenannte »Class-C-Popularität«, also die Anzahl unterschiedlicher IP-Adressen (genauer: unterschiedlicher Class-C-Blöcke) der Websites, die auf Ihre Domain verweisen.

Abbildung 2-2 ▼
Übersicht der Backlink-Daten für die Domain trustagents.de (Datenquelle: majestic.com)

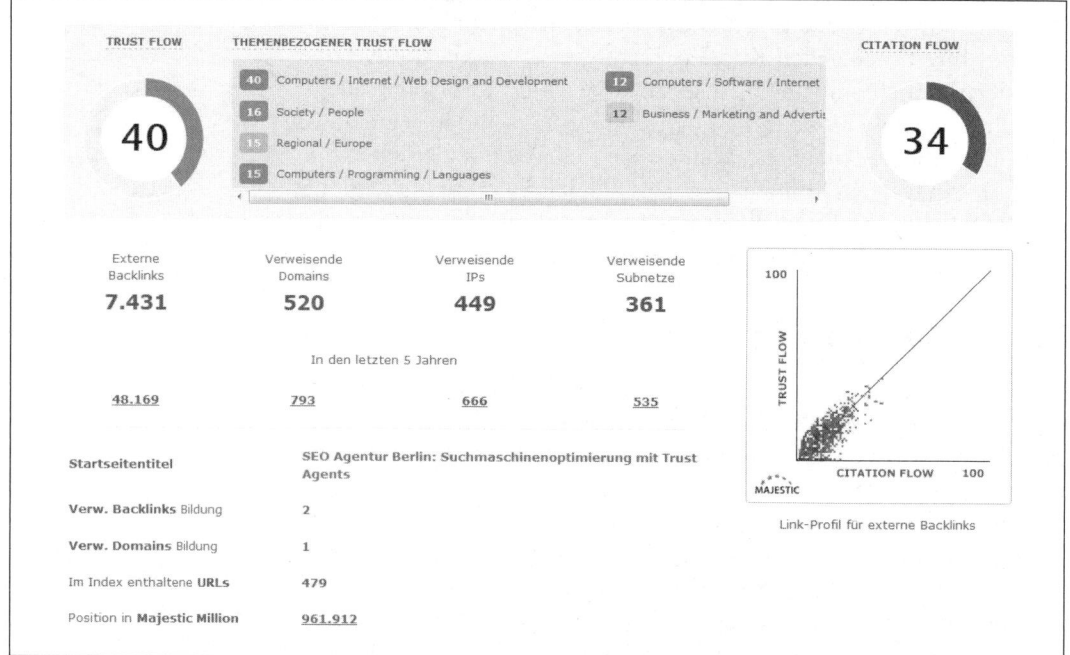

Diese Angaben allein genügen allerdings nicht, wenn es darum geht, die Backlinkqualität zu bewerten. Neben einer manuellen Prüfung sämtlicher Backlinks – vor allem auf Auffälligkeiten im Bereich der Ankertexte (Häufigkeiten und Muster) – bieten Majestic und Moz (*www.moz.com – http://seobuch.net/375*) jeweils eigene Kennzahlen an, die für Sie die Backlink-Profile qualitativ einordnen und bewerten sollen. Der »Citation Flow« bzw. der »Trust Flow« sollen dabei die Power einer URL oder Domain abbilden. Je höher beide Werte sind, umso besser geeignet könnte die Ressource für einen potenziellen Link sein, der dort platziert wird – allerdings unabhängig davon betrachtet, ob thematisch passend oder relevant. Zudem sollen Charts, die die beiden genannten Metriken verbinden, einen Überblick über die Qualität der Backlinks ermöglichen. Beides hilft bei einer Schnellbewertung, sollte aber keinesfalls den detaillierten Blick in das Backlink-Portfolio einer Domain ersetzen. Gerade die Mustererkennung im Bereich der Ankertexte und die inhaltliche Bewertung der linkgebenden Websites erfordern eine genaue Analyse und Durchsicht der vorhandenen Backlinks.

PageRank und Co.

Lange Zeit galt der Google-eigene PageRank – die Grundformel zur Bewertung der Wichtigkeit bzw. Wertigkeit einzelner Webseiten aufgrund ihrer Verlinkung im Web – einer Website bzw. Domain als *der* Indikator für die Qualität und Stärke einer Adresse (URL) bzw. Domain. In den Anfangszeiten von Linktausch und -verkauf wurde vermehrt auf den PageRank geachtet, da dieser Rückschlüsse auf die Stärke der eingehenden Verlinkungen zuließ (Patent: *http://www.google.com/patents/US6285999, http://seobuch. net/081*). Wurde der öffentliche PageRank in der Vergangenheit dazu noch in regelmäßigen Abständen aktualisiert, so passierte das in der letzten Zeit nur noch sporadisch, so dass eine valide Aussage über die Domain nur anhand des PageRank-Werts schwierig geworden ist. Einzig bei der Frage, ob eine Domain eine Abstrafung aufgrund von Linkverkauf erhalten hat, also offensichtlichem und bezahltem Integrieren von werblichen Links in einen Webauftritt, kann man den PageRank noch zurate ziehen, und zwar mithilfe der Abfrage des Startseiten-PageRank. Ist dieser Wert für die Größe des Backlink-Profils zu gering oder gar 0 oder *unranked*, kann man davon ausgehen, dass die Domain von Google abgestraft wurde und externe Verweise ihre Wertigkeit verlieren bzw. verloren haben.

Social-Media-Signale von Plattformen wie Facebook und Twitter (Likes, Shares und Retweets) fließen momentan nicht (entscheidend) in die Berechnung der Rankings mit ein, unter anderem da Google keinen direkten Zugriff auf diese Daten hat. Die hauseigene Social-Plattform *Google+* hat aktuell zudem einfach nicht die Reichweite, um über die generierten +1 valide Signale für die Bewertung einzelner URLs abzugeben; das kann sich in Zukunft noch ändern. Aktivitäten in den sozialen Netzwerken können daher mit Sicherheit nicht schaden – auch vor dem Hintergrund der Nutzerbindung und der Traffic-Gewinnung über verschiedene Kanäle.

Schnellbewertung von Domains

Um einen schnellen Eindruck einer fremden Domain zu erhalten, ob aufgrund möglicher Kooperationsabsichten oder einfach zum Zweck einer Wettbewerber-Analyse, sollten Sie sich immer die aktuellen Rankings, den historischen Verlauf der Sichtbarkeit (alternativ auch alte Ranking-Daten nutzen) und das Backlink-Profil dieser Domain anschauen. So können Sie am Sichtbarkeitsverlauf mitunter direkt erkennen, ob die Domain mit Ranking-Problemen zu kämpfen hat(te) oder Opfer einer Bestrafung bzw. Algorithmus-Änderung durch Google wurde.

Beim Blick in das Backlink-Profil sollten Sie sich vor allem die verwendeten Ankertexte anschauen und deren Häufigkeit bewerten. Treten bestimmte Keywords in einer eher unnatürlichen Häufigkeit auf oder wird die Domains zu oft mit Begriffen wie »hier« und »da« verlinkt, so besteht die Vermutung, dass für die Domain gezielt Linkaufbau betrieben wurde. Kann man für die Domain bei der Suche nach den am meisten verwendeten Keywords derzeit keine Rankings in der Google-Websuche ausmachen, ist davon auszugehen, dass Google dort automatisch oder manuell eingegriffen hat.

Auch der Blick auf den PageRank der Startseite kann, wie bereits beschrieben, eine Abstrafung durch Google anzeigen. Diese geht nicht zwangsläufig mit direkten Ranking-Einbußen einher, sondern soll potenzielle Kooperationspartner von der Zusammenarbeit abhalten.

Bilder-SEO

Der Begriff *Bilder-SEO* beschreibt die Optimierung von Bildern und Grafiken sowie deren Integration in ein Webdokument. Bei Onlineshops betrifft das vor allem Produktfotos sowie die einzelnen Produktdetailseiten, in die die Bilder integriert sind. Aber auch (Marken-)Logos und Artikelfotos, z. B. in Blogs, sollten gezielt für die Suchmaschine optimiert werden.

Zu den zur Verfügung stehenden Optimierungsmöglichkeiten zählen neben der eigentlichen Bilder-URL und der korrekten Auszeichnung der Grafiken (u. a. mithilfe des ALT-Tags und der Bildunterschrift) auch die inhaltliche Ausgestaltung der gesamten URL, auf der ein Bild eingebunden ist. Des Weiteren ist die Häufigkeit der Verwendung bzw. Verlinkung des Bildes ein entscheidender Ranking-Faktor.

Ziel der Optimierung ist vor allem ein verbessertes Ranking der Bilder für bestimmte Suchbegriffe in Googles Bildersuche. Aber auch die sogenannte *Universal-Search*-Integration, also die Darstellung von relevanten Bildern in der normalen Websuche, kann sich für Sie lohnen. Beides ist besonders für die bereits genannten Produktbilder interessant, da darüber gezielter Traffic generiert werden kann.

▼ **Abbildung 2-3**
Für »adidas Sneaker« blendet Google Bilder auf der ersten Ergebnisseite der Websuche ein

Suchergebnis auf Amazon.de für: adidas - Sneaker / Herren ...

www.amazon.de › Schuhe & Handtaschen › Schuhe › Herren › Sneaker ▾
Ergebnissen 1 - 48 von 2268 - adidas Originals Samba, Unisex-Erwachsene **Sneakers**.
von **adidas** ... **Adidas** , Herren **Sneaker** Weiß Weiß/Schwarz. von **adidas**.

Bilder zu adidas sneaker

Unangemessene Bilder melden

Weitere Bilder zu adidas sneaker

Adidas Originals Sneaker Preisvergleich | Sneakers - Preise ...

www.idealo.de › Mode & Accessoires › Schuhe › Sneaker ▾
Adidas Originals **Sneaker**: erst Preisvergleich, dann kaufen. Insgesamt 7.620 preiswerte **Adidas** Originals **Sneakers**, davon 2 mit Tests (Stand 07.01.15).

Ein potenzieller Kunde könnte sich beispielsweise für ein Produkt interessieren und mit der Bildersuche nach einer bestimmten Farbvariation davon suchen. Wenn Sie es schaffen, sich für diese Suchphrase gut zu positionieren und ein geeignetes, passendes Bild anzubieten, können Sie im besten Fall einen neuen Kunden für Ihren Shop gewinnen. Auch für die Suche nach Personen oder Ereignissen können gute Rankings in der Bildersuche Traffic für Ihre Website liefern.

Was viele Webmaster vergessen: Der ALT-Text und der Titel eines Bildes unterstützen sogenannte Screenreader bei der Beschreibung der Bildinhalte für sehbehinderte Menschen. Das Thema Barrierefreiheit sollte auch bei Ihnen auf der Agenda stehen, wenn Sie die Auszeichnungen der Bilder er- bzw. überarbeiten.

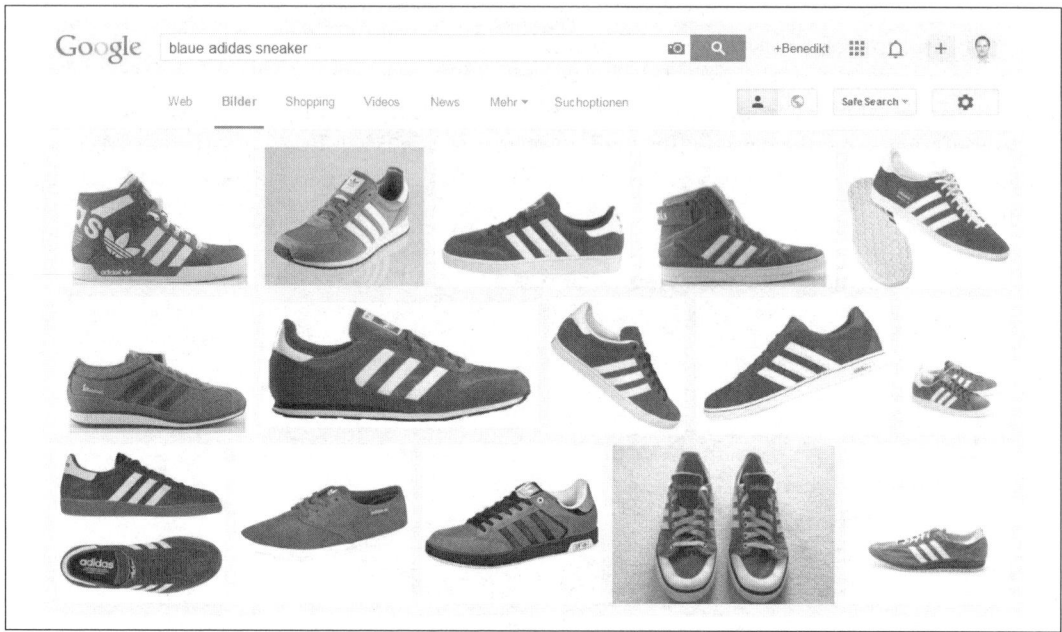

Abbildung 2-4 ▲
Ergebnisse der Google-Bildersuche
für die Suche nach »blaue
Adidas Sneaker«

Bild-URLs, -Größe und -Format

Bevor man sich über die genaue Auszeichnung und Integration eines Bildes Gedanken macht, sollte man sich über den Aufbau der eigentlichen Bild-URL sowie über die Themen »Bild- und Dateigröße« und »Bildformat« im Klaren sein.

Ähnlich wie auch für normale Webdokumente ist eine aussagekräftige Gestaltung der URLs als förderlich für das Ranking anzusehen. Sie sollten also den Dateinamen eines Bildes so wählen, dass er Keywords enthält, für die Sie später mit dem Bild auch gefunden werden möchten. Sind auf dem Bild also beispielsweise blaue Schuhe zu sehen, so sollte in der Bild-URL zumindest auch »blaue-schuhe« enthalten sein. Sind die blauen Schuhe von einer bestimmten Marke, liegt es nahe, diese ebenfalls mit in den Dateinamen zu integrieren (»marke-blaue-schuhe«). Keyword-Spamming, also das mehrfache Integrieren des wichtigsten Keywords in den Dateinamen (z. B. »adidas-sneaker-adidas-sneaker-schuhe«), bringt Ihnen an dieser Stelle nicht zwangsläufig einen Vorteil, weshalb Sie den Dateinamen grundsätzlich passend zum tatsächlichen Bildinhalt vergeben sollten.

Als Dateiformat können Sie sich zwischen gängigen Bildformaten wie JPEG und PNG entscheiden. Eine beweiskräftige Aussage dazu, welches Dateiformat zu besseren Ranking-Ergebnissen führt, liegt bis dato nicht vor. PNG hat allerdings den Vorteil, dass es im Vergleich zu JPEG eher für das Web geeignet ist. Bei JPEG werden die Bilder etwas detailgetreuer dargestellt. Entsprechend komprimiert, also mit vergleichbarer Bildqualität, unterscheiden sich beide Formate von der Dateigröße her letztendlich nicht besonders. Die endgültige Entscheidung liegt also bei Ihnen.

Bezüglich der Bildgröße, also der tatsächlichen (Kanten-)Maße des Bildes, gibt der anerkannte Bilder-SEO-Experte Martin Missfeldt folgende Faustregel vor: mindestens 320 Pixel, maximal 1.280 Pixel pro Kante; zu kleine Bilder und Grafiken werden in der Regel schlechter gerankt; zu große Bilder werden in der Bildersuche zumeist nur über die zusätzliche Option »Große Bilder anzeigen« angezeigt. Ideal ist das Querformat, in dem solche Bilder mehr Platz in der Ergebnisdarstellung erhalten.

Denken Sie beim Thema »Bildgröße« aber auch an Ihre Nutzer und die allgemeine User-Experience. Bevor Kunden beispielweise ein Produkt in einem Onlineshop kaufen, möchten Sie einen guten Eindruck von ihm haben. Moderne Zooming- und 3D-Technologien machen es zwar möglich, Bilder beim Überfahren zu vergrößern, so dass zunächst kleinere Bilder integriert werden können, die dann nur interessierten Nutzern größer angezeigt werden. Trotzdem bleibt eine ansprechende Bildgröße immer wichtig, vor allem auch für alternative Endgeräte wie Tablets und Smartphones.

Aufbau und Auszeichnung

```
</head>
<body>

<img src="http://www.trustagents.de/bild.png" alt="Trust Agents Beispiel-Bild" title="Trust Agents Beispiel-Bild" id="beispiel-bild" class="bild-klasse" />

</body>
</html>
```

Bilder und Grafiken werden mithilfe des IMG-Elements in ein HTML-Dokument eingebunden. Je nach Doctype des Dokuments unterscheidet sich dabei z. B. die Auszeichnung des Element-Endes (mit oder ohne »/«). Über das Attribut »SRC«, also die Angabe der eigentlichen Bildquelle (»Source«), wird die URL angegeben, unter der das zu integrierende Bild zu finden ist (siehe Beispielcode). Über die Style-Angabe bzw. die Verwendung einer ID oder CLASS-Auszeichnung können Sie das Bild per CSS unter anderem mit einem Rahmen versehen.

▲ **Abbildung 2-5**
Beispielhafte Integration eines Bildes in ein HTML-Dokument per IMG-Tag

```
<img src="http://www.trustagents.de/logo.png" id="logo" alt="Trust
Agents Logo" title=" Trust Agents Logo" />
```

Sie sollten für jedes Bild Ihrer Website zwingend das ALT- und optional das TITLE-Attribut auszeichnen und inhaltsbezogen befüllen. Der Alternative-Text (»ALT«-Attribut) dient den Suchmaschinen-Crawlern bei der Analyse des tatsächlichen Bildinhaltes. Beschreiben Sie deshalb den realen Bildinhalt und vermeiden Sie auch an dieser Stelle »Keyword-Spamming«. Bei Onlineshops bietet sich das automatisierte Befüllen des ALT-Attributs nach definierten Vorgaben an. So können Sie das Attribut für Produktbilder beispielsweise nach dem Schema [Marke] [Produktname] [Größe] anlegen.

Der ALT-Text wird zudem für Nutzer im Browser dargestellt, falls das angegebene Bild nicht verfügbar ist. Die TITLE-Auszeichnung wird angezeigt, sobald ein Nutzer mit der Maus über das Bild navigiert. Es kann mitunter sinnvoll sein, die beiden Attribute mit etwas unterschiedlichen Texten zu versehen.

Wie bereits angemerkt, nutzen Screenreader die Textauszeichnungen im ALT- bzw. Title-Tag, um sehbehinderten Menschen Zugang zum Inhalt einer Webseite zu bieten. Optimieren Sie daher die beiden Attribute nicht nur für die Suchmaschinen-Crawler, sondern auch immer mit Blick auf die Barrierefreiheit Ihres Webauftritts, also um sehbehinderten Menschen den Zugang zu ermöglichen.

Für die abschließende Relevanzbewertung ist die Integration des Bildes in ein HTML-Dokument von Bedeutung. So kommt es vor allem auf den Text an, der in der Nähe des Bildes steht (ggf. Bildunterschrift), sowie auf den Content und die Ausrichtung der gesamten URL. Beides wirkt sich, sofern thematisch passend, positiv auf das Bilder-Ranking aus.

Weitere Optimierungsmöglichkeiten

»Lazy-Loading« bzw. On-Demand-Loading von Bildern und Grafiken ist mittlerweile weit verbreitet. Dabei werden Elemente, meistens Grafiken, erst geladen, wenn Sie in das Sichtfeld des Nutzers gelangen, bzw. kurz vorher. Gerade für große Übersichts- und Kategorieseiten in Onlineshops ist dieses bedarfsgerechte Aussteuern durchaus sinnvoll. Aber auch bei Blogs, die auf einer Seite mehrere Beiträge mit großen Artikelbildern anzeigen, ist die Nachladetechnologie empfehlenswert. So verringert man die Ladezeit aufgrund der »Entschlackung« des Quelltextes und der beim Aufruf zu ladenden Inhalte und verbessert dadurch das eigentliche Nutzererlebnis. Besucher Ihrer Website können schneller agieren und ggf. auch konvertieren.

◀ **Abbildung 2-6**
Lazy-Loading am Beispiel einer Kategorieseite von zalando.de – Produktbilder (im unteren Bereich) werden erst »on demand« geladen und angezeigt.

Aus SEO-Sicht gilt es dabei lediglich zu beachten, dass Bilder, die nicht beim ersten Ausliefern einer Webseite als valide Bildelemente im Quelltext mitangegeben werden, vom Suchmaschinen-Crawler auch nicht korrekt gewertet und zugeordnet werden können. Sie sollten aus Usersicht zumindest einen Grundstock an Produktbildern auf einer Shopseite direkt anbieten (im direkt sichtbaren Bereich). Erst beim aktiven Scrollen des Nutzers können dann die weiteren Bilder bequem nachgeladen werden.

Für diese Funktionalität gibt es bereits fertige Klassen und jQuery-Erweiterungen, die einfach und unkompliziert in Ihr bestehendes Projekt implementiert werden können (siehe z. B. http://www.appelsiini.net/projects/lazyload, http://seobuch.net/101 und http://luis-almeida.github.io/unveil/, http://seobuch.net/123).

Weitere Informationen zum Thema Lazy-Loading finden Sie in Kapitel 10, »Pagespeed«. Auf die Verwendung von Image-Sitemaps zur besseren Indexierung Ihrer Grafiken und Bilder gehen wir in Kapitel 9, »Sitemaps« genauer ein.

Video-SEO

Wenn man von »Video-SEO« spricht, meint man in der Regel eigentlich »YouTube-SEO«, bezogen auf die Optimierungsmöglichkeiten für einzelne Videos in der Videoplattform von Google. Obwohl es auch viele andere Videoportale gibt, z. B. Vimeo und MyVideo, verbindet man aufgrund der enormen Reichweite von YouTube diese SEO-Teildisziplin vorrangig mit Googles Videoportal.

Die Rankings der einzelnen Videos für bestimmte Suchanfragen beruhen, ähnlich wie bei der organischen Google-Websuche, auf einer Vielzahl verschiedener Ranking-Faktoren. Ziel der einzelnen Optimierungsmaßnahmen ist, die eigenen Videos so zu platzieren, dass sie für Nutzer besser sichtbar sind und somit auch häufiger angesehen werden. Zudem können Sie im Optimalfall auch Traffic über Googles Videosuche sowie über die Videoeinbettung in den Suchergebnissen der organischen Websuche (Rich-Snippet-Auszeichnung sowie Video-Box) generieren. Über gezielte In-Video-Werbung und -Verweise können Sie dann Ihre Werbeeinnahmen steigern oder die Betrachter zu einer anderweitigen Konversion »verleiten«. Daher sind Videomarketing und Video-SEO sowohl für große Marken als auch für kleine Affiliates und Website-Betreiber sehr interessant.

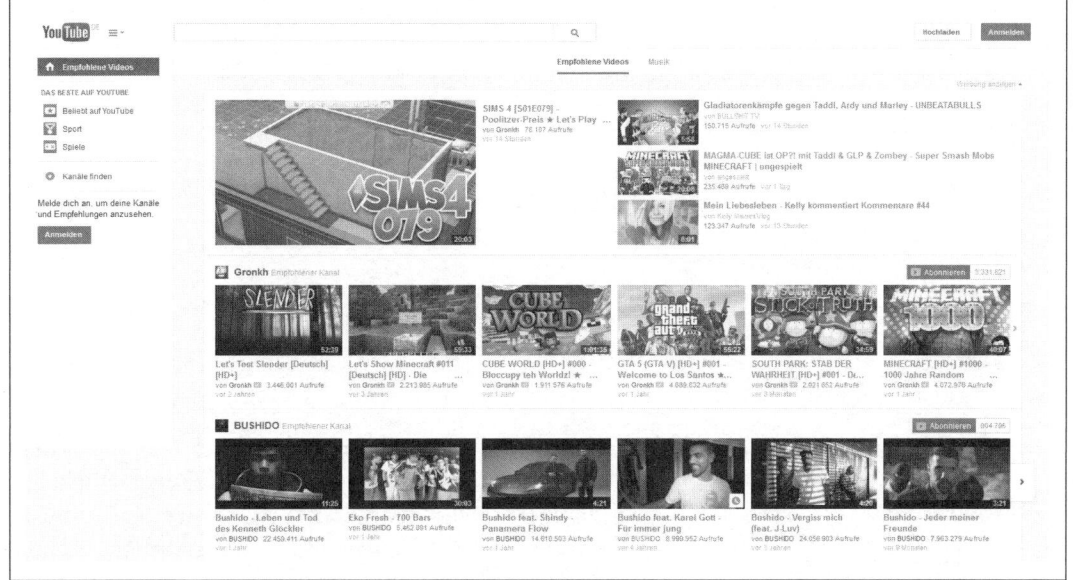

Grundlegende Optimierungsmöglichkeiten

Um Ihr Video populär und im YouTube-Ranking (besser) sichtbar zu machen, bedarf es einiger grundsätzlicher Optimierungen. Machen Sie sich schon im Vorfeld Gedanken darüber, was Sie mit dem jeweiligen Video erreichen möchten. Wird es ein reines Werbevideo oder geben Sie den Betrachtern eine Hilfestellung zu einem bestimmten Problem? Diese Vorabdefinition hilft Ihnen bei der eigentlichen Zielvergabe, der passenden Keyword-Analyse sowie der abschließenden Konversionsplanung (Werbung/Click-Out).

Doch was können Sie unternehmen, um Ihre Videos prominenter zu machen? Man geht zunächst davon aus, dass ein Video, das direkt in HD produziert und über den Video-Manager hochgeladen wird, bereits ein gehobenes Potenzial besitzt, um gut zu ranken. Zudem sollte der Dateiname des hochzuladenden Videos entsprechend »Keyword-reich« und relevant gewählt werden. Auch wenn der Dateiname letztlich nicht öffentlich zu sehen ist, speichert YouTube diesen Wert intern ab und bewertet ihn.

Sowohl für die Nutzer als auch für die interne Suchfunktion entscheidend ist der Titel des Videos. Dieser sollte kurz und prägnant sein und im besten Fall den Videoinhalt samt wichtiger Keywords widerspiegeln. Zu beachten gilt, dass maximal 62 Zeichen angezeigt werden.

▲ **Abbildung 2-7**
Blick auf die aktuelle YouTube-Startseite mit den empfohlenen Videos und Musik-Clips

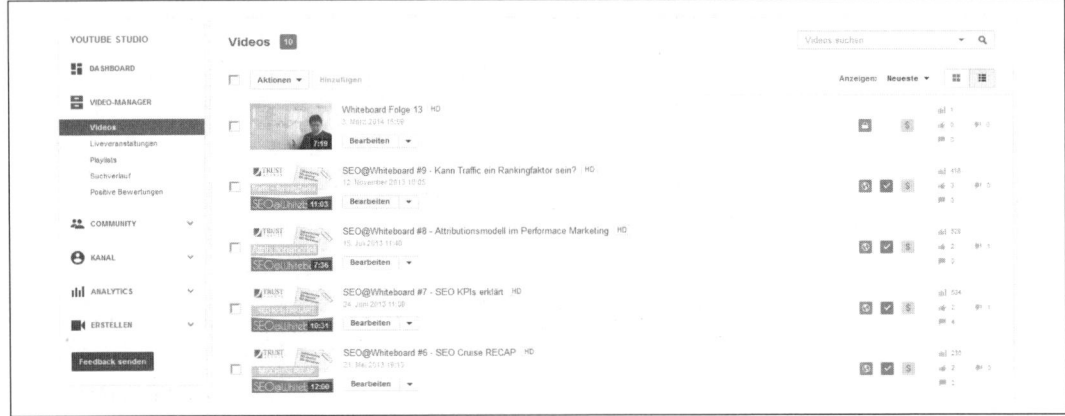

Die Video-Beschreibung bieten Ihnen die Möglichkeit, den Inhalt des Videos näher zu erläutern und relevante bzw. weiterführende Verlinkungen im für Nutzer sichtbaren Bereich auf YouTube zu integrieren (die ersten 3 bis 4 Zeilen sind direkt sichtbar). Achten Sie bei der Textgestaltung darauf, dass Sie stets nur einzigartige (»unique«) Textelemente verwenden und nicht bereits vorhandene Textpassagen kopieren. Dadurch vermeiden Sie Duplicate Content, also unter mehreren Adressen verfügbare Informationen in ähnlicher oder exakt gleicher Form.

YouTube wertet die Bestandteile der Description durchaus aus, um ein besseres Verständnis vom Inhalt des eigentlichen Videos zu bekommen – unterstützen Sie den Algorithmus also und wiederholen Sie z. B. den Titel und für Sie wichtige Stichwörter, vermeiden Sie aber auch hier mögliches Keyword-Spamming.

Tags sinnvoll einsetzen

Die Tags, also die für ein Video zu definierenden Schlüsselwörter, sollten Sie verwenden, um den Inhalt des Videos für die Suchfunktion weiter aufzubereiten. Auch wenn die Tags möglicherweise nur einen geringen Einfluss auf das tatsächliche Ranking haben, können Sie durch die Vergabe des Tags »Video« ggf. schon Nutzer gewinnen, die eine Suche mit dem Begriff »Video« abschließen, beispielsweise »Fifa 2015 Gameplay Video«.

Durch die Tags ist es YouTube möglich, eine gewisse Relevanz für die Videos zu bestimmten Themen herzustellen. Ein Tipp dazu: Schauen Sie sich an, welche Tags konkurrierende Videos verwenden, indem Sie im Quelltext der jeweiligen YouTube-Seite nach der

Angabe »Meta-Keywords« suchen (eine Suche nach »keywords« sollte Sie direkt zum Ergebnis führen). Die angeführten Keywords können Sie dann bequem für Ihr eigenes Video übernehmen bzw. entsprechend anpassen.

▼ **Abbildung 2-9**
Blick in die Video-Bearbeitungsmaske samt beispielhafter Tag-Vergabe

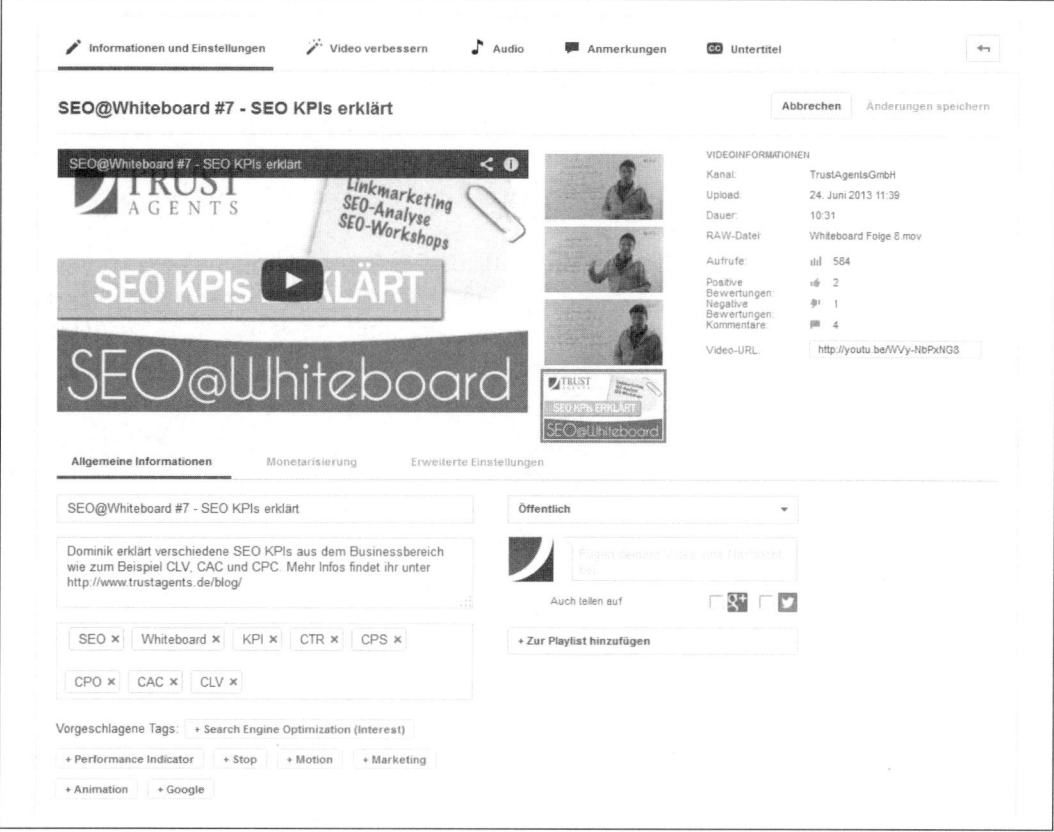

User-Signale und -Bewertungen

Für die tatsächlichen Rankings sind immer auch die tatsächlichen Views entscheidend sowie die Verweildauer der Nutzer. Ähnlich wie in den organischen Suchergebnissen kann die sogenannte Bounce-Rate ein Indikator für die Qualität des angebotenen Videos bzw. der Inhalte sein. Versprechen Sie also nicht rein Keyword-fixiert die neuesten Bundesliga-Tore, obwohl Sie im Video nur einen Screenshot zeigen, der sich zwei Minuten nicht verändert. Bei guten Videoproduktionen und Hilfe-Videos sollte dies aber ohnehin nicht der Fall sein.

Neben den eigentlichen Video-Views zählen für YouTube auch die Bewertungen (Daumen hoch oder runter) und Kommentare der Nutzer. Daher empfiehlt es sich, Kommentare immer zuzulassen, allerdings müssen Sie dann kontinuierlich auf dort eingehenden Spam in Form von Beiträgen bzw. Links achten.

Videos in Websites einbetten

Um die Relevanz für ein Video und damit auch das YouTube-interne Ranking zu steigern sowie die Wahrscheinlichkeit zu erhöhen, dass das Video letztendlich auch in der normalen Websuche erscheint (siehe Abbildung 2-10), sollten Sie nicht nur das Video selbst optimieren, sondern es auch auf einer oder mehreren Websites in einem thematisch passenden Umfeld integrieren. Dies können Sie bequem mithilfe der YouTube-eigenen Funktion »Einbetten« erledigen, die Ihnen ein iframe-Code zur Verfügung stellt.

Möchten Sie, dass ein Snippet bereits in der Google-Suche potenzielle Besucher Ihrer Website auf das eingebundene Video hinweist (siehe YouTube-Integration in der Abbildung), können Sie mithilfe der Video-Auszeichnung (siehe *https://support.google.com/webmasters/answer/2413309*, *http://seobuch.net/618*) ein entsprechendes Vorschaubild erhalten. Das kann die CTR für die gesamte URL positiv beeinflussen.

Neben dem reinen Einbetten des Videos in eine Website haben Sie außerdem die Möglichkeit, die YouTube-Video-URL über die verschiedenen Social-Media-Plattformen zu verteilen und ebenso – wie jede beliebige URL – auch auf externen Websites zu verlinken. Beides wirkt sich auch positiv auf die Rankings Ihres Videos bei YouTube aus, vorausgesetzt, die Relevanz ist stimmig und Sie vermeiden unnötigen Spam. Noch etwas ist wichtig dabei: Das Video sollte jederzeit öffentlich zugänglich und abspielbar und nicht durch Privatsphäreneinstellungen blockiert sein.

News-SEO

Bei der Optimierung von Inhalten für Googles vertikale Suche »News« geht es vorrangig darum, eine Website sowie die einzelnen Artikel so zu optimieren, dass die News und Meldungen prominent in der News-Suche bzw. dem News-Portal platziert werden. Zudem ist die sogenannte News-Box, die bei Suchen nach aktuellen Themen zusätzlich in den Ergebnissen der organischen Websuche auftauchen kann, eine durchaus interessante Traffic-Quelle.

▲ Abbildung 2-10
Vorschau eines Videos in der normalen Websuche, hier bei der Suche nach »Fifa 2015 Trailer«

Google Lichtgrenze

Web   Maps   Bilder   Shopping   Videos   Mehr ▾   Suchoptionen

Ungefähr 1.360.000 Ergebnisse (0,25 Sekunden)

News-Themen

25 Jahre Mauerfall: Lichtgrenze - So flogen die Berliner Ballons davon - Berlin - 25 Jahre Mauerfall
Berliner Morgenpost - vor 18 Stunden
6880 leuchtende Ballons erinnerten zum25. Jahrestag an den Fall der Berliner Mauer.

Sind das die Mauerspechte von 2014? | Stele der Lichtgrenze für 7999 Euro im Netz
BILD - vor 1 Tag

Mauerfall-Jubiläum: "Lichtgrenze" in Berlin sorgt für Aufsehen
Spiegel Online - vor 2 Tagen

Weitere Nachrichten für lichtgrenze

Mauerfall 2014 – „Lichtgrenze" zum 25.Jubiläum ... - Berlin.de
www.berlin.de/mauerfall2014/ ▾
Die Website zu "25 Jahre Mauerfall" mit allen Infos zur "**Lichtgrenze**", zu den Veranstaltungen, Ballonpatenschaften etc.

Mauerfall 2014 – „Lichtgrenze" zum 25.Jubiläum ... - Berlin.de
www.berlin.de/mauerfall2014/hoehepunkte/ ▾
Die „**Lichtgrenze**" ist die Installation zum 9. November 2014 in Berlin entlang des ehemaligen Mauerverlaufs - eine beeindruckende Installation von circa 15 ...

Abbildung 2-11 ▲
Beispiel für eine News-Integration in der normalen Websuche bei der Suche nach einem aktuellen Thema, hier »Lichtgrenze« in Berlin

Bei Google News (https://news.google.com/ – http://seobuch.net/ 326) dreht sich alles um das automatische Zusammentragen und Aufbereiten von Nachrichten und Meldungen. »News« ist quasi ein Onlinemagazin ohne eine echte Redaktion; es lebt allein von den Neuigkeiten, die mehrere Zehntausend Datenquellen weltweit bereitstellen.

Wichtig: Nicht alle Websites, die Content zur Verfügung stellen, erscheinen auch automatisch mit ihren Artikeln in Google News. Sie müssen sich allesamt zuvor einer manuellen Prüfung durch Google unterziehen, um als Quelle zugelassen zu werden. So wird bereits eine gewisse Vorauswahl getroffen, wie sie beispielsweise in der organischen Websuche nicht stattfindet.

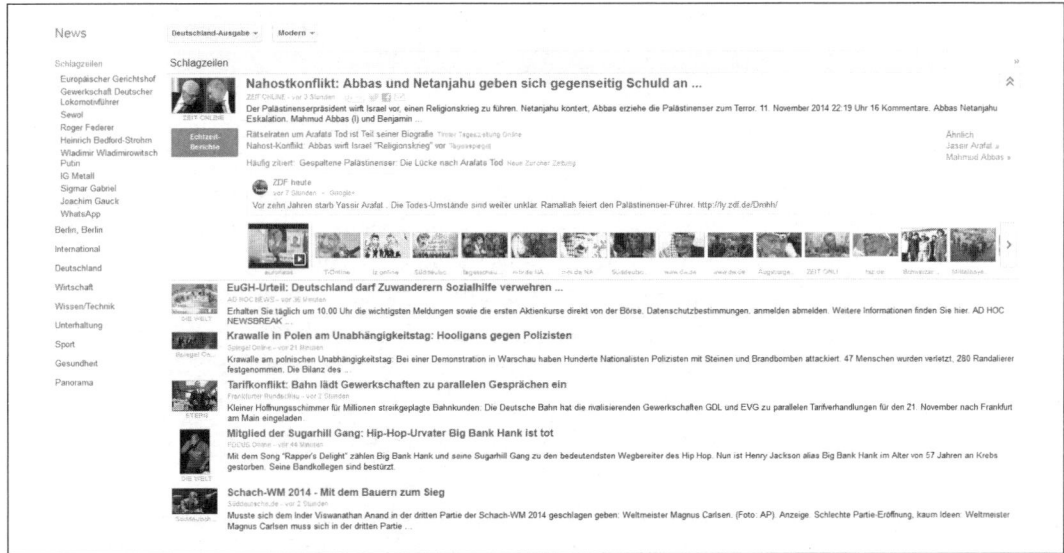

Voraussetzungen für die Aufnahme einer Website in Google News

Bevor Sie Ihre Website bei Google News anmelden (vgl. dazu auch *https://support.google.com/news/publisher/answer/40787?hl=de* – *http://seobuch.net/955*), sollten Sie einige technische und inhaltliche Dinge beachten.

So ist zum Beispiel eine eigene Sitemap für News-Artikel (vgl. *https: //support.google.com/news/publisher/answer/74288?hl=de* – *http:// seobuch.net/755*), die ausschließlich die URLs zu Beiträgen (News) enthält, die in den letzten zwei Tagen veröffentlicht wurden, eine Grundvoraussetzung für die Aufnahme in Google News. Im Bestfall wird die URL zu einem neuen Artikel dort ohne Zeitverzug einge-pflegt. Einreichen können Sie die News-Sitemap über die Google Webmaster Tools.

Artikel müssen außerdem folgendermaßen aufgebaut sein (wichtig ist dabei die Quelltextanordnung):

1. Aussagekräftige Überschrift (H1, wichtige Keywords verwen-den)
2. Bild (wenn vorhanden, das ist von Vorteil)
3. Datumsangabe (für DE: europäisches Datumsformat)
4. Newstext (im Bestfall < 100 Wörter)

Des Weiteren ist Folgendes wichtig, um zunächst aufgenommen zu werden und dann auch langfristig in Google News vertreten zu sein:

- Veröffentlichen Sie regelmäßig neue aktuelle Inhalte (bereits vor der Anmeldung und manuellen Überprüfung sollten ausreichend Artikel vorhanden sein).
- Die auf der Website erscheinenden Artikel müssen von unterschiedlichen Autoren (mindestens drei) verfasst und veröffentlicht werden. Die Autoren müssen auf einer eigenen Redaktionsseite oder im Impressum aufgelistet sein.
- Vermeiden Sie zu viele Werbeeinbindungen, vor allem im Bereich rund um den Artikel sowie zwischen der Headline und dem Content-Teil der News.
- Schnelle Ladezeit und geringe Dateigröße der Webseite, die den Artikel enthält, sind von Vorteil.

Zudem sollte im Bestfall in der URL eine fortlaufende ID mit übergeben werden, um dem Google-Bot das Crawlen und Erfassen von Artikeln zu vereinfachen. Das ist allerdings nicht (mehr) zwingend erforderlich. Achten Sie nur darauf, dass Sie stets einzigartige URLs für Ihre News-Veröffentlichungen verwenden.

Optimierungsmöglichkeiten im Überblick

Neben den soeben beschriebenen Grundlagen, die bereits für die Aufnahme Ihrer Website bzw. Ihres Onlinemagazins nötig sind, sowie dem Trust und der Power Ihrer Domain gibt es ein paar Tricks und Kniffe, um die eigenen Inhalte (nach erfolgreicher Eintragung) effektiver bei Google News zu platzieren.

Folgende Möglichkeiten haben Sie dabei:

- Erweitern und aktualisieren Sie Ihre bestehenden News-Beiträge regelmäßig und ergänzen Sie mögliche Neuerungen und Entwicklungen zu Ihrem Thema.
- Fügen Sie ggf. eine Quelle (samt Link) hinzu (wenn Sie sich auf eine bestehende Meldung oder einen Artikel beziehen).
- Wenn Sie mit Artikelbildern arbeiten (empfohlen), achten Sie darauf, dass Sie passend gestaltete ALT-Attribute verwenden und möglichst auch relevante Captions (Bildunterschriften).
- Deaktivieren Sie die Kommentarfunktion oder nutzen Sie Ajax-basierte Funktionalitäten, da Nutzerstatements bzw. User-generated Content (UGC), der im Quelltext in der Nähe des Artikels zu finden ist, zu Problemen bei der einwandfreien Bewertung des News-Inhalts führen kann.

- Geben Sie Ihren Lesern die Möglichkeit, den Artikel schnell und unkompliziert zu teilen (Social Sharing, Verlinkungsvorlage).

Nutzen Sie abschließend den Meta-Tag »news_keywords«. Was für die organische Suche seit einigen Jahren keine Wirkung mehr hat, ist im News-Bereich von Google sogar erwünscht: Die Vorgabe von passenden Keywords zum Inhalt des Artikels (siehe weiterführend *https://support.google.com/news/publisher/answer/68297*, *http://seobuch.net/905*):

```
<meta name="news_keywords" content="SEO, Google News, News Optimierung">
```

Achten Sie aber darauf, dass Sie an dieser Stelle nicht mit Keywords »spammen«. Viel hilft – wie so oft – nicht viel, sondern eher im Gegenteil: Beschreiben Sie den Inhalt des Artikels kurz und präzise, und stellen Sie sich die Frage, welche Wörter den Inhalt bestmöglich wiedergeben, um so Google die Einordnung der Inhalte zu vereinfachen.

Die kompletten Richtlinien, die Google für den Bereich Google News vorgibt, finden Sie stets aktualisiert unter *https://support.google.com/news/publisher/answer/40787*, *http://seobuch.net/827*).

Zusammenfassung

- Ermitteln Sie, ob SEO für Sie zu Beginn Ihrer Onlinetätigkeit ein wichtiger Kanal ist. Langfristig gesehen, zahlen sich Investitionen in den Bereich Suchmaschinenoptimierung in vielen Fällen aus – erarbeiten Sie daher eine passende SEO-Strategie.

- Legen Sie anhand von KPIs (SEO-Traffic, Ranking-Entwicklungen usw.) nachhaltige Ziele fest, die Sie mittel- und langfristig im Kanal SEO erreichen wollen. Überprüfen Sie regelmäßig, wie Nutzer den Weg zu Ihnen und Ihrer Website finden, und passen Sie gegebenenfalls Ihre SEO-Strategie entsprechend an.

- Wenn Sie viele (Produkt-)Bilder und Grafiken auf Ihrer Website haben, machen Sie sich mit dem Thema Bilder-SEO vertraut, um auch Traffic und Besucher über Googles Bildersuche generieren zu können. Das gilt auch für den Bereich Video-SEO mit Blick auf die Video-Plattform YouTube sowie für aktuelle News und Artikel – sofern Sie diese anbieten – mit Blick auf Google News.

KAPITEL 3
URL-Design

Suchmaschinenoptimierung beginnt immer mit der Erstellung für Suchmaschinen und Nutzer erreichbarer Webadressen, also URLs. Das Akronym URL steht für *Uniform Resource Locator*, auf Deutsch »einheitlicher Quellenanzeiger«. Wenn einer Suchmaschine eine Adresse nicht bekannt ist, kann diese nicht als potenzieller Suchtreffer für die auf der Adresse verfügbaren Inhalte infrage kommen.

Bei der Erstellung von URLs sind einige Dinge zu beachten. Welche genau, das erfahren Sie in diesem Kapitel.

Suchmaschinenoptimierung beginnt mit der Erstellung von URLs

Bei der automatischen Analyse von Webseiten, dem sogenannten Crawling, generieren Suchmaschinen eine Vielzahl von Signalen. Diese beziehen sich immer auf einzelne Adressen – oder von diesen ausgehend auf andere.

Die zentralen Fragen, die Suchmaschinen zu beantworten versuchen, sind folgende:

- Für welche Suchanfragen ist der auf genau dieser Adresse zu findende Inhalt relevant?
- Wie populär ist dieser Inhalt im Vergleich zu anderen Adressen, die zum selben oder zumindest zu einem sehr ähnlichen Thema als Suchtreffer infrage kommen?

Vereinfacht gesagt, bewerten Suchmaschinen zum einen »Relevanz« und zum anderen »Popularität«.

Grundsätzlich ist es Suchmaschinen egal, ob URLs sprechend gestaltet sind (»sprechend« bedeutet, dass der Name der URL bereits einen Rückschluss auf den Inhalt zulässt). Aus ihrer Sicht ist es wesentlich entscheidender, dass URL-Strukturen statisch sind, sich also nach Möglichkeit nicht ändern. Und falls doch, sollten Suchmaschinen über die neue Adresse der Seite informiert werden. Denn der Wegfall einer Adresse ohne Einrichtung einer Weiterleitung führt dazu, dass Suchmaschinen jegliche Rankingsignale der URL verlieren – entweder vorübergehend, falls die Adresse später wieder verfügbar wird, oder permanent, wenn dies nicht geschieht.

Wie Suchmaschinen arbeiten

Jede Suchmaschine, egal ob Google, Bing, Yandex oder Baidu, verwendet eigene Algorithmen zur Rankingbestimmung. Doch das grundsätzliche Vorgehen unterscheidet sich nicht: Suchmaschinen folgen Verweisen, die sie entweder aus bereits bekannten Dokumenten extrahieren oder von deren Existenz sie durch explizite Anmeldung erfahren. Voraussetzung ist, dass die über URLs repräsentierten Inhalte erreichbar sind und es Suchmaschinen erlaubt ist, die Adressen zu analysieren (»crawlen«).

Durch die automatische Analyse des Quelltexts von Seiten – in den meisten Fällen sind das HTML-Dokumente – extrahieren Suchmaschinen Signale, die ihnen dabei helfen, das Thema eines Seiteninhalts zu erfassen. Signale, die direkt aus der Analyse eines Seiteninhalts generiert werden, werden als Onpage-Signale beschrieben. Den Gegenpart stellen Offpage-Signale dar. Unter diesem Begriff sind vor allem Verlinkungen zu verstehen, die sich entweder von anderen Seiten derselben Domain oder von fremden Webauftritten aus auf eine Adresse beziehen.

Weil der Onpage-Bereich inklusive der internen Verlinkung sich normalerweise vollständig im Einflussbereich eines Webmasters befindet, stellen externe Signale in aller Regel ein objektiveres Kriterium dar. Aus diesem Grund ist es verständlich, dass externen Signalen ein besonders hoher Einfluss auf das Ranking eingeräumt wird. Da der Einfluss von Verweisen auf die Platzierung in der Suche bekannt ist, ist die Verbesserung des sogenannten *Backlinkprofils* eine häufig anzutreffende SEO-Maßnahme.

Um natürliche und unnatürlich entstandene Linksignale voneinander zu trennen, investieren Suchmaschinen einen enormen Aufwand, denn es soll nicht das am besten optimierte Ergebnis auf Platz 1 stehen, sondern das objektiv beste.

Welche Faktoren Suchmaschinen genau auswerten und wie diese untereinander gewichtet sind, ist nicht öffentlich bekannt. Und es ist nicht davon auszugehen, dass dieses von Suchmaschine zu Suchmaschine unterschiedliche Betriebsgeheimnis jemals veröffentlicht wird. Zudem entwickeln Suchmaschinenkonzerne ihre Algorithmen kontinuierlich weiter, fügen der Rankingberechnung neue Faktoren hinzu, entfernen möglicherweise andere wieder und ändern die relative Gewichtung der einzelnen Signale.

Aufbau einer URL

Die Adresse einer Ressource – ob Bild, Textdokument, Video oder etwas anderes – setzt sich immer aus unterschiedlichen Teilen zusammen. Beispielhaft hier der Aufbau einer URL, die einen bestimmten Inhalt repräsentiert (s. Abbildung 3-1):

▼ **Abbildung 3-1**
Aufbau und Bezeichnung einzelner Teile einer URL

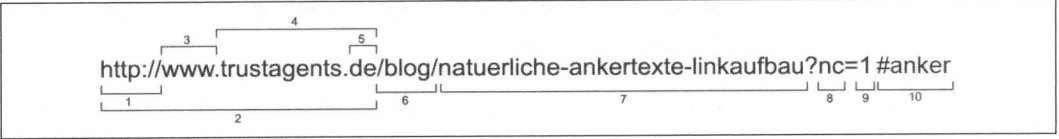

Die einzelnen Teile sind dabei:

1. Protokoll: http
2. Hostname: http://www.trustagents.de
3. Subdomain: www
4. Domainname: trustagents.de
5. Top-Level-Domain (TLD): .de
6. Verzeichnis: blog
7. Dateiname: natuerliche-ankertexte-linkaufbau
8. Parameter: nc
9. Parameterwert: 1
10. Anker: #

Wie bereits beschrieben, ist es Suchmaschinen erst einmal egal, ob eine URL sprechend gestaltet ist, also Rückschlüsse auf den Seiteninhalt zulässt, oder aus vielen unterschiedlichen Parametern mit nicht inhaltsbeschreibenden Werten besteht.

Auswahl des Domainnamens

Bereits die Wahl des Domainnamens kann den späteren SEO-Erfolg mit beeinflussen. Viele eingängige Domainnamen sind bereits vergeben und teilweise auch mit Inhalten befüllt. In manchen Fällen haben Sie aber die Möglichkeit, eine Domain dem bisherigen Besitzer abzukaufen.

Es kann lohnend sein, den Domainnamen so zu wählen, dass er das Hauptsuchwort enthält. Das wird dann als *Keyword-Domain* bezeichnet. Ein Beispiel wäre seo.berlin. Bei der Wahl des Domainnamens ist die Verfügbarkeit (oder alternativ der Kaufpreis) von entscheidender Bedeutung. Internetnutzer sind an bestimmte Top-Level-Domains gewöhnt, weshalb Sie länderspezifischen TLDs wie .de, .ch oder .co.uk sowie häufig verwendeten generischen Endungen wie .com, .net, .org und .info den Vorzug vor eher exotischen TLDs wie .biz oder .ws geben sollten.

Worauf Sie bei der Erstellung von URLs achten sollten

Wie beschrieben, werden Ihre Inhalte von URLs repräsentiert. Dabei ist ein wichtiger Faktor, dass ein bestimmter Inhalt im Idealfall nur unter genau einer crawl- und indexierbaren URL zur Verfügung stehen sollte.

Suchmaschinen crawlen URLs, die

- aufgrund von Verweisen oder Anmeldung bekannt sind,
- verfügbar oder nicht verfügbar sind,
- weitergeleitet werden und/oder
- nicht vom Crawling ausgeschlossen wurden.

Es ist dabei enorm wichtig zu wissen, dass jede anders geschriebene URL von Suchmaschinen als einzigartig angesehen wird. Für Suchmaschinen sind die folgenden Adressen alle unterschiedlich:

- http://www.example.com/
- http://www.example.com
- https://www.example.com/
- http://www.example.com/Unterseite
- http://www.example.com/unterseite
- http://www.example.com/unterseite?query=12

All diese Schreibvarianten stellen einzigartige URLs dar – selbiges muss allerdings nicht für deren Inhalt gelten. Es ist also möglich, dass derselbe Inhalt unter unterschiedlichen Adressen gefunden wird. Dies wird als *Duplicate Content* bezeichnet und sollte verhindert werden. Aber warum? Dadurch, dass Suchmaschinen durch die Analyse von URLs Signale generieren, sollten sich Signale, die sich auf denselben Inhalt beziehen, nicht auf verschiedene URLs verteilen. Betrachten wir dazu das folgende Beispiel.

Im in Tabelle 3-1 dargestellten Beispiel wird davon ausgegangen, dass die beiden Adressen */unterseite* und */Unterseite* denselben Seiteninhalt anzeigen. Es wird im Beispiel keine der technischen Möglichkeiten verwendet, die die Übertragung von Signalen von einer URL auf die andere bewirken. Die beiden Adressen konkurrieren mit */wettbewerber*, der Adresse einer anderen Website zum gleichen Thema, im Ranking.

Aufgrund der Verwendung unterschiedlicher Schreibweisen verteilen sich eingehende Links:

Adresse	Eingehende interne Links	Eingehende externe Links	Links insgesamt
/unterseite	15	2	17
/Unterseite	7	1	8
/wettbewerber	18	?	0

◀ Tabelle 3-1
Eine Kombination der Signale kann das Ranking deutlich beeinflussen

Durch eine Kombination der Signale auf eine der URLs verfügt der eigene Inhalt in beiden Kategorien über mehr eingehende Signale – und folglich auch in der Summe. Bei quantitativer Betrachtung basierend auf Linksignalen rankt das eigene Dokument demzufolge vor dem Wettbewerber.

Bei der Erstellung von URLs sollten Sie also die folgenden Punkte beachten:

- Entscheiden Sie sich für eine Schreibweise und verwenden Sie diese konsequent (bei der Verlinkung).

- Tragen Sie dafür Sorge, dass Zugriffe auf »falsche« Schreibweisen weitergeleitet werden oder das Canonical-Tag zum Einsatz kommt. Alternativ sollte der Server einen 404-Fehlercode ausgeben.

- Die Verwendung von inhaltsbeschreibenden URLs ist optional, aber definitiv empfehlenswert. Behalten Sie dabei im Hinterkopf, dass im Internet regelmäßig vollständige Adressen verlinkt werden – in diesem Fall ist die Adresse selbst der Ankertext. Eine inhaltsbeschreibende URL kommt Ihnen dadurch nicht nur aus Usability-Gründen entgegen.

- Ersetzen Sie Sonderzeichen und Umlaute durch passende Zeichen. Beispiele: ü => ue, ß => ss.

- Nutzen Sie Trennzeichen, um die Lesbarkeit von URLs zu verbessern. Ideal ist die Verwendung von »-«.

- Sortieren Sie URL-Teile immer in derselben Reihenfolge. Das gilt auch für URL-Parameter! Ansonsten erzeugen Sie aufgrund unterschiedlicher Auswahlreihenfolgen eine immense Anzahl an URLs.

- Vermeiden Sie das exzessive Einfügen von Suchwörtern in URLs. Adressen wie rote-kleider-rotes-kleid-kleider-rot wirken weder auf Nutzer noch auf Suchmaschinen vertrauenswürdig.

 Tipp   Vermeiden Sie nach Möglichkeit die Verwendung von Dateierweiterungen wie .html, .aspx, .php usw. in URLs. Womöglich werden Sie Ihre Website zu einem späteren Zeitpunkt auf eine andere technische Basis umstellen und können dann die bisherigen URLs nicht beibehalten.

Verzeichnisse versus Subdomains

Bei der Erstellung von Inhalten stellt sich immer wieder die Frage, ob einzelne Inhalte in Verzeichnisse oder auf eigene Subdomains ausgelagert werden sollen. Besonders bei mehrsprachigen Inhalten wird dieser Punkt regelmäßig diskutiert.

Grundsätzlich benötigen Suchmaschinen zum Ranken von Inhalten eine wie auch immer geschriebene URL, die – wie bereits beschrieben – bestimmte Signale sendet und gleichzeitig zum Beispiel über Links selbst Signale erhält. Aus Sicht von Suchmaschinen erscheint es sinnvoll, dass Signale in erster Linie auf einzelnen Hostnamen aggregiert werden. Nehmen wir als Beispiel einen Dienst wie WordPress, der es Nutzern ermöglicht, eine eigene Subdomain der Domain wordpress.com zu erhalten. Nur weil der Service selbst über eine große Anzahl an eingehenden Verweisen verfügt, was als Indikator für hochwertige Inhalte gewertet werden kann, heißt es nicht, dass auch eine bisher unbekannte Subdomain von WordPress ebenfalls hochwertige Inhalte anbietet.

Anders gestaltet es sich mit Inhalten, die auf einem (gut verlinkten) Hostnamen in einem Verzeichnis liegen. Hier ist die Zugehörigkeit zum Hostnamen wesentlich größer. Grundsätzlich ist es deshalb sinnvoll, eher auf Verzeichnisse zu setzen als auf getrennte Subdomains.

Diese Aussage gilt allerdings nicht pauschal. Wenn Sie beispielsweise sehr heterogene Daten oder Produktgruppen auf Ihrer Website darstellen, kann die Verwendung von Subdomains die sinnvollere Wahl sein, denn dadurch erhöhen Sie die thematische Relevanz.

Mehrsprachigkeit

Um »echte« Mehrsprachigkeit eines Webauftritts zu gewährleisten, müssen die unterschiedlichen Sprachen und gegebenenfalls auch Zielregionen auf eigenen Adressen abgebildet werden. Dagegen ist es für Suchmaschinen nicht nachvollziehbar, wenn ein Sprachwechsel auf denselben URLs abgebildet und die Sprache über im Cookie gespeicherte Werte definiert wird. Wenn unterschiedliche Sprachen nicht auf unterschiedlichen Webadressen dargestellt werden, ist es schlichtweg unmöglich, für andere Sprachen als die Standardsprache der Website gefunden zu werden.

Geografische Ausrichtung

Über verschiedene Metriken versuchen Suchmaschinen zu bestimmen, für welche Zielregion ein Inhalt besonders relevant ist. Zu diesen Metriken zählen – mit jeweils unterschiedlicher »Wichtigkeit« – die auf der Website verwendete Sprache, die eventuell vorkommende Währung, das genutzte Zeitformat, die Top-Level-Domains (TLDs) der auf eine Website verweisenden Domains und natürlich auch die TLD der Domain selbst.

Per se ist davon auszugehen, dass eine .at-Domain mit deutschsprachigen Inhalten auf Österreich ausgerichtet ist. Bei generischen TLDs wie .com, .info, oder .net mit deutschen Inhalten ist die geografische Zuordnung wesentlich komplexer – hier lässt sich nicht so leicht die Hauptregion bestimmen. Über Google Webmaster Tools kann mit dem unter Suchanfragen zu findenden Tool *Internationale Ausrichtung* die geografische Ausrichtung für generische TLDs konfiguriert werden, und zwar sowohl für Hostnamen als auch für Verzeichnisse.

Tabelle 3-2 ▶
Einige von Google als generisch
eingestufte Top-Level-Domains

.eu	.asia	.edu
.com	.net	.org
.tv	.me	.fm

Beispielkonfiguration der geografischen Ausrichtung

Speziell bei internationalen Unternehmen kommt es häufig vor, dass eine zentrale Domain für alle Sprach- und Länderversionen verwendet wird. Die einzelnen Sprachen sind dabei wahlweise als Subdomains oder als Ordner eingerichtet.

Eine häufig anzutreffende Konfiguration sieht so aus:

- www.example.com/ (englische Inhalte, Fokus USA)
- www.example.com/es/ (spanische Inhalte, Fokus Spanien)
- www.example.com/de/ (deutsche Inhalte, Fokus Deutschland)
- www.example.com/de-at/ (deutsche Inhalte, Fokus Österreich)

Als Nutzer mag man zwar mit »es«, »de« und »de-at« in den genannten Adressen etwas anfangen können, für Suchmaschinen haben diese Zeichenfolgen allerdings erst einmal keine explizite Bedeutung.

Über die internationale Ausrichtung können Sie festlegen, auf welches Land der aktuell ausgewählte Hostname (oder das Verzeichnis) ausgerichtet sein soll. Dazu müssen Sie den Hostnamen bzw. das Verzeichnis natürlich getrennt in Google Webmaster Tools bestätigt haben. Wenn Sie auf der Webmaster-Tools-Startseite Ihre Domain (z. B. *www.ihredomain.com*) auswählen, ist nur der Hostname, allerdings nicht ein zum Hostnamen gehörender Ordner ausrichtbar. Dafür müssen Sie diesen getrennt bestätigt und ausgewählt haben.

▼ **Abbildung 3-2**
Für generische Top-Level-Domains kann in Google Webmaster Tools die geografische Ausrichtung konfiguriert werden.

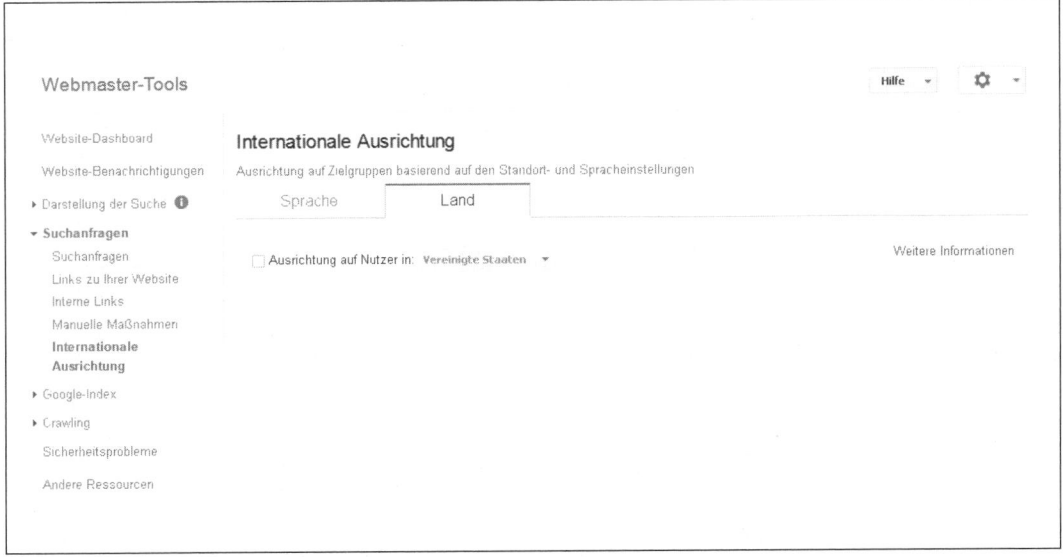

URL-Struktur	Beispiel	Vorteile	Nachteile
ccTLDs (Country-Code-Top-Level-Domains, z. B. .de, .at)	example.de	• Eindeutige geografische Ausrichtung • Explizite Unterteilung von Websites nach Zielregionen • Serverstandort hat als möglicher Ranking- bzw. Ausrichtungsfaktor keine Relevanz	• Verfügbarkeit der gewünschten ccTLD nicht immer gegeben • Kosten • Höherer Aufwand für Infrastruktur der Website
Subdomains mit ccTLDs	at.example.de	• Einfache Einrichtung • Geografische Ausrichtung per *hreflang* möglich	• Geografische Ausrichtung über Google Webmaster Tools nicht möglich

◀ **Tabelle 3-3**
Vor- und Nachteile einzelner Vorgehensweisen bei Mehrsprachigkeit

URL-Struktur	Beispiel	Vorteile	Nachteile
			• Ein einziger Serverstandort; womöglich würde die Website schneller laden, wenn der Server im Zielland stünde.
			• Es ist nicht direkt er-sichtlich, ob es sich bei der Subdomain um eine Sprach- (z. B. de) oder Länderversion (z. B. Deutschland) handelt.
			• Eher unübliches Setup mit möglicherweise geringerer Klickrate durch Nutzer
Subdomains mit gTLDs (generische Top-Level-Domains, z. B. .com, .org)	de.example.com	• Einfache Einrichtung • Geografische Ausrichtung möglich via Google Webmaster Tools und *hreflang* • Unterschiedliche Serverstandorte je Subdomain möglich • Problemlose Unterteilung	• Es ist nicht direkt ersichtlich, ob es sich bei der Subdomain um eine Sprach- (z. B. de) oder Länderversion (z. B. Deutschland) handelt.
Unterverzeichnisse mit gTLDs	example.com/de/	• Einfache Einrichtung • Geografische Ausrichtung über Google Webmaster Tools und *hreflang* möglich	• Unterscheidung nach Sprach- und Länderversion nicht eindeutig • Nur ein Server-Standort
URL-Parameter	example.com/?lang=de	• Für SEO ungünstig! • Geografische Ausrichtung über *hreflang* möglich	• Geografische Ausrichtung nicht möglich

URL-Struktur	Beispiel	Vorteile	Nachteile
			• Unterscheidung nach Sprach- und Länderversion nicht eindeutig
			• Keine Bündelung von Sprachsignalen in einfach auswertbaren Strukturen

◀ Tabelle 3-3
Vor- und Nachteile einzelner
Vorgehensweisen bei
Mehrsprachigkeit
(Fortsetzung)

Geografische Ausrichtung mit hreflang

Mit der *hreflang*-Angabe steht ein weiteres und sehr mächtiges Werkzeug zur Verfügung, um Suchmaschinen über die geografische Ausrichtung von Inhalten zu informieren. Dieser Tag ist besonders dann sinnvoll einzusetzen, wenn auf unterschiedlichen URLs entweder dieselben oder ähnliche Inhalte in derselben Sprache zur Verfügung stehen und sich diese nur hinsichtlich der länderspezifischen Ausrichtung unterscheiden. Ob die Inhalte dabei auf demselben Domainnamen oder auf einer anderen Website zur Verfügung stehen, ist irrelevant.

Wichtig zu wissen ist, dass

- die Auszeichnung auf URL-Basis durchgeführt werden muss,
- die einzelnen Adressen sich selbst referenzieren müssen und
- jede ausgezeichnete URL auf jeweils alle äquivalenten URLs verweisen sollte.

Um Suchmaschinen über die lokale Ausrichtung von Inhalten zu informieren, muss der Tag

- im <head>-Bereich des HTML-Dokuments,
- im HTTP-Header oder
- in einer XML-Sitemap definiert werden.

Selbst bei Verwendung von länderspezifischen Domains (ccTLDs) haben Suchmaschinen Probleme, den lokal relevantesten Inhalt als Suchergebnis anzuzeigen, wenn für die Sprache Inhalte auf verschiedenen URLs vorliegen. Das passiert beispielsweise bei .de-Domains, die trotz einer äquivalenten .at-Version in Österreich vor der .at-Domain gefunden werden. In einem solchen Fall führt der Einsatz von *hreflang* sehr schnell zur richtigen lokalen Aussteuerung.

 **Tipp**   hreflang stellt im Vergleich zur Funktion in den Goolge Web-master Tools die wesentlich stärkere geografische Auszeich-nung dar und sollte immer eingesetzt werden, wenn Sie mehrere Inhalte in derselben Sprache für unterschiedliche Ziel-regionen veröffentlichen.

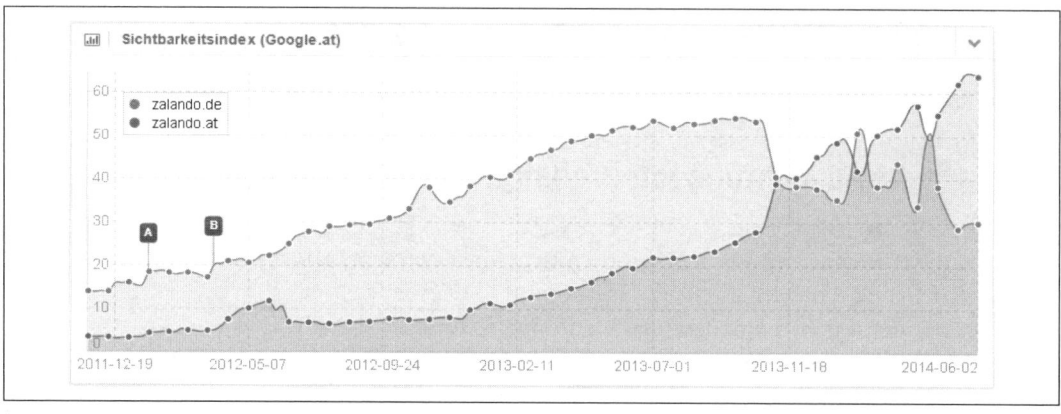

Abbildung 3-3 ▲
Trotz lokaler TLD wurde zalando.de in Österreich besser gefunden als zalando.at (Datenquelle: Sistrix.at).

hreflang im <head>-Bereich definieren

Bei Auszeichnung von hreflang im <head>-Bereich des HTML-Dokuments hat der Tag den folgenden Aufbau:

```
<link rel="alternate" href="http://adresse.tld/seite"
hreflang="sprache" />
```

Innerhalb des Tags kann die Sprache im Format ISO 639-1 (z. B. de) sowie optional und mit »-« abgetrennt zusätzlich die Region im Format ISO 3166-1 Alpha 2 (z. B. at) ausgezeichnet werden.

Mögliche Angaben sind folglich:

- DE: deutscher Inhalt, unabhängig von der Region
- de-de: deutscher Inhalt für Nutzer in Deutschland
- de-at: deutscher Inhalt für Nutzer in Österreich
- en-gb: englischer Inhalt für Nutzer in Großbritannien

Nehmen wir das bereits für die geografische Ausrichtung in Google Webmaster Tools verwendete Setup an:

- www.example.com/ (englische Inhalte, Fokus USA)
- www.example.com/es/ (spanische Inhalte, Fokus Spanien)
- www.example.com/de/ (deutsche Inhalte, Fokus Deutschland)
- www.example.com/de-at/ (deutsche Inhalte, Fokus Öster-reich)

Auf der Adresse www.example.com müssen folgende Angaben verwendet werden:

```
<link rel="alternate" href="http:/www.example.com/" hreflang="en-us" />
<link rel="alternate" href="http:/www.example.com/es/" hreflang="es-es" />
<link rel="alternate" href="http:/www.example.com/de/" hreflang="de-de" />
<link rel="alternate" href="http:/www.example.com/de-at/" hreflang="de-at" />
```

Wenn es für die Sprachen »Englisch«, »Spanisch« und »Deutsch« jeweils unabhängig von der Region keine weiteren URLs gibt, sollte die Auszeichnung um

```
<link rel="alternate" href="http:/www.example.com/" hreflang="en" />
<link rel="alternate" href="http:/www.example.com/es/" hreflang="es" />
<link rel="alternate" href="http:/www.example.com/de/" hreflang="de" />
```

erweitert werden. Dadurch werden die drei Adressen zusätzlich zur regionalen Sprachausrichtung als Standard-URLs für die jeweilige Sprache unabhängig vom Nutzerstandort definiert.

Denken Sie daran: Damit der durch die Verwendung von *hreflang* gewünschte Effekt eintreten kann, müssen sich alle alternativen Versionen eines Inhalts gegenseitig referenzieren. Das heißt, dass auch auf *http://www.example.com/es/* dieselben Angaben enthalten sein müssen.

Tipp   Über den Tag *hreflang* muss die aktuelle URL ebenfalls immer referenziert werden (Selbstreferenzierung). Diese Referenzierung muss unabhängig von der gewählten Methode verwendet werden.

Die Auszeichnung findet immer auf URL-Basis statt; eine Unterseite muss also auf die entsprechende analoge Unterseite verweisen.

hreflang über den HTTP-Header übertragen

Um die Auszeichnung alternativer Versionen eines Inhalts auch für Nicht-HTML-Dokumente wie PDFs gewährleisten zu können, muss es neben der Variante »Auszeichnung im Quelltext« noch andere Varianten geben. Eine ist die Übermittlung der *hreflang*-Angaben über den HTTP-Header.

Der HTTP-Header dient der Kommunikation zwischen dem anfragenden Gerät (Client) und dem Webserver (mehr dazu s. Kapitel 7). Diese Variante können Sie auch für die Auszeichnung von HTML-Dokumenten einsetzen.

Hinsichtlich der notwendigen Angaben ändert sich bei der Verwendung dieser Methode nichts. Einzig die Syntax sieht etwas anders aus:

```
Link: < http:/www.example.com/de-at/>; rel="alternate"; hreflang="de-at"
```

Denken Sie daran, dass sowohl die Selbstreferenzierung der URL als auch die Bestätigung durch Auflistung derselben Angaben auf allen anderen URLs durchgeführt werden müssen.

hreflang in Sitemaps auszeichnen

Als weitere Option steht die Integration des Tags in eine XML-Sitemap offen (mehr zu Sitemaps siehe Kapitel 9). Wie bei der Verwendung des Alternate-Tags zur Verknüpfung einer separaten mobilen Website (siehe Kapitel 13) wird im Fall von *hreflang* ebenfalls auf *xhtml:link*-Angaben zurückgegriffen.

Entsprechend muss eine Sitemap an den folgenden Aufbau angelehnt sein:

```
<?xml version="1.0" encoding="UTF-8"?>
<urlset xmlns=http://www.sitemaps.org/schemas/sitemap/0.9
  xmlns:xhtml="http://www.w3.org/1999/xhtml">
  <url>
    <loc>http:/www.example.com/</loc>
    <xhtml:link rel="alternate"
                hreflang="de-de"
href="http:/www.example.com/de/"
                />
    <xhtml:link rel="alternate"
                hreflang="es-es"
href="http:/www.example.com/es/"
                />
...
</urlset>
```

Die x-default-Angabe

Neben den Auszeichnungen von unterschiedlichen auf Sprachen (und Regionen) ausgerichteten URLs gibt es womöglich eine Adresse, die als Standardseite allen Nutzern gezeigt werden soll, für deren Sprache und/oder Region es keine spezifische Version gibt.

Diese Standardversion lässt sich durch die Angabe von *hre-flang="x-default"* definieren.

Um eventuelle Unklarheiten beim Einsatz dieser Angabe zu vermeiden, folgt hier ein Beispiel. Nehmen wir an, dass *http://www.example.com/page-1* die auf en-US ausgerichteten Inhalte anzeigt und gleichzeitig die relevanteste Seite für all diejenigen Sprachen und Regionen ist, für die keine lokalisierte Version angezeigt wird. Neben dieser URL gibt es mit *http://www.example.de/page-1* eine auf deutschsprachige Nutzer ausgerichtete Inhaltsversion.

In diesem Fall sieht die *hreflang*-Definition wie folgt aus:

```
<link rel="alternate" href="http:/www.example.com/page-1"
hreflang="en-us" />
<link rel="alternate" href="http:/www.example.com/page-1" hreflang="x-
default" />
<link rel="alternate" href="http:/www.example.de/page-1" hreflang="de"
/>
```

Fehlerfindung beim Einsatz von hreflang

Die bereits angesprochene Funktion *internationale Ausrichtung* der Google Webmaster Tools ist nicht nur zur geografischen Ausrichtung auf Länder (beim Einsatz von generischen Domains wie .com) gedacht, sondern hilft auch bei der Identifikation von Fehlern beim Einsatz von *hreflang*.

▼ **Abbildung 3-4**
Probleme bei der Verarbeitung von hreflang werden in Google Webmaster Tools detailliert dargestellt.

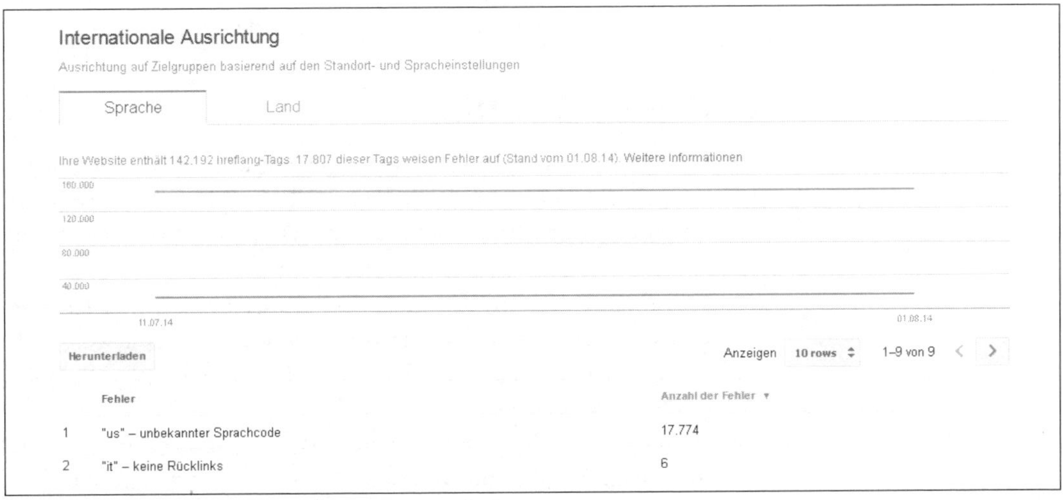

Internationale Ausrichtung

Ausrichtung auf Zielgruppen basierend auf den Standort- und Spracheinstellungen

Sprache	Land

Ihre Website enthält 142.192 hreflang-Tags. 17.807 dieser Tags weisen Fehler auf (Stand vom 01.08.14). Weitere Informationen

```
160.000
120.000
80.000
40.000
        11.07.14                                                     01.08.14
```

Herunterladen   Anzeigen 10 rows ⬍ 1–9 von 9 < >

	Fehler	Anzahl der Fehler ▼
1	"us" – unbekannter Sprachcode	17.774
2	"it" – keine Rücklinks	6

Neben allgemeinen Informationen zum Einsatz von hreflang auf einer Website bietet die Funktion nach Auswahl einer aufgelisteten Fehlergruppe weitere Informationen.

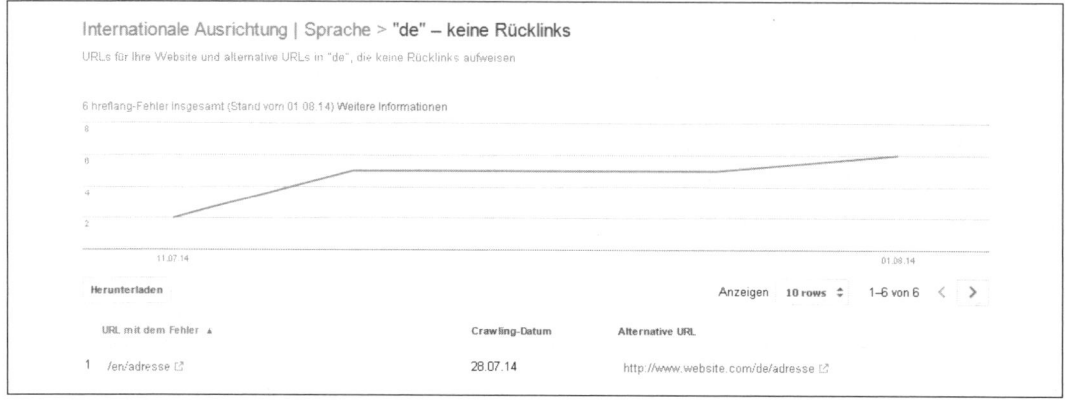

Internationale Ausrichtung | Sprache > "de" – keine Rücklinks

URLs für ihre Website und alternative URLs in "de", die keine Rücklinks aufweisen

6 hreflang-Fehler insgesamt (Stand vom 01.08.14) Weitere Informationen

Herunterladen		Anzeigen 10 rows ⬍ 1–6 von 6 ⟨ ⟩
URL mit dem Fehler ▲	Crawling-Datum	Alternative URL
1 /en/adresse ⌞	28.07.14	http://www.website.com/de/adresse ⌞

Abbildung 3-5 ▲
Genauere Informationen zu einem Fehler erhalten Sie durch Auswahl der Fehlergruppe.

Weitere Möglichkeiten zur Sprachdefinition

Eine weitere Möglichkeit zum Setzen von Sprachhinweisen ist die Angabe der Sprachversion mit `<meta http-equiv="content-language" content="sprache-region">`.

Die Definition der Sprache kann des Weiteren via `<html lang="sprache-region">` ausgezeichnet werden. Auch bei diesen Auszeichnungen können Sie neben der Zielsprache außerdem die Zielregion im vom hreflang-Tag bekannten Format angeben.

Zusammenfassung

- Mit der Erstellung von URLs beginnt die Suchmaschinenoptimierung. Im Idealfall enthalten URLs inhaltsbeschreibende Begriffe und ein Inhalt steht nur unter einer Adresse zur Verfügung

- Wenn ein Inhalt unter mehreren Adressen erreichbar ist, wird von »Duplicate Content« gesprochen. Da sich Signale über die verschiedenen URLs hinweg verteilen, sind Duplikate unbedingt zu vermeiden.

- Wenn Inhalte für verschiedene Sprachen und/oder Zielregionen ausgerichtet sind, hilft die Verwendung von hreflang und gegebenenfalls auch die geografische Ausrichtung über Google Webmaster Tools dabei, die relevantesten URLs für eine Sprache und/oder Zielregion in der Websuche zu platzieren.

KAPITEL 4

HTML und Quelltext-Auszeichnungen

Die Auszeichnungssprache HTML (es ist keine Programmiersprache, auch wenn sie oft so genannt wird) ist der Grundbaustein des heutigen World Wide Web. HTML-Dokumente definieren die für Webseiten wichtigen textlichen und grafischen Inhalte sowie die für das WWW wesentlichen Verlinkungen (Hyperlinks), und zwar erst einmal unabhängig davon, welche HTML-Version (HTML4, XHTML, HTML5) verwendet wird. Die (Web-)Browser interpretieren die in den HTML- Auszeichnungen enthaltenen Informationen und stellen sie für Nutzer »aufbereitet« dar. Mit der Gestaltungssprache CSS (Cascading Style Sheets) kann dabei das Aussehen bzw. die Darstellung der Webseiten beeinflusst werden.

Ein HTML-Dokument gliedert sich in die beiden großen Bereiche Head (*<head></head>*) und Body (*<body></body>*), umschlossen vom *html*-Tag (*<html></html>*). Jegliche Meta-Angaben, Canonical-Tags, Style-Angaben und auch der HTML-Title sollten im HTML-Head-Bereich platziert werden. Die eigentlichen Inhalte des Dokuments, also der ausgestaltete Text, Bilder und Grafiken sowie die Verlinkungen gehören in den Body-Bereich.

Quelltext-Validität

Im Rahmen der gezielten Analyse einer Website sollten Sie auf jeden Fall einen Blick in den Quelltext (unterschiedlicher Seitentypen) werfen. Wie ist der Quelltext grundsätzlich aufgebaut? Können Sie auf den ersten Blick strukturelle bzw. Markup-Problematiken feststellen? Ist der Quelltext eventuell zu umfangreich? All das sind Fragen, die Sie klären sollten. Sie können neben der reinen Quelltext-Ansicht in Ihrem Browser auch Browser-Plugins wie Firebug (für Firefox und Chrome) oder die Web Developer Toolbar (für Firefox und Chrome) verwenden (siehe Kapitel 14).

Bei der Frage nach der Quelltext-Validität, also der korrekten Verwendung und Auszeichnung von HTML-Elementen je nach dem verwendeten Document-Type (HTML4, XHTML, HTML5), hilft Ihnen der »Markup Validation Service« des W3C (World Wide Web Consortium), zu finden unter *http://validator.w3.org/ (http://seobuch.net/405)*. Das W3C entwickelt und standardisiert technische Spezifikationen wie eben HTML oder auch CSS und XML.

Abbildung 4-1 ▼
Auswertung der W3C-Markup-
Analyse für die Startseite von
trustagents.de

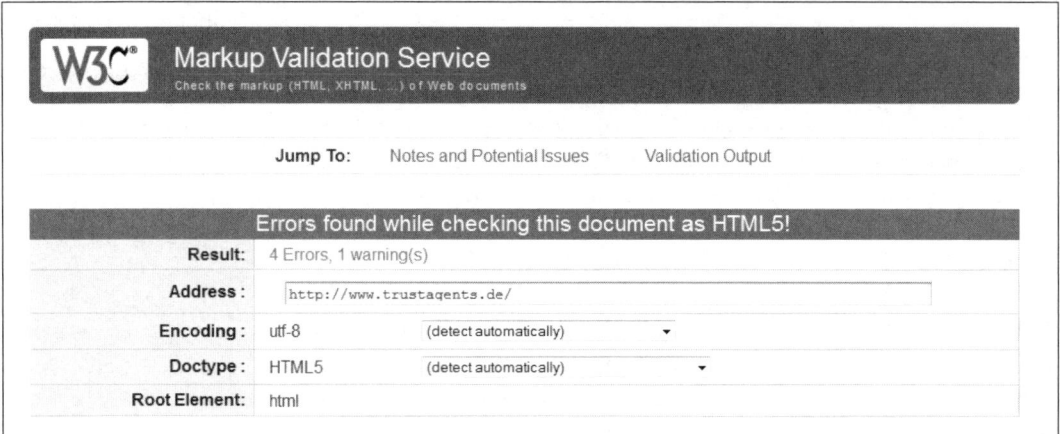

Sollten in der Auswertung viele Fehler angezeigt werden, müssen Sie im Detail schauen, ob sie auch zu Problemen beim Crawling durch den Suchmaschinen-Bot führen können, denn das ist die entscheidende Frage. Sollten zum Beispiel Link-Elemente nicht valide mit einem href-Attribut versehen oder Textauszeichnungen nicht korrekt implementiert sein, kann das zu Crawling- und letztlich auch Indexierungsproblemen führen. Nicht zuletzt können durch fehlerhaft verwendete HTML-Tags auch Fehler bei der Inhaltsbewertung seitens der Suchmaschinen auftreten.

Für Besucher Ihrer Website bringen die meisten Fehler jedoch keine Einschränkungen mit sich (z. B. ein fehlender Schrägstrich »/« bei einem Bildelement), da die heute verwendeten Browser viele Probleme ignorieren bzw. eigenständig beheben – was für viele Website-Ansichten sicherlich so auch am besten ist.

Wichtige HTML-Elemente

Um eine Webseite aus- und bewerten zu können, zieht die Suchmaschine neben den textlichen Bestandteilen verschiedene strukturelle Elemente heran. Relevant sind dabei vor allem folgende HTML-Elemente:

- HTML-Title
- HTML-Überschriften
- Link- und Bildelement

Ferner zählen dazu Tabellen und Listen sowie HTML-Tags, die zur Hervorhebung und Betonung von einzelnen Textbausteinen dienen, beispielsweise der strong-Tag (fett hervorgehoben) und der em-Tag (zumeist kursiv dargestellt).

HTML-Title

Dem HTML-Title, der im Head-Bereich eines HTML-Dokumentes platziert wird, kommt aus SEO-Sicht eine große Bedeutung zu. Die Suchmaschine wertet den HTML-Title als wichtiges Signal für den Inhalt einer Webseite. Daher sollten Sie im Title des Dokumentes auch bestmöglich das oder die Keywords platzieren, die für den Seiteninhalt der Landingpage relevant sind. Hätten wir eine Webseite für dieses Buch, würden wir wahrscheinlich folgenden HTML-Title verwenden:

```
<title>Technisches SEO Buch</title>
```

Beachten Sie bitte, dass in den Snippets auf den Suchergebnisseiten der Title nach rund 55 Zeichen (ohne Leerzeichen) abgeschnitten wird. Sorgen Sie daher dafür, dass auch für Google-User schon durch die ersten Wörter des Title ersichtlich wird, worum es auf der Seite geht.

Loten Sie im Rahmen einer Keyword-Recherche oder Wettbewerber-Analyse den jeweils optimalen Title für Ihre Webseiten aus. Vermeiden Sie dabei jedoch Keyword-Spamming, also die oftmals sinnfreie Wiederholung der Haupt-Keywords im HTML-Title.

HTML-Überschriften

<h>-Tags, also HTML-Überschriften, dienen zur Gliederung der Inhalte. Daher sind sie auch im Web und vor allem für Suchmaschinen für die Inhaltsbewertung relevant. Grundsätzlich können Sie

Tags von *h1* bis *h6* verwenden. Der Aufbau ähnelt dem des HTML-Title-Elements:

```
<h1>Inhalt der Überschrift</h1>
```

Würden wir ein HTML-Dokument von diesem Kapitel erstellen, könnten wir einen Aufbau wie diesen verwenden:

```
<h1>HTML und Quelltextauszeichnungen</h1>
```

```
<h2>Wichtige HTML-Elemente</h2>
```

```
<h3>HTML-Title</h3>
```

```
<h3>HTML-Überschriften</h3>
```

Verwenden Sie für das Hauptthema der Webseite möglichst die *h1*-Überschrift. Auch wenn seit HTML5 mehrere *h1*-Tags (jeweils pro Bereich) möglich sind, sollten Sie die erste und oberste Überschrift (im Quelltext) als Hauptüberschrift ansehen und mit dem bzw. den Haup-Keywords für die Seite versehen. Wichtig ist zudem eine saubere Struktur bzw. Anordnung der Tags. Springen Sie beispielsweise möglichst nicht von *h1* zu *h4*.

Aus unserer Sicht ist es unsinnig, Bereiche, die auf allen Seiten einer Website vorkommen (z. B. Sidebar und Footer), mit HTML-Überschriften zu versehen, da diese meist nicht für die Inhaltsbeschreibung der einzelnen Webseite entscheidend sind. Nutzen Sie die h-Tags ausschließlich für die Inhaltsstrukturierung.

Link- und Bildelement

Für die korrekte Verlinkung von URLs (intern und extern) sowie die richtige Darstellung von Bildern und Grafiken in einem HTML-Dokument sind das Linkelement (*<a>*) sowie das Bildelement (*<img>*) verantwortlich (das Bildelement wird in Kapitel 2 unter »Bilder-SEO« ausführlich beschrieben).

Das Linkelement besteht aus dem href-Attribut sowie optional auch der Angabe des Ziels (target), also wie und wo der Browser die URL öffnen soll (aus SEO-Sicht nicht entscheidend). Das Element umschließt dabei den wichtigen Ankertext (Linktext).

```
<a href=http://www.trustagents.de target="_blank">Trust Agents</a>
```

Letzterer ist für Suchmaschinen u. a. für die Inhaltsbewertung der verlinkten Zielseite interessant. Neben der Umgebung (dem eigentlichen Text, der Webseite, der gesamten Domain), in die der Link integriert ist, spielt auch der Linktext selbst für die Bewertung der verlinkten URL durch die Suchmaschine eine Rolle.

Über das ebenfalls optionale *rel*-Attribut kann zudem angegeben werden, ob ein Suchmaschinen-Crawler einem Link folgen und ihn werten soll (keine Angabe bedeutet, dass er ihm folgen soll). Wenn Sie mit `rel="nofollow"` arbeiten, wird der Link durch die Suchmaschinen nicht beachtet. Dies kann mitunter sinnvoll sein, zum Beispiel bei externen Verweisen, die Sie in Ihre Website integrieren.

Wichtige Meta-Angaben

Es gibt eine ganze Reihe von Meta-Angaben, die einem Dokument hinzugefügt werden können. Viele dieser Angaben werden von Suchmaschinen überhaupt nicht berücksichtigt – beispielsweise Meta-Keywords, denen in der Anfangszeit von Suchmaschinen eine große Bedeutung zugerechnet wurde. Derzeit hat ihr Einsatz allerdings keinen positiven Einfluss auf das Ranking einer Webseite.

Damit Sie einen Überblick darüber bekommen, welche Meta-Angaben aktuell noch als wichtig anzusehen sind, finden Sie nachfolgend eine entsprechende Übersicht.

Content-Language

Speziell Bing wertet die Angabe *Content-Language* als zusätzliches Signal aus, um die geografische Relevanz eines Inhalts zu bemessen.

Zur Auszeichnung müssen Sie folgende Syntax verwenden:

```
<meta http-equiv="content-language" content="sprache-region">
```

Im *content*-Attribut muss die Sprache im zweibuchstabigen Format ISO 639 übergeben werden (beispielsweise *de*), gefolgt von der im Format ISO 3166 geschriebenen geografischen Ausrichtung; im Fall von Österreich lautet die Angabe *at*.

Um Ihnen ein paar Beispiele zu geben:

- de-at: Deutsch, Österreich
- de-de: Deutsch, Deutschland
- en-gb: Englisch, Großbritannien
- es-ar: Spanisch, Argentinien

Analog findet die Sprachdeklaration für andere Sprachen und Zielregionen statt.

Wenn Sie innerhalb von `<html lang="">` ebenfalls eine Sprachauszeichnung durchführen (s. Kapitel 3), sollten Sie konsistent bleiben und dieselbe Angabe verwenden, die Sie über *content-language* definieren (siehe auch »Mehrsprachigkeit« in Kapitel 3).

Description

Description zählt zu den wichtigen Meta-Tags, da die in *Description* hinterlegten Angaben in aller Regel als Vorschautext zum Seiteninhalt herangezogen werden. Zumindest ist das dann so, wenn der Beschreibungstext zur Suchanfrage des Nutzers passt. Ist dies nicht der Fall, generieren Suchmaschinen aus dem Seiteninhalt einen Vorschautext, der zur Suchanfrage passt. Der Beschreibungstext wird über die Angabe `<meta name="description" content="Beschrei­bungstext">` definiert.

Beachten müssen Sie, dass der Beschreibungstext nicht beliebig lang sein kann. Lange Zeit galt die Regel, dass bis zu 156 Zeichen der Meta-Description in der Google-Suche angezeigt wurden. Mittlerweile hat Google die Anzeige so umgestellt, dass bis zu 512 Pixel dargestellt werden. Da sich mit Pixeln schlecht rechnen lässt und die angezeigte Zeichenanzahl natürlich von der von Google definierten Schriftgröße abhängt, ist die Kalkulation mit 156 Zeichen wesentlich einfacher.

Übrigens: Tools wie der in Kapitel 14 vorgestellte ScreamingFrog erlauben es, die Pixelanzahl von Meta-Descriptions zu berechnen bzw. auch anzeigen zu lassen.

Robots

Bei dieser Auflistung darf natürlich auch der Meta-Tag *robots* nicht fehlen. Über *robots* können Sie, wie in Kapitel 8 beschrieben, Suchmaschinen unter anderem darüber informieren, ob eine Seite indexiert werden darf oder nicht.

Die Angabe `<meta name="robots" content="noindex">` führt dazu, dass ein Dokument nicht in den Suchmaschinenindex aufgenommen wird.

News_Keywords

Seit September 2012 haben Meta-Keyword-Angaben zumindest im Ranking von Google News wieder eine gewisse Relevanz. Allerdings handelt es sich bei der von Google ausgewerteten Angabe nicht um die bekannten Meta-Keywords, sondern um *news_keywords*. Die Definition der news_keywords findet mithilfe der Syntax `<meta name="news_keywords" content="Keyword1, Keywords2">` statt.

Laut der offiziellen Aussage von Google hat die Sortierung der einzelnen Keywords keinen Einfluss auf deren Wichtigkeit. Es ist also unerheblich, ob ein Keyword in einem Dokument an erster Stelle und in einem anderen an dritter Stelle auftaucht. Bis zu zehn durch Kommata getrennte Schlagwörter können in dieser Meta-Angabe definiert werden.

HTML4 vs. HTML5

Für viele Webentwickler ist HTML5 ein Segen: Ohne zusätzliche Plugins lassen sich mit dem neuen HTML-Standard (seit Ende Oktober 2014 in der endgültigen Version vorliegend) beispielsweise ohne weiteres Audio- und Videodateien einbinden. Außerdem bieten die neuen strukturellen Elemente, z. B. *<nav>*, *<article>* und *<footer>*, die Möglichkeit, Inhalte in einem HTML-Dokument noch gezielter abzugrenzen. Dadurch kann die Wertigkeit von Texten im Vergleich zur Navigation oder dem Footer-Bereich hervorgehoben werden.

Diese Tatsache ist auch für Suchmaschinen nicht uninteressant. Sie können durch einen strukturierteren Aufbau mithilfe der neuen Zusatzelemente bei der Inhaltsbewertung unterstützt werden. Einen direkten Einfluss auf das Ranking einer Webseite haben diese Auszeichnungen aber bis dato nicht. Google verweist eher auf Folgefaktoren (sekundäre Faktoren), etwa darauf, dass durch eine bessere Struktur der Website eine höhere Nutzerzufriedenheit erzielt wird (geringere Absprungrate und höhere Verweildauer).

Ein Umstieg von HTML 4 auf HTML 5 lohnt sich aber nur, wenn Sie konkrete strukturelle Probleme auf Ihrer Website haben (z. B. fehlerhafte Inhaltsbewertung) oder sowieso eine Umgestaltung planen. Wenn Sie vor der Entscheidung stehen, eine Webseite von Grund auf neu zu erstellen, sollten Sie direkt den neuen Standard verwenden –weil sich zum einen, wie gesagt, Mediendateien leichter einbinden lassen und zum anderen die Darstellung Ihrer Website auf mobilen Endgeräten erleichtert wird.

Strukturierte Daten für eine verbesserte Semantik

Egal ob HTML4 oder HTML5: Die semantischen Auszeichnungen für Daten sind begrenzt. Doch die verfügbaren Möglichkeiten, beispielsweise zur Kennzeichnung von Überschriften, sind für Suchmaschinen hilfreich.

Wenn man sich die Spezifikationen von HTML5 genau ansieht (siehe *http://www.w3.org/TR/html5/* (*http://seobuch.net/637*)), wird klar, wohin der Trend geht: Zu mehr Semantik im Quelltext von Webseiten. Doch zusätzlich zu diesen strukturell-orientierten semantischen Informationen wünschen sich Suchmaschinen eine feingliedrigere Auszeichnung von Daten. Das Mittel dafür: strukturierte Datenauszeichnungen.

Weshalb wollen Suchmaschinen, dass weitere Angaben über Seiteninhalte gemacht werden? Abhängig vom Kontext können beispielsweise die Angaben 03047377093 und 03047377094 unterschiedliche Bedeutungen haben – beispielsweise kann die Ziffernfolge für eine Telefon- oder eine Faxnummer, eine Bankverbindung oder alles mögliche andere stehen. Über eine Kontextanalyse ist es möglich, auf die Bedeutung eines Inhalts zu schließen. Doch das ist für Suchmaschinen aufwendig und dabei auch noch sehr fehleranfällig. Beispielsweise kann es einen großen Unterschied ausmachen, ob es sich bei der Telefonnummer um die des Kundenservice oder die der Zentrale eines Unternehmens handelt. Durch die Verwendung von strukturierten Datenauszeichnungen kann die Bedeutung eindeutig ausgezeichnet werden.

Der Grund für die Bestrebungen, Mikrodatenauszeichnungen populär(er) zu machen, wird auf schema.org sinngemäß so beschrieben: »*Webseiteninhalte haben eine unterschwellige Bedeutung, die für Menschen verständlich ist. Suchmaschinen verfügen allerdings nur über ein eingeschränktes Textverständnis und können diese Bedeutung nicht immer verstehen. Durch das Hinzufügen zusätzlicher Tags zum Quelltext, die beispielsweise sagen ‚Hallo Suchmaschine, diese Information beschreibt einen speziellen Film, eine Person oder ein Video' können Suchmaschinen und andere Programme den Seiteninhalt besser verstehen. Zudem ist es möglich, die Daten besser darzustellen.*« (Englischer Originaltext: "*Your web pages have an underlying meaning that people understand when they read the web pages. But search engines have a limited understanding of what is being discussed on those pages. By adding additional tags to the HTML of your web pages—tags that say, "Hey search engine, this information describes this specific movie, or place, or person, or video"—you can help search engines and other applications better understand your content and display it in a useful, relevant way.")*

Hinter schema.org steckt ein Zusammenschluss verschiedener Suchmaschinenkonzerne, die das Ziel verfolgen, den derzeit noch fragmentierten Markt der strukturierten Datenauszeichnungen in dem Standard namens *schema.org* zu konsolidieren. Zu den Unterstützern von schema.org zählen neben Google auch Bing und Yahoo sowie die russische Suchmaschine Yandex.

Neben schema.org gibt es unter anderem mit *data-vocabulary.org* und *microformats.org* noch andere Schemata, um semantische Informationen auszuzeichnen. Die Auszeichnungen können in den Formaten RDFa, JSON-LD oder Microdata vorgenommen werden.

Grundsätzlich ist davon auszugehen, dass Suchmaschinen alle vor der Fokussierung auf schema.org im Sommer 2011 auf breiter Basis verwendeten Schemata weiterhin unterstützen. Laut den FAQ von schema.org müssen Sie dementsprechend nicht auf schema.org umsteigen. Wenn Sie allerdings strukturierte Daten erstmalig einsetzen oder sowieso weitreichende Umstellungen am Quelltext planen, sollten Sie auf schema.org zurückgreifen, denn es kann mittelfristig dazu kommen, dass »alte« Standards nicht mehr im selben Maße von Suchmaschinen unterstützt werden (bzw. deren Einsatz so positiv gewertet wird), wie es momentan noch der Fall ist. Informationen über auf Ihrem Webauftritt gefundene strukturierte Daten finden Sie in der gleichnamigen Funktion in den Google Webmaster Tools. Momentan bietet Bing eine solche Funktion nicht an. Die Funktion in den Google Webmaster Tools wird in Kapitel 14 genauer betrachtet.

Tipp Es ist möglich, auf einer Webseite unterschiedliche strukturierte Datenformate zu verwenden. Allerdings sollten die einzelnen Auszeichnungen immer komplett abgeschlossen sein, bevor auf einen anderen Standard zugegriffen wird. Verschachtelungen von z. B. schema.org und data-vocabulary.org können zu Problemen führen.

Vermeiden Sie es, dieselbe Datenauszeichnung auf derselben Adresse auf verschiedenen Wegen durchzuführen.

Mittels Schema.org kann eine breite Palette unterschiedlicher Daten ausgezeichnet werden (siehe weiterführend im Kapitel unter

»Snippet Optimierung«). Unterstützt wird unter anderem Folgendes:

- Produkte
- Filme
- Lokale Unternehmen
- Rezensionen
- Software
- Jobanzeigen
- Events
- Restaurants

Eine vollständige Liste der aktuell unterstützten Auszeichnungen ist unter *http://schema.org/docs/schemas.html* (*http://seobuch.net/427*) zu finden.

Ein Beispiel: Auszeichnung lokaler Daten

Besonders für Firmen ist die Auszeichnung der eigenen Adresse in strukturiertem Datenformat empfehlenswert. Solche Datenauszeichnungen können zu einem besseren Ranking bei Kartenintegrationen in der Google-Suche führen.

Ohne strukturierte Datenauszeichnung könnten die Informationen wie folgt aussehen:

```
TA Trust Agents Internet GmbH
Neue Schönhauser Straße 19
10178 Berlin
Telefon: 030 47377073
Öffnungszeiten: Montag bis Freitag 09:00 bis 19:00 Uhr
```

In strukturierter Datenauszeichnung mit schema.org sieht diese Information im Quelltext bei Auszeichnung im *microdata*-Format wie folgt aus:

```
<div itemscope itemtype="http://schema.org/LocalBusiness">
  <span itemprop="name">TA Trust Agents Internet GmbH</span>
    <div itemprop="address" itemscope itemtype="http://schema.org/
    PostalAddress">
    <span itemprop="streetAddress">Neue Schönhauser Straße 19</span>
    <span itemprop="postalCode">10178</span>
    <span itemprop="addressLocality">Berlin</span>
    Telefon: <span itemprop="telephone">030 / 47377093</span>
    </div>
  Öffnungszeiten: <meta itemprop="openingHours" content="Mo-Fr 09:00-
  19:00">Montag bis Freitag 09:00 - 19:00 Uhr
</div>
```

Die Auszeichnung beginnt mit der Definition von *itemscope item-type* – über diese Angabe wird definiert, dass eine strukturierte Datenauszeichnung im angegeben Schema folgt (hier: *schema.org/LocalBusiness*). Einzelne Eigenschaften, beispielsweise der Name des Unternehmens, werden als *itemprop* (für »item property«, Elementeigenschaft) übergeben. Manche Eigenschaften werden als Meta-Angaben übermittelt. Das hat den Hintergrund, dass z. B. für ein Datum eine bestimmte Syntax eingehalten werden muss, die unter Umständen nicht auf der Website selbst zum Einsatz kommt.

Neben der gezeigten Auszeichnungsvariante im microdata-Format ist die Datenstrukturierung auch im RDFa sowie im JSON-LD-Format möglich. Auszugsweise sollen auch diese Auszeichnungen vorgestellt werden.

Im Format RDFa sieht die Auszeichnung so aus:

```
<div vocab="http://schema.org/"
typeof="LocalBusiness"><span property="name">TA Trust
Agents Internet GmbH</span></div>
```

Und im JSON-LD-Format so:

```
<script type="application/ld+json">
{
"@context": "http://schema.org",
"@type": "LocalBusiness",
"name": " TA Trust Agents Internet GmbH ",
}
</script>
```

Vollständige Beispiele finden Sie direkt bei schema.org.

Gezielte Snippet Optimierung

Bevor ein potenzieller Besucher über eine Suchmaschine überhaupt auf Ihre Website gelangt, sieht er auf der Suchergebnisseite zunächst nur einen kleinen Auszug aus Ihrem tatsächlichen Angebot – das sogenannte Snippet, das neben einem kurzen Beschreibungstext auch den HTML-Title und die URL enthält.

Dabei genügt es bei Weitem nicht mehr, nur die Meta-Description mit relevanten Keywords zu befüllen. In vielen Branchen und Bereichen ist längst ein starker Wettbewerb entbrannt. Webmaster testen jegliche Formen der Snippet-Optimierung – von einfachen

ASCII- und Sonderzeichen bis hin zu komplexeren Rich-Snippet Implementierungen (Auszeichnung strukturierter Daten).

Parfümerie Douglas - **Parfüm**, Kosmetik, Pflege, Make-up, Düfte und ...
www.douglas.de/
Parfümerie Douglas - **Parfüm**, Kosmetik, Pflege, Make-up, Düfte und Beauty-Trends bei douglas.de In der Online-Parfümerie Douglas kaufen Sie Parfüms für ...

Parfümplatz.de - **Parfum**
www.**parfum**platz.de/
Parfümplatz.de - **Parfum**, **Parfum** Versand, original Marken - **Parfums**, After Shave, Body Lotion, Duschgel und Makeup namhafter Designer wie z.B. Dior - Hugo ...

Parfum und Kosmetik aus Ihrer Online-Parfumerie – Parfumdreams.de
www.**parfum**dreams.de/
Bei Parfumdreams finden Sie ein großes Sortiment an **Parfums** und Pflege-Produkten zu attraktiv günstigen Preisen. Versandkostenfrei ab 35€.

Abbildung 4-2 ▲
Angezeigte Snippets bei der
Suche nach »Parfum«

Mit einem optimierten Snippet kann man auch auf hinteren Positionen interessierte Nutzer erreichen – gewisse Eyecatcher und passende Textbausteine vorausgesetzt. Sie sollten versuchen, den Nutzer über das Snippet vom eigenen Angebot zu überzeugen. Er muss das Gefühl bekommen, dass seinem Bedürfnis nur bei Ihnen entsprochen wird.

Bei der Optimierung sind zunächst die Zeichenbegrenzungen der Suchmaschinen zu beachten: Während die angezeigte Zeichenanzahl bei Title und URL in der Regel rund 55 Zeichen beträgt (ohne Leerzeichen), stehen für die Meta-Description derzeit 155 Zeichen zur Verfügung. Überschreiten Sie diese Maßgaben, wird der angezeigte Text abgeschnitten und am Ende mit »...« versehen. Eine Vielzahl von Websitebetreibern verschenkt in diesem Bereich wertvolles Potenzial.

Eine Eyetracking-Studie der Wissenschaftler Mari-Carmen Marcos und Cristina González-Caro von der Pompeu Fabra University (Barcelona) aus dem Jahr 2010 (*http://dynamical.biz/blog/web-analytics/ serps-user-behaviour-eye-tracking-study-32.html – http://seobuch.net/ 883*) hat ergeben, dass Suchende den größten Teil der Zeit mit dem Blick auf den Textauszug verbringen. Der Title und die eigentliche URL spielen eine untergeordnete Rolle.

Klar, werden Sie jetzt sagen, da ja der mehrzeilige Beschreibungstext (zumeist der Inhalt der Meta-Description), auch oftmals die größte Fülle an Informationen bietet. Doch wer den Nutzer an dieser Stelle dazu motivieren kann, auf die eigene Webseite zu klicken und nicht etwa auf die Seite eines Mitbewerbers, der kann die Suchmaschine durch höhere Click-Through-Rates (CTR) auch von der Relevanz des eigenen Produkts überzeugen. Findet der Nutzer auf der angeklickten Seite das, was er gesucht hat, führt das nicht zuletzt zu besseren Rankings und zusätzlichem Traffic. Die Klickrate ist schließlich eines der vielen Signale, die Google bei der Berechnung der Rankings mit einfließen lässt. Erhält beispielsweise eine auf Platz 3 stehende Seite mehr Klicks als deren direkte Konkurrenten auf Platz 1 und 2, so ist das ein Signal dafür, dass die auf Platz 3 stehende Seite eigentlich weiter nach oben gehört.

Doch wie schafft man es, sich von der breiten Masse abzuheben? Wenn Sie bereits Erfahrungen mit Google AdWords und der Gestaltung von Anzeigentexten gesammelt haben, können Sie diese auch bei der Optimierung der Snippets in der unbezahlten Suche verwenden. Denn was im bezahlten Bereich der Google-Suche funktioniert, bringt auch im organischen Teil oft entscheidende Vorteile mit sich. Durch die noch stärkere Begrenzung der Zeichen ist man bei Google AdWords gezwungen, sich auf das Wesentliche zu konzentrieren und kurz & knackig zu formulieren. Geschickt eingesetzte Sonderzeichen können dabei die Aufmerksamkeit des Nutzers auf den eigenen Eintrag lenken.

Durch Sonderzeichen mehr Aufmerksamkeit erzielen

Während Google in der bezahlten Suche die Verwendung von Sonderzeichen stark einschränkt, bestehen in der unbezahlten Suche große Potenziale, damit aufzufallen. Der Google Snippet Generator auf *http://saney.com/tools/google-snippets-generator.html* (*http://seobuch.net/903*) macht deutlich, was man mit ASCII-Zeichen in Title und Description so alles anstellen kann.

Da wären unter anderem Sterne, die von Hotels dafür verwendet werden könnten, um die potenziellen Hotelgäste auf relativ einfache Art und Weise über die Qualität des eigenen Hotels zu informieren. Aber auch Zahlen, Symbole und große Boxen heben das eigene Snippet deutlich von denen der Konkurrenz ab.

⑤⑤⑤ Saney: Google Snippets Preview **Tool ⑤⑤⑤ Google S**...
saney.com/tools/googl... - Vereinigte Staaten - Diese Seite übersetzen
★★★★★ Bewertung: 100% - 2 Bewertungen
Google Snippets Preview **Tool** - Funny Breadcrumbs - Increase CTR. Title (< 70
symbols) ... be a Title ### with keywords. **saney**.com › x☆·· ☆ ·· CLICK ME - Translate
this page ... **HTML**-code of Meta Tags **HTML**-code of Breadcrumbs ...
von Alexander Lavro

Abbildung 4-3 ▲
Der Snippet-Generator von
saney.com macht vor, wie man
die Aufmerksamkeit in den
SERPs auf sich zieht

Was auffällt und die Blicke des Nutzers auf die eigene Website
lenkt, ist gerade gut genug. Man sollte aber bedenken, dass durch
eine übermäßige Nutzung von ASCII-Zeichen wenig Raum für
wichtige Keywords und den eigentlichen Inhalt der URL übrig
bleibt. Die gute Mischung ist hierbei entscheidend! Ansonsten
wirkt das eigene Snippet unter Umständen nicht seriös und fällt nur
auf, ohne dabei Klicks zu erzeugen.

Da die Zeichenlänge sowohl des angezeigten Titels als auch des
Textauszugs begrenzt ist, sollte man versuchen, möglichst platzspa-
rend zu agieren. So könnte man zum Beispiel anstelle des Wortes
»und« einfach das gängige Kaufmanns-Und »&« verwenden und
dadurch zwei Zeichen einsparen. Auch durch die Verwendung von
Ziffern anstelle von ausgeschriebenen Zahlwörtern ergibt sich ein
kleines Einsparungspotenzial.

Aber nicht nur durch Sonderzeichen und den effizienteren Einsatz
von Zeichen und Buchstaben, sondern auch durch die gezielte Verwendung von prägnanten Aussagen kann man die CTR (Klickrate)
spürbar erhöhen. So könnten Onlineshops beispielsweise durch
Wortgruppen wie »nur noch 3 Exemplare auf Lager«, »jetzt kaufen«, »€ Versand« oder »nur heute reduziert« interessierte Besucher
anlocken. Auch durch die Verwendung von Großbuchstaben kann
man gewisse Klickanreize setzen. Das Keyword der Seite ausschließlich in Großbuchstaben zu schreiben, kann beispielsweise
einen positiven Einfluss auf die Klickrate haben.

Mit Rich Snippets die Suchmaschinen bei der Inhaltsbewertung unterstützen

Mit der Einführung der Rich Snippets (siehe *https://support.google.
com/webmasters/answer/99170* (*http://seobuch.net/945*)), also der
Anreicherung eines Webdokuments mit strukturierten Auszeichnungen (Markups), die von der Suchmaschine ausgelesen und
interpretiert werden können, ist es Webmastern möglich, die Dar-

stellung der eigenen Seiten in den Suchergebnissen noch effektiver zu gestalten und um zusätzliche Elemente zu erweitern. Viele Websitebetreiber beginnen dabei mit den beliebten Sternen, die die Bewertung des Inhalts durch Nutzer oder Redakteure widerspiegeln sollen. Aber auch Markups für Breadcrumbs oder beispielweise Schauspieler, Regisseure und Produkte sind mittlerweile weit verbreitet.

▼ Abbildung 4-4
imdb.com zeichnet neben den Bewertungen auch die Regisseure und Darsteller aus, um das eigenens Snippet interessanter und auffälliger zu gestalten

Skyfall (2012) - IMDb
www.imdb.com/title/tt1074638/ - Diese Seite übersetzen
★★★★☆ Bewertung: 8.1/10 - 121138 Bewertungen
Bond's loyalty to M is tested as her past comes back to haunt her. As MI6 comes under attack, 007 must track down and destroy the threat, no matter how...
Regisseur: Sam Mendes. Mit Daniel Craig, Javier Bardem.

Doch wie finden Sie passende Auszeichnungen für Ihre Website und wie integrieren Sie sie? Dazu müssen Sie die eigene Webseite am besten einem der, auf dem bereits vorgestellten schema.org (*http://seobuch.net/427*), vorgegebenen Typen zuordnen. Besitzt man einen Shop, wären Produktinformationen (Preis und Verfügbarkeit) und -bewertungen zu empfehlen (*http://seobuch.net/607*). Bietet man z. B. Software oder Tools auf der Website zum Download an, gibt es dafür ebenfalls das passende Markup (*http://seobuch.net/748*). Auch Events und Veranstaltungen können bequem per Skript strukturiert und Google somit mundgerecht serviert werden (*http://seobuch.net/270*).

Das Authorship-Markup (ehemals mit Autorenbild)

Bis vor kurzem sehr beliebt war die Verwendung des sogenannten Authorship-Markups, also der Verknüpfung von Inhalten mit dem eigenen Google+-Profil. Google erhoffte sich dadurch grundlegend mehr hochwertigen Content und natürlich mehr aktive Nutzer auf dem hauseigenen sozialen Netzwerk Google+. Dies hatte – als Anreiz zur Integration – auch für das Snippet einen großen Vorteil: Das Autoren-Profilbild erschien direkt neben der Description bzw. dem Textausschnitt.

▼ Abbildung 4-5
So sahen die Snippets mit integriertem Autorenbild aus ...

Google Webmaster Tools: kostenloses E-Book | Trust Agents
www.trustagents.de › ... › Publikationen der Trust Agents

von Stephan Czysch
Google Webmaster Tools: Erfahren Sie mehr über die Funktionen & Möglichkeiten der **Tools** im kostenlosen **E-Book** von **Trust Agents**. Jetzt herunterladen!

Abbildung 4-6 ▲
… bevor Google diese Darstellungsform wieder abschaffte

Seit Mitte 2014 werden die Profilbilder allerdings nicht mehr in den Suchergebnisseiten ausgespielt, vermutlich da die Bilder auf den Suchergebnisseiten hohe Aufmerksamkeit erzeugten und somit den Fokus vom bezahlten Anzeigenbereich ablenkten. Das Authorship-Markup, mit dem Verweis auf das Google+-Profil, ist trotzdem noch häufig fester Bestandteil von Websites – auch weil viele Webmaster die Integration Site-weit integriert haben, also auf jeder URL der eigenen Website. Dies sollte im Bestfall auch nicht geändert werden, da die Zuordnung von Inhalten zu einer Person auch zukünftig wichtig sein können (Stichwort »Author Rank«).

Abbildung 4-7 ▶
Integration der »Neueste Beiträge auf Google+« bei der Suche nach »Zalando«

Zalando

Unternehmen

Zalando ist ein Online-Versandhändler für Schuhe und Mode mit Sitz in Berlin. Die Webseite zalando.de gehörte 2012 und 2013 zu den 100 umsatzstärksten deutschen Online-Shops. Wikipedia

Gegründet: 2008, Deutschland

Kundenservice: 0800 2401020

CEO: Robert Gentz

Gründer: David Schneider, Robert Gentz

Neueste Beiträge auf Google+

 Zalando
63.269 Follower • Öffentlich geteilt

  ✳ Mit unserem neuesten Fashion Advice ist es wieder an der Zeit regeln zu brechen. Würdest du ein Sommerkleid im Winter tragen? ✳ Vila Freizeitkleid ▶ http://zln.do/ … 20. Nov. 2014

Feedback

Neben der Zuordnung von Inhalten und Artikeln zu einer Person haben Unternehmen auch die Möglichkeit, mithilfe des Publisher-Markups (rel="publisher") die eigene Website mit der eigenen Google+-Unternehmensseite zu verknüpfen (detaillierte Anleitung dazu unter *https://support.google.com/business/answer/4569085* (*http://seobuch.net/370*)). Der Vorteil: Bei Markensuchen erhalten Nutzer durch eine zusätzlich angezeigte Box in der Google-Suche direkt mehr Informationen über Ihre letzten Aktivitäten und Postings bei Google+.

Auszeichnung von Videos

Um nach wie vor mit einem Bild in der Google-Suche vertreten zu sein, können Sie Videos einbinden. Um die Analyse des Videos durch Suchmaschinen zu erleichtern, empfiehlt sich der Einsatz einer Video-XML-Sitemap (siehe Kapitel 9). Über diese Sitemap können diverse Informationen über das Video übermittelt werden. Auch das in der Suche erscheinende Preview-Image kann definiert werden; dafür sollte ein möglichst klickattraktives Bild ausgewählt werden. Genaue Informationen zur Erstellung einer validen Video-Sitemap hält Google in der Webmaster-Hilfe bereit (*http://seobuch.net/602*).

Rich-Snippet-Integration überprüfen

Um zu kontrollieren, ob ein Markup korrekt auf der Seite eingebaut wurde, stellt Google das sogenannte »Test-Tool für strukturierte Daten« (ehemals »Rich Snippet Testing Tool«; *http://www.google.com/webmasters/tools/richsnippets* (*http://seobuch.net/439*)) bereit. Damit kann man eine direkte Auswertung darüber erhalten, inwieweit die eingebauten Markups korrekt integriert sind und an welchen Stellen möglicherweise Probleme beim Auslesen der Daten auftreten. In der Vorschau kann man sich zudem ein Bild davon machen, wie das Snippet letztendlich in den Suchergebnisseiten aussehen könnte.

Ob Bewertungen, Produktinformationen oder Symbole auch tatsächlich in den SERPs erscheinen, hängt maßgeblich von der Qualität der übergebenen Informationen ab. Sollte Google den Verdacht haben, dass Markups manipulativ eingesetzt werden, kann es vorkommen, dass keine Rich-Snippet-Informationen mehr für die manipulierende Domain in der Google-Suche erscheinen. Darüber hinaus haben Nutzer bzw. auch Mitbewerber die Möglichkeit, Google über ein Formular auf Rich-Snippet-Spam aufmerksam zu machen.

Test-Tool für strukturierte Daten

Google stellt mit dem Test-Tool für strukturierte Daten eine Lösung bereit, um einen Seite (bzw. deren Quelltext) auf Mikroformatauszeichnungen zu prüfen. Wahlweise kann eine URL oder Seitenquelltext mit dem Tool analysiert werden.

Das Tool steht kostenfrei unter *www.google.com/webmasters/tools/richsnippets* zur Verfügung. Sie können es auch zur Fehlerfindung einsetzen. Unvollständige oder falsch-konfigurierte Datenauszeichnungen werden vom Tool angezeigt.

Über ein entsprechendes Bookmarklet können Sie eine Webadresse an das Test-Tool für struk-

turierte Daten übergeben. Ein Bookmarklet ist ein mit JavaScript versehenes Lesezeichen. Durch einen Klick auf ein Bookmarklet mit folgendem Code

```
javascript:void(window.open(%27http://
www.google.com/webmasters/tools/
richsnippets?url=%27+window.location.
href,%27_blank%27));
```

wird die aktuell aufgerufene Webadresse an das Test-Tool für strukturierte Daten übergeben.

Die Alternative: Data Highlighter

Seit Dezember 2012 gibt es in Google Webmaster Tools mit der Funktion *Data Highlighter* eine Alternative zur strukturierten Datenauszeichnung im Quelltext. Wenn Sie keine Änderungen am Quelltext durchführen können oder möchten, kann der Data Highlighter für Sie sinnvoll sein. Durch die Eingabe einer URL und die Auswahl des Datentyps wird die URL im Tool geladen. Durch Markieren von Daten auf der Webseite wird die Datenauszeichnung durchgeführt. Hinsichtlich der strukturierten Auszeichnungen sind für Google die Varianten »im Quelltext« und »via Data Highlighter« gleichwertig. Allerdings stellt das Tool eine Insellösung dar, da die Daten eben nur Google und nicht auch anderen Suchmaschinen vorliegen. Wenn Sie stattdessen die strukturierte Datenauszeichnung im Quelltext durchführen, stehen die Informationen grundsätzlich jedem zur Verfügung.

Vom Funktionsumfang her gesehen hat der Data Highlighter im Vergleich zur ersten Version deutlich zugelegt. Während es am Anfang nur möglich war, Eventdaten mit dem Tool zu übermitteln, umfasst der Funktionsumfang mittlerweile Folgendes:

- Artikel
- Buchrezensionen
- Ereignisse (Events)
- Filme

- Örtliche Unternehmen
- Produkte
- Restaurants
- Softwareprogramme
- TV-Folgen

Im Vergleich zu den Möglichkeiten von schema.org ist der Umfang weiterhin ziemlich begrenzt. Doch wichtige Auszeichnungsformate sind im Tool bereits enthalten. Langfristig ist davon auszugehen, dass Google weitere Schemata zum Tool hinzufügen wird. Den Data Highlighter finden Sie in den Google Webmaster Tools nach Auswahl Ihrer Website unter *Darstellung der Suche*.

Der Data Highlighter erlaubt es, entweder eine einzelne Seite oder zusätzlich zur angegebenen URL ähnliche Seiten desselben Webauftritts auszuzeichnen. Folgende Schritte sind im Auszeichnungsprozess durchzuführen:

1. »Markieren starten« wählen
2. Die URL angeben, auf der die Auszeichnung durchgeführt werden soll
3. Den gewünschten Datentyp aussuchen
4. Auswählen, ob nur die eingegebene URL oder diese sowie ähnliche Seiten ausgezeichnet werden sollen
5. Auf der erscheinenden Seiten die auszuzeichnenden Daten auswählen
6. Die Auszeichnung gegebenenfalls auf weiteren Seiten Ihres Webauftritts wiederholen
7. Die Auszeichnung abspeichern

Beispiel: Auszeichnung lokaler Daten

Auch über den Data Highlighter ist es möglich, lokale Daten strukturiert auszuzeichnen. Google weist im Tool getrennt einige Daten aus, deren Auszeichnung erforderlich ist.

Nach Angabe der URL wird diese im Tool geladen – in der rechten Spalte werden erforderliche und optionale Auszeichnungen genannt. Überstreichen Sie mit gedrückter linker Maustaste die von Ihnen zur Auszeichnung vorgesehenen Daten und lassen Sie die Maustaste los, sobald Sie z. B. die Adresse vollständig markiert haben. Im erscheinenden Dialog informieren Sie Google anschließend über die Bedeutung Ihrer Auswahl.

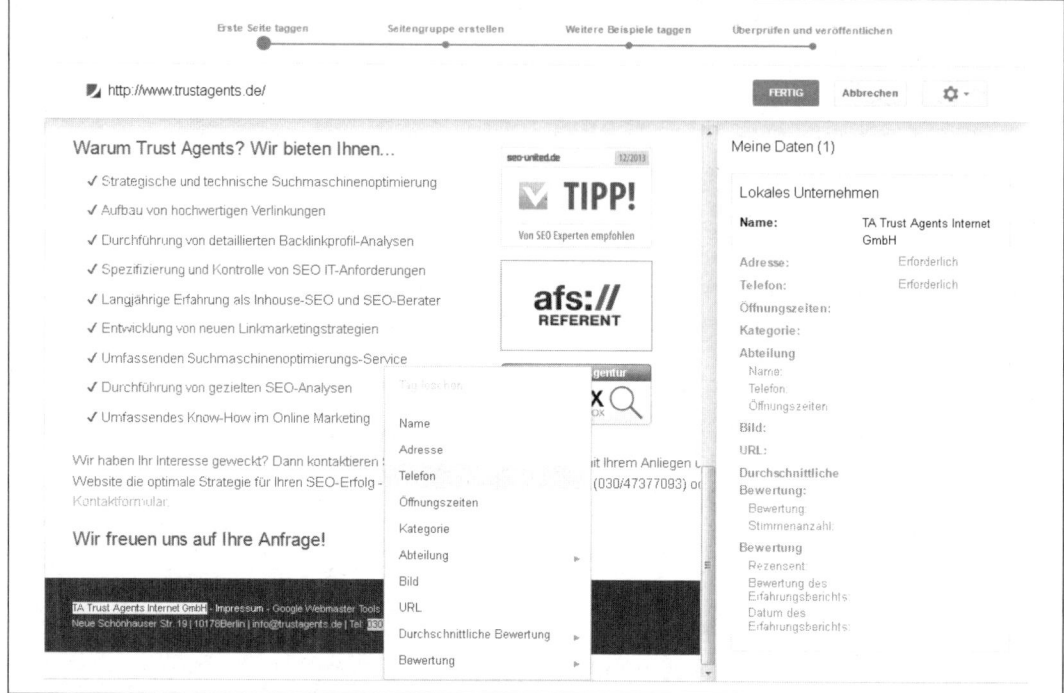

Abbildung 4-8 ▲
Um die Bedeutung zu übermitteln, müssen Wörter mit der Maus markiert werden.

Tipps zum Umgang mit dem Data Highlighter

Wenn Sie sich bei einer Auszeichnung vertan haben, können Sie diese durch nochmaliges Markieren und einen Klick auf Tag entfernen zurücknehmen oder alternativ in der rechten Spalte über die Auszeichnung fahren und das erscheinende X anklicken.

Beachten Sie, dass es durch automatisch im Vordergrund angezeigte und den eigentlichen Inhalt überlagernde Pop-ups zu Problemen bei der Datenauszeichnung kommen kann. Da jeder Klick vom Tool als Markierungswunsch gewertet wird, können Pop-ups nicht geschlossen werden.

Unter Umständen werden vom Data Highlighter Auszeichnungen angefordert, die bisher nicht auf der Seite enthalten sind. Neben der Möglichkeit, den Auszeichnungsprozess zu verlassen und fehlende Angaben auf der Seite hinzuzufügen, können Sie durch einen Klick auf das Zahnrad im oberen rechten Bereich notwendige Informationen übermitteln. Dazu verwenden Sie den Punkt »Fehlende Tags hinzufügen«.

Die hier getätigten Angaben werden für alle im aktuellen Auszeichnungsprozess enthaltenen URLs übernommen. Es ist also nicht notwendig, bei einer Auszeichnung mehrerer Seiten die möglicherweise auf verschiedenen URLs fehlenden Angaben jeweils separat über die Funktion »Fehlende Tags hinzufügen« anzugeben.

In-Depth-Artikel

Im August 2013 kündigte Google eine Neuerung für die Darstellung von Suchtreffern an, die aktuell allerdings in Deutschland noch nicht verfügbar ist: die sogenannten in-depth articles (zu Deutsch: detaillierte Artikel). In der offiziellen Ankündigung (*http:// insidesearch.blogspot.de/2013/08/discover-great-in-depth-articles-on. html – http://seobuch.net/818*) spricht Google davon, dass sich manche Themen nicht mit einer schnellen Antwort klären lassen. Google-eigene Analysen haben gezeigt, dass ungefähr 10 % der täglich gestellten Suchanfragen besser mit besonders tiefgehenden Inhalten beantwortet werden können. Solche stellt Google in den Suchergebnissen gesondert dar.

Nachdem das Feature zu Beginn nur in den USA verfügbar war, ist es seit April 2014 auch in Großbritannien anzutreffen. Diese Reihenfolge der Veröffentlichung neuer Features lässt sich bei Google sehr häufig beobachten: Zuerst werden neue Features in den USA auf den Markt gebracht und dann schrittweise auf weiteren englischsprachigen Märkten ausgerollt. Anschließend werden weitere Sprachen erschlossen. Folglich ist davon auszugehen, dass In-Depth-Artikel mittelfristig weltweit verfügbar werden.

Durch die aktuell (relativ) prominente Integration von In-Depth-Artikeln in die Suchergebnisse stellt sich natürlich die Frage, was genau einen solchen von einem »normalen« Artikel bzw. Suchtreffer unterscheidet und wie man eigene Inhalte in diese Box integriert bekommt. Da dieser Abschnitt nicht umsonst im Kapitel »strukturierte Daten« steht, können Sie bereits zum Teil auf die Lösung schließen.

Censorship - Merriam-Webster Online
www.merriam-webster.com/dictionary/**censorship** ▾
the system or practice of **censoring** books, movies, letters, etc. Full Definition of
CENSORSHIP. 1. a : the institution, system, or practice of **censoring**.

In-depth articles

India: Censorship by the Batra Brigade by Wendy ...
The New York Review of Books - May 2014
In February of this year, after a long career of relative obscurity in the ivory
tower, I suddenly became notorious. 1 In 2010, Penguin India had
published a book of mine, The Hindus: An ...

China's Censored World
The New York Times - May 2014
It is home to two of the world's most highly valued Internet companies
(Tencent and Baidu), as well as history's most sophisticated effort to
censor human expression. China is both the ...

Explore: censorship in china

Web **censorship**: the net is closing in
The Guardian - Apr 2013
Eric Schmidt and Jared Cohen: Across the globe governments are
monitoring and **censoring** access to the web. And if we're not careful
millions more people could find the internet ...

+ More in-depth articles

Searches related to **censorship**

censorship **definition**	**media** censorship
examples of censorship	censorship **quotes**
censorship **meaning**	**internet** censorship
censorship **dictionary**	**movie** censorship

1 2 3 4 5 6 7 8 9 10   Next

Einflussfaktoren auf In-Depth-Artikel

Mit In-Depth-Artikeln möchte Google Inhalte in der Websuche
hervorheben, die durch detaillierte Betrachtung eines Themas und
unabhängig von ihrem Erscheinungsdatum eine ausgezeichnete
Quelle darstellen. Im Ankündigungsbeitrag erläutert Google, dass
sowohl bekannte Quellen (wie große Zeitungen und Magazine) als
auch weniger bekannte Autoren in den In-Depth-Artikeln berücksichtigt werden.

Die genauen Einflussgrößen bezüglich der In-Depth-Artikel hält man bei Google geheim, allerdings weist man darauf hin, dass der Einsatz

- von strukturierten Auszeichnung des Artikels mit schema.org,
- des Authorship-Markups,
- von `rel="next"` und `rel="prev"` bei paginierten Seiten sowie
- von Auszeichnungen des Unternehmenslogos

den Algorithmen bei der Bewertung von In-Depth-Artikeln behilflich ist. Während die letzten drei Punkte vergleichsweise selbsterklärend sind und in den jeweiligen Kapiteln dieses Buchs nachgelesen werden können, gibt es hinsichtlich der Auszeichnung schema.org Klärungsbedarf.

Doch zuerst noch ein Hinweis: Als Suchtreffer kommen nur Artikel in Frage, die zur Indexierung freigegeben sind und zudem ohne Anmeldung und Bezahlung gelesen werden können.

Welche Elemente Sie mit schema.org für Artikel auszeichnen müssen

Das Markup für Artikel (*http://schema.org/Article*) beinhaltet eine ganze Bandbreite an möglichen strukturierten Auszeichnungen. Doch nicht alle dieser Auszeichnungen müssen letztendlich auch eingesetzt werden, um die Wahrscheinlichkeit zu erhöhen, dass eine Seite in Form eines In-Depth-Artikels wahrgenommen wird.

Notwendig ist die Auszeichnung der folgenden Artikelelemente.

- Hauptüberschrift: Die Hauptüberschrift des Artikels sollten Sie als `headline` auszeichnen.
- Sekundäre Überschrift: Wenn zusätzlich eine sekundäre Überschrift eingesetzt wird, sollten Sie diese als `alternativeheadline` auszeichnen.
- Artikelbild: Das oder die Artikelbilder sollten Sie als `image` kenntlich machen. Wichtig ist es, dass die entsprechend ausgezeichneten Bilder für das Crawling sowie die Indexierung durch Suchmaschinen freigegeben sind.
- Kurzbeschreibung: Eine kurze Beschreibung des Inhalts sollte als `description` hervorgehoben werden.
- Publikationsdatum: Auch das Veröffentlichungsdatum sollten Sie nochmals getrennt hervorheben. Dazu ist die Auszeichnung mit `datePublished` anzuwenden.

Abbildung 4-10 ▼
Die New York Times setzt die
empfohlenen Auszeichnungen
korrekt ein (Auszug).

- Artikelinhalt: Neben den bereits genannten Elementen des Texts sollte auch der eigentliche Inhalt über articleBody für Suchmaschinen strukturiert werden.

Wie gewohnt, können Sie das Test-Tool für strukturierte Daten einsetzen, um die fehlerfreie Auszeichnung sicherzustellen.

Item	
type:	http://schema.org/newsarticle
property:	
alternativeheadline:	China's Censored World
description:	Altering the proportions of a portrait of China gives a false reflection of how the country appears to the world.
genre:	Op-Ed
identifier:	100000002858414
usageterms:	http://www.nytimes.com/content/help/rights/sale/terms-of-sale.html
inlanguage:	en-US
datepublished:	2014-05-02
articlesection:	Opinion
datemodified:	2014-05-08
thumbnailurl:	http://static01.nyt.com/images/2014/05/04/opinion/sunday/04osnos/04osnos-thumbStandard.jpg
headline:	China's Censored World
author:	*Item 1*
creator:	*Item 1*

Sitelink-Suchbox beeinflussen

Durch strukturierte Datenauszeichnungen ist es möglich, die bei bekannten Marken innerhalb der *Sitelinks* erscheinende Suchbox zu beeinflussen. Unter Sitelinks sind zusätzliche Suchtreffer zu verstehen, die auf Suchergebnisseiten gruppiert unter der als am relevantesten angesehenen Adresse erscheinen.

Standardmäßig führt eine Sucheingabe innerhalb der Sitelinks zu einer auf die entsprechende Domain eingeschränkte Google-Suche. Aber durch den Einsatz von strukturierter Datenauszeichnung kann die Suchanfrage direkt an eine vorhandene interne Suche des Webauftritts übergeben werden. Seit September 2014 zeigt Google innerhalb dieser Suchbox auch Suchvorschläge (»Autocomplete«, auf Deutsch »automatische Vervollständigung«) an.

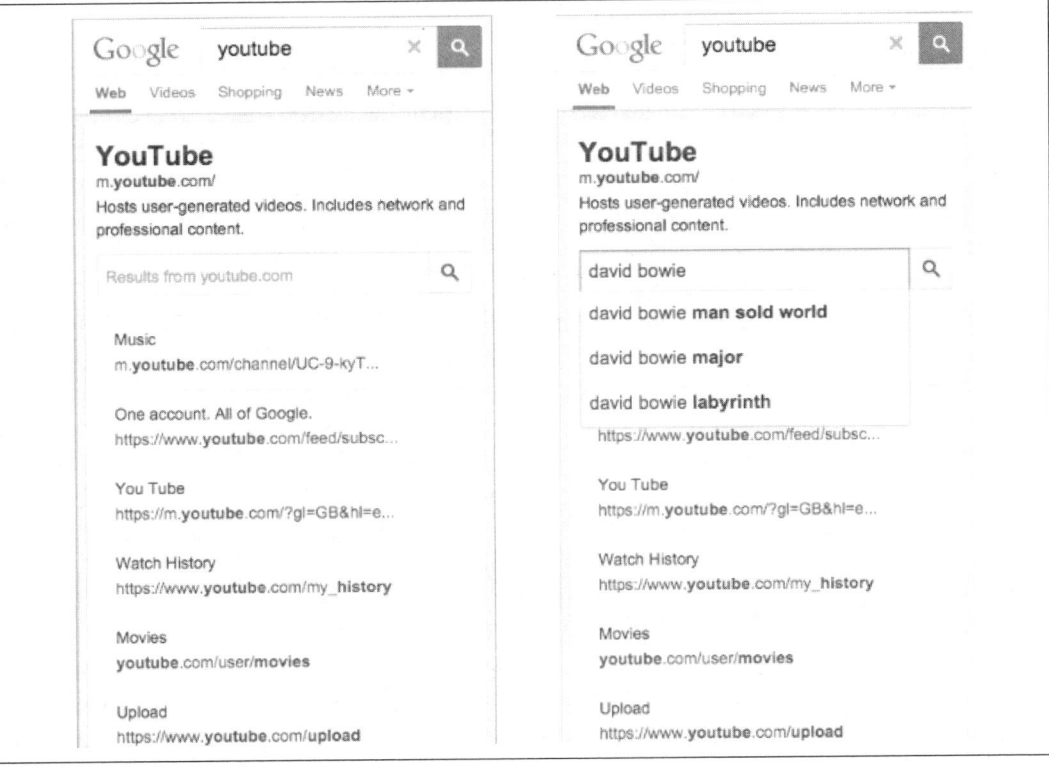

▲ Abbildung 4-11
Bei YouTube wird die Suchbox
innerhalb der Sitelinks angezeigt.

Notwendige strukturierte Auszeichnungen

Wenn bei Suchen nach Ihrer Website die Suchbox angezeigt wird –
seien Sie nicht traurig, wenn das nicht der Fall ist, denn diese Box
erscheint wirklich nur bei sehr wenigen Seiten –, können Sie durch
den Einsatz des Markups `schema.org/Website` und `schema.org/Sear`
`chAction` die Suchanfragen auf Ihre Website leiten. Dabei genügt es
völlig, wenn das entsprechende Markup auf der Startseite des Webauftritts implementiert wird. Im Microdata-Format sieht die einzufügende Auszeichnung für *https://www.example.com/* wie folgt aus:

```
<div itemscope itemtype="http://schema.org/WebSite">
  <meta itemprop="url" content="https://www.example.com/"/>
  <form itemprop="potentialAction" itemscope itemtype="http://schema.
  org/SearchAction">
    <meta itemprop="target" content="https://www.example.com/
    search?q={search_term}"/>
    <input itemprop="query-input" type="text" name="search_term"
    required/>
```

```
      <input type="submit"/>
    </form>
</div>
```

Über die als Meta-Angabe definierte URL wird angegeben, auf welchen Webauftritt sich die Auszeichnung bezieht. Hier muss die kanonische Adresse der Startseite angegeben werden. Entfernen Sie also jegliche unnötigen Angaben innerhalb der Adressangabe. Diese wird als Meta-Angabe angegeben, damit sie nicht sichtbar auf der Website dargestellt wird.

Die mögliche Nutzeraktion – in diesem Fall ist es die Eingabe einer Suchanfrage – wird über `potentialAction` ausgezeichnet. Diese Aktion findet dabei unter der Adresse *https://www.example.com/search?q={search_term}* statt, wobei *{search_term}* die eigentliche Suchanfrage darstellt. In der aktuellen Spezifikation wird nur ein mögliches Muster für Suchanfragen unterstützt. Wenn Sie also mehrere unterschiedliche Suchmaschinen auf Ihrer Website einsetzen, müssen Sie sich derzeit für eine entscheiden. Es ist allerdings davon auszugehen, dass es in Zukunft möglich sein wird, mehrere Suchadressen auszuzeichnen.

Mit Hinweis auf die Google-Webmaster-Richtlinien erläutert Google in der Hilfeseite (*https://developers.google.com/webmasters/richsnippets/sitelinkssearch* – *http://seobuch.net/192*), dass der Zugriff des Googlebot auf die interne Suche blockiert werden sollte, zum Beispiel über die Datei *robots.txt*.

Sitelink-Suchbox unterdrücken

Es ist nicht nur möglich, die innerhalb der Sitelinks eingegebenen Suchanfragen direkt an die interne Webseitensuche zu übergeben, sondern auch die Suchboxdarstellung in der Google-Suche für die eigene Website zu unterdrücken. Dazu muss Google über das Meta-Tag »*nositelinksearchbox*« angewiesen werden:

```
<meta name="google" content="nositelinkssearchbox" />
```

Darstellung des Knowledge Graph beeinflussen

Im Mai 2012 kündigte Google unter dem Titel »Introducing the Knowledge Graph: Things, not strings« (auf Deutsch in etwa »Vorstellung der Wissensdatenbank: Dinge, nicht Zeichenfolgen«; siehe *http://insidesearch.blogspot.de/2012/05/introducing-knowledge-graph-things-not.html, http://seobuch.net/934)* eine massive Veränderung der Suchergebnisdarstellung an: Der sogenannte *Knowledge Graph* wurde offiziell vorgestellt.

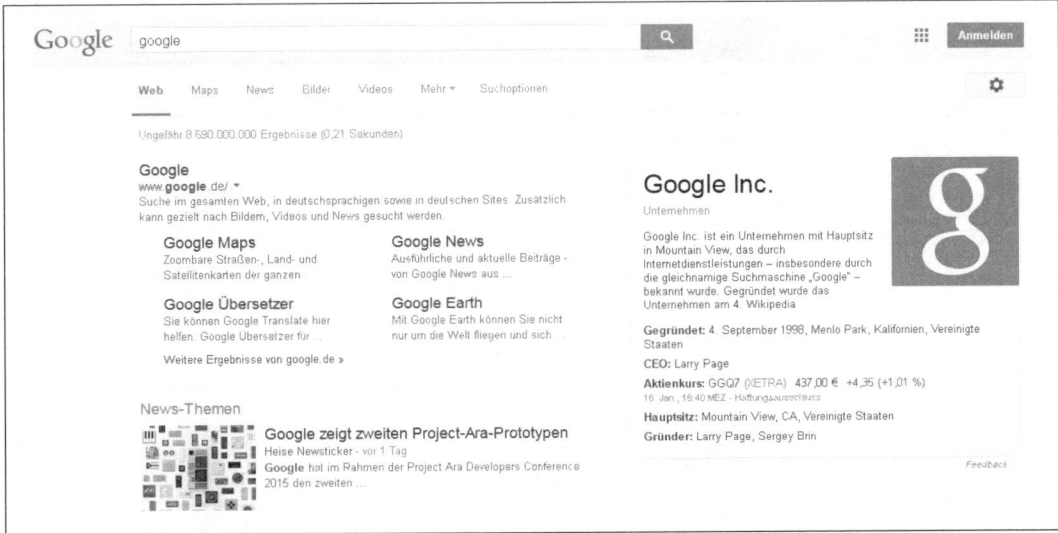

Innerhalb des Knowledge Graph stellt Google für eine Vielzahl bekannter Entitäten, beispielsweise Personen, Orte oder Organisationen, Informationen gesondert in den Suchergebnissen dar. Zur Erklärung: Als Entität wird in der Informatik ein Objekt bezeichnet, über das Informationen gespeichert und verarbeitet werden.

▲ **Abbildung 4-12**
In der rechten Spalte: Der Knowledge Graph für die Entität »Google«

Zusätzlich zu den als besonders interessant gewerteten Informationen über die Entität verweist Google auf Entitäten, die mit dieser in Beziehung stehen. Ein Klick auf eine verwandte Entität löst dabei in aller Regel eine neue Suchanfrage aus.

Ohne an dieser Stelle zu tief in die Details einzusteigen: Die Daten für den Knowledge Graph generiert Google aus einer breiten Quellenbasis, darunter beispielsweise Wikipedia und Freebase (*https://www.freebase.com/, http://seobuch.net/965*).

Spannend wird es natürlich immer dann, wenn man auf die im Knowledge Graph dargestellten Informationen Einfluss nehmen kann. Das ist zum Beispiel dann möglich, wenn man die Website eines Unternehmens oder einer Person betreut, für deren Namen der Knowledge Graph angezeigt wird.

Durch strukturierte Datenauszeichnung ist es momentan möglich, das dargestellte Logo, die Kontaktnummern und soziale Profile gesondert hervorzuheben.

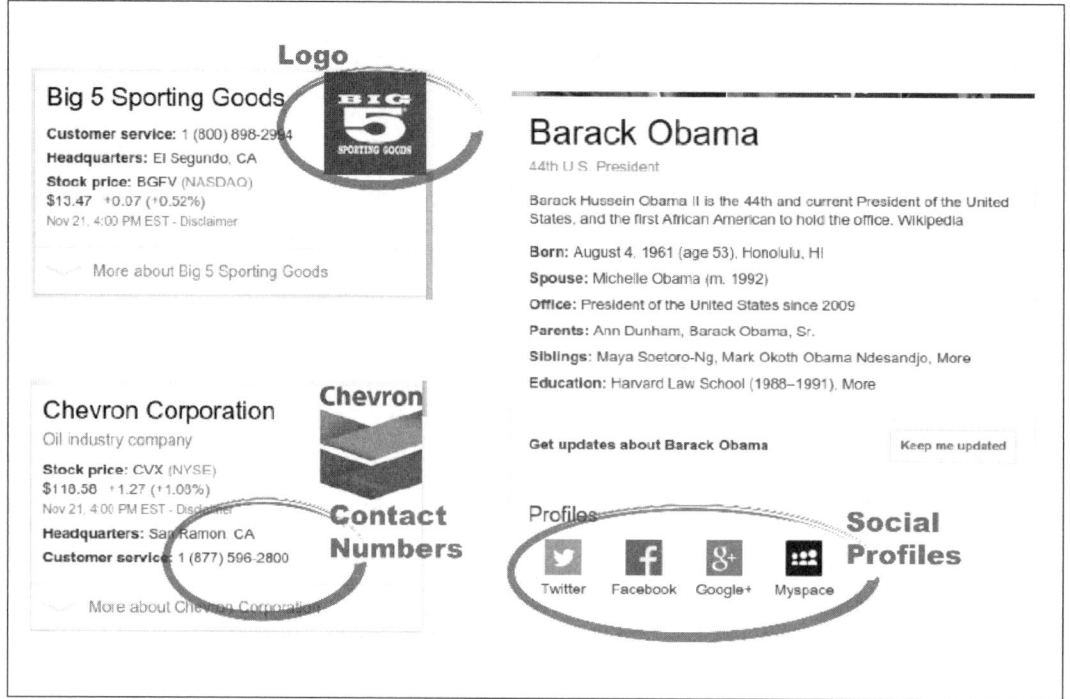

Abbildung 4-13 ▲
Bespielhafte Knowledge Graph-
Darstellung mit den Elementen, die
direkt beeinflusst werden können

Das Firmenlogo auszeichnen

Bereits beim Abschnitt über In-Depth-Artikel wurde auf eine strukturierte Datenauszeichnung des Unternehmenslogos hingewiesen. Unterstützt wird die Auszeichnung des Logos beispielsweise von *http://schema.org/Organization* (*http://seobuch.net/449*).

Wie bei strukturierten Auszeichnungen üblich, sind diverse Formate möglich. Beispielhaft sehen Sie hier die Auszeichnung des Unternehmenslogos im Format JSON-LD.

```
<script type="application/ld+json">
{
  "@context": "http://schema.org",
  "@type": "Organization",
  "url": "http://www.example.com",
  "logo": "http://www.example.com/images/logo.png"
}
</script>
```

Diese Auszeichnung sollten Sie ganz normal auf Ihrer Website veröffentlichen und url die Adresse der Startseite zuweisen.

Kontaktnummern hervorheben

Mit einem Unternehmen kann man meist über unzählige Telefonnummern in Kontakt treten, doch nicht immer landet man direkt beim richtigen Ansprechpartner. Es ist grundsätzlich möglich, für verschiedene Abteilungen die Telefonnummer gesondert maschinenlesbar auszuzeichnen. Für Suchmaschinennutzer ist meist die Telefonnummer der Kundenbetreuung besonders relevant. Aus diesem Grund ist diese Nummer aktuell die am häufigsten bei Unternehmen innerhalb des Knowledge Graph angezeigte Nummer.

Damit Google die Auszeichnung richtig verarbeiten kann, muss die vorgegebene Bezeichnung mit der Telefonnummer übergeben werden. Im Falle der Kundenbetreuung ist dazu customer service zu nutzen.

```
<script type="application/ld+json">
{ "@context" : "http://schema.org",
  "@type" : "Organization",
  "url" : "http://www.your-company-site.com",
  "contactPoint" : [
    { "@type" : "ContactPoint",
      "telephone" : "+1-401-555-1212",
      "contactType" : "customer service"
    } ] }
</script>
```

Wie bereits bei der Auszeichnung telefonischer Kontakte, ist innerhalb von url die Adresse der Unternehmensstartseite zu hinterlegen.

Die gezeigte Auszeichnung stellt nur die Basisinformationen dar. Darüber hinaus ist es beispielsweise möglich, für unterschiedliche geografische Gebiete (beispielsweise Österreich oder Deutschland) eine eigene Kontaktnummer zu hinterlegen oder auch die von der Kundenbetreuung gesprochenen Sprachen auszuzeichnen.

Weitere Informationen finden Sie unter *https://developers.google.com/webmasters/structured-data/customize/contact-points* (*http://seobuch.net*/763).

Links zu sozialen Profilen

Zusätzlich zur eigenen Website sind Profile in sozialen Netzwerken bei vielen Unternehmen oder auch Personen vorhanden. Seit Anfang 2015 zeigt Google Verweise auf vorhandene soziale Profile der Entität innerhalb des Knowledge Graph an.

Zwar werden nicht sämtliche sozialen Netzwerke unterstützt, aber mit Facebook, Twitter, Google+, Instagram, YouTube, LinkedIn und Myspace sollten die in den USA und Europa am häufigsten verwendeten Plattformen abgedeckt sein. Und natürlich ist es nicht ausgeschlossen, dass in Zukunft weitere soziale Profile im Know-ledge-Graph angezeigt werden. Google verweist in der Hilfe zu diesem Feature (*https://developers.google.com/webmasters/structured-data/customize/social-profiles, http://seobuch.net/670*)) bereits ausdrücklich darauf hin, dass bereits jetzt noch nicht offiziell unterstützte Profile ausgezeichnet werden können.

Damit Google die zu einer Person oder einem Unternehmen gehörenden Profile zweifelsfrei zuordnen kann, muss die Adresse des sozialen Profils mit sameAS hervorgehoben werden. Zudem ist auch in dieser Auszeichnung die Angabe der Website-URL der Entität notwendig.

Auch zu dieser Beeinflussungsmöglichkeit des Knowledge Graph ein Beispiel, dieses Mal im Microdata-Format:

```
<span itemscope itemtype="http://schema.org/Organization">
  <link itemprop="url" href="http://www.your-company-site.com">
  <a itemprop="sameAs" href="http://www.facebook.com/your-company">
FB</a>
  <a itemprop="sameAs" href="http://www.twitter.com/YourCompany">
Twitter</a>
</span>
```

Mögliche Gefahren strukturierter Datenauszeichnung

Strukturierte Daten helfen Suchmaschinen dabei, die Bedeutung von Daten (noch) besser zu verstehen. Und eine saubere Auszeichnungsstruktur in HTML hat dem eigenen Suchmaschinenoptimierungserfolg noch nie geschadet. Doch es gibt einige kritische Stimmen, die auf mögliche Gefahren durch strukturierte Datenauszeichnungen hinweisen.

Abgesehen davon, dass die Verwendung des Data Highlighter anstelle einer Auszeichnung im Quelltext zu einer Zementierung der Marktverhältnisse in Deutschland führen könnten (da die Daten dann nur Googles Algorithmen anreichern könnten), liegt die Gefahr auch darin, dass Daten durch strukturierte Auszeichnung deutlich einfacher vergleichbar sind.

Wenn Suchmaschinen zum Beispiel genau wissen, welche Shops ein ganz bestimmtes Produkt zu welchem Preis und mit welcher Verfügbarkeit anbieten, wäre es denkbar, nur einen dieser Shops als Ergebnis anzuzeigen, nämlich zum Beispiel den preiswertesten. Denkbar wäre auch, dass Suchmaschinen diese Informationen dazu verwenden, anstelle von unbezahlten Suchtreffern direkt einen kostenpflichten Preisvergleich anzubieten, bei dem Shops für eine Listung und/oder für Klicks zur Kasse gebeten werden.

Nicht wegzudiskutieren ist, dass allein die Verwendung strukturierter Daten durch direkte Konkurrenten zu einem Wettbewerbsnachteil der eigenen Website führen kann – besonders dann, wenn die Daten in der Google-Suche in Form von Rich Snippets angezeigt werden und zu einer höheren Klickrate bei Inhalten von Wettbewerbern führen.

Ein breiterer Einsatz von strukturierten Daten kann dazu führen, dass die semantische Bedeutung insgesamt merklich steigt. Ab einem bestimmten Punkt ist es womöglich gar nicht mehr notwendig, selbst strukturierte Datenauszeichnungen einzusetzen, da Suchmaschinen von ähnlichen Websites »Gelerntes« auf andere Websites übertragen. Somit wäre eine Vergleichbarkeit für Suchmaschinen auch ohne den Einsatz entsprechender Auszeichnungen aufgrund von strukturellen Ähnlichkeiten möglich.

Zusammenfassend betrachtet, gibt es gute Argumente sowohl pro als auch kontra strukturierte Datenauszeichnungen. Im Sinne der Suchmaschinenoptimierung ist der Einsatz jeglicher bedeutungsfördernden (HTML-)Auszeichnung herzlich willkommen und führt in aller Regel auch zu einem besseren Ranking. Dabei ist der Aspekt der Rich Snippets, also der Anzeige strukturierter Daten in den Suchergebnissen, als (möglicher) wesentlicher Klickfaktor außen vor gelassen. In den meisten Fällen überwiegen die Ranking- und Klickvorteile durch den Einsatz strukturierter Daten die möglichen Gefahren – zumindest für den Moment betrachtet.

Zusammenfassung

- Ob HTML4 oder HTML5, spielt derzeit noch keine entscheidende Rolle bei der Rankingbewertung durch Suchmaschinen. Wichtig ist einzig die gute Crawlbarkeit der Inhalte (auf Quelltext-Validität achten).

- Durch die Verwendung strukturierter Datenauszeichnung kann das Verständnis von Seiteninhalten verbessert werden. Es ist vorstellbar, dass sich die Verwendung strukturierter Auszeichnungen positiv auf das Ranking auswirkt.

- Suchmaschinenkonzerne haben sich auf schema.org als bevorzugtes Auszeichnungsformat verständigt. Die Datenauszeichnung findet im Seitenquelltext statt.

- Als Alternative zur Auszeichnung im Quelltext kann auf die Funktion »Data Highlighter« der Google Webmaster Tools zurückgegriffen werden. Das Tool unterstützt nur einen Bruchteil der in schema.org vorhandenen Auszeichnungen. Der größte Kritikpunkt ist, dass die Auszeichnungen über das Tool nur Google vorliegen.

- Wenn strukturierte Daten in der Google-Suche angezeigt werden, spricht man von *Rich Snippets*. Diese können die Klickrate in der Google-Suche auf den eigenen Suchtreffer deutlich steigern.

- Optimieren Sie die Länge des HTML-Titles (rund 55 Zeichen werden auf den Suchergebnisseiten angezeigt) sowie der Meta-Description (ca. 155 Zeichen) und arbeiten Sie dezent, aber wirkungsvoll mit Sonderzeichen in beiden Bereichen.

- Das Profilbild wird bei Authorship-Markups seit Mitte 2014 nicht mehr angezeigt. Eine Auszeichnung ist aber nach wie vor sinnvoll.

- Über das Test-Tool für strukturierte Daten können URLs oder alternativ Quelltext auf die Verwendung von strukturierter Datenauszeichnung kontrolliert werden. Das Tool hilft zudem bei der Fehlerfindung.

- In-Depth-Artikel sind derzeit noch nicht weltweit verfügbar, allerdings ist davon auszugehen, dass ihre Verbreitung zunehmen wird. Um als In-Depth-Artikel wahrgenommen zu werden, ist der Einsatz diverser strukturierte Datenauszeichnungen hilfreich. Allerdings führen diese Auszeichnungen nicht zwingend zur Aufnahme in die In-Depth-Artikel.

- Bei populären Websites zeigt Google eine Suchbox innerhalb der Sitelinks an. Durch den Einsatz von strukturierten Datenauszeichnungen werden Suchanfragen direkt an die interne Suche des Webauftritts übergeben und nicht mehr in der Google-Suche ausgeführt.

- Unternehmen und Personen habe die Möglichkeit, auf die im Knowledge Graph angezeigten Informationen (bedingt) einzugreifen. Durch strukturierte Datenauszeichnung können die Kontaktnummer des Kundenservice, Links zu sozialen Profilen sowie das Unternehmenslogo beeinflusst werden. Bedenken Sie: Nur für wenige Unternehmen und Personen erscheint der Knowledge Graph im Augenblick.

KAPITEL 5
Ajax & JavaScript

Wenn Sie eine Website mit dynamischen Elementen realisieren und dabei Komponenten verwenden, die erst beim Nutzer im Browser ausgeführt (gerendert) werden, arbeiten Sie zumeist mit einer Java-Script-Lösung. Aus SEO-Sicht sind Bereiche, die erst beim Aufruf beziehungsweise durch Interaktion eines (realen) Nutzers aktiviert bzw. geladen werden, für den Suchmaschinen-Crawler ggf. unsichtbar und daher möglicherweise problematisch.

Im Laufe der Zeit sind Suchmaschinen, allen voran Google, bei der Auswertung von Webseiten immer besser und flexibler geworden. Mittlerweile können die Crawler einen Großteil an (einfachen) JavaScript-Funktionen interpretieren und sich dadurch ein gutes Gesamtbild einer einzelnen URL verschaffen. So teilte Google im Mai 2014 mit, dass Google Webseiten wie ein moderner Browser darstellen kann – inklusive CSS und JavaScript.

Mithilfe der Google Webmaster Tools (»Abrufen wie durch Google«, siehe *https://support.google.com/webmasters/answer/6066468* – *http://seobuch.net/806*) oder das Tool *PageSpeed Insights* (*https://developers.google.com/speed/pagespeed/insights/* – *http://seobuch.net/767*) können Sie sich einen Eindruck davon verschaffen, wie Google eine URL tatsächlich sieht und auf welche Inhalte die Suchmaschine Zugriff hat.

Abruf wie durch Google

⊡ http://www.trustagents.de/
Googlebot-Typ: Desktop (Rendern angefordert)

✅ Teilweise am Sonntag, 23. November 2014 um 04:59:43 GMT-8

| Abrufen | Rendern |

So hat der Googlebot die Seite abgerufen:

Strategische & technische SEO-Beratung aus Berlin

Warum sollten Ihre Wettbewerber hinsichtlich der Zugriffe über die unbezahlte Google-Suche die Nase vorne haben? Wäre es nicht auch für Ihren Geschäftserfolg von höchster Wichtigkeit, möglichst viele potenzielle Kunden zu erreichen, ohne dabei für Klicks zahlen zu müssen? Genau hierbei kann Ihnen Trust Agents helfen! Wir sind Ihr kompetenter Partner für eine **nachhaltige Suchmaschinenoptimierung** und unterstützen Sie tatkräftig dabei, **zusätzliche Umsatzpotenziale** über die unbezahlte Websuche zu erschließen.

Greifen Sie deshalb auf unser umfassendes (SEO-)Know-How in Form einer kontinuierlichen SEO-Beratung zurück, lassen Sie Ihre Website unter SEO-Aspekten analysieren, oder nutzen Sie die Möglichkeit, Ihre Website durch Linkmarketing im Internet bekannter zu machen. Gerne kommen wir zu Ihnen und präsentieren unser Wissen in Form von gezielten SEO-Workshops für Ihr Unternehmen.

Warum Trust Agents? Wir bieten Ihnen...

✔ Strategische und technische Suchmaschinenoptimierung
✔ Aufbau von hochwertigen Verlinkungen
✔ Durchführung von detaillierten Backlinkprofil-Analysen
✔ Spezifizierung und Kontrolle von SEO IT-Anforderungen
✔ Langjährige Erfahrung als Inhouse-SEO und SEO-Berater
✔ Entwicklung von neuen Linkmarketingstrategien
✔ Umfassenden Suchmaschinenoptimierungs-Service
✔ Durchführung von gezielten SEO-Analysen
✔ Umfassendes Know-How im Online Marketing

Wir haben Ihr Interesse geweckt? Dann kontaktieren Sie uns noch heute unverbindlich mit Ihrem Anliegen und wir finden für Sie und Ihre Website die optimale Strategie für Ihren SEO-Erfolg - entweder direkt per E-Mail, Telefon (030/47377093) oder ganz unkompliziert via Kontaktformular.

Wir freuen uns auf Ihre Anfrage!

Abbildung 5-1 ▲
Mit Hilfe der Option »Rendern« im Bereich »Abrufen wie durch Google« in den Webmaster Tools können Sie sich anzeigen lassen, wie Google Ihre Seite tatsächlich sieht

Auch die Verwendung der Google-Cache-Ansicht, zu der Sie entweder direkt über Suchergebnisseite gelangen können oder einfach durch die Eingabe des Suchoperators `cache:adresse-der-seite`, also z.B. `cache:http://www.trustagents.de` (mehr zu diesem Thema in Kapitel 16), kann Ihnen dabei helfen, Probleme direkt zu identifizieren. Dies empfiehlt sich gerade bei komplexen Anwendungen und Websites. Sollten Sie feststellen, dass elementare Inhalte, z. B. die Produktbeschreibungen in einem Onlineshop, nicht von Google erfasst werden, sollten Sie unbedingt die aktuelle Architektur Ihrer Plattform überprüfen. Was beim »*Lazy Loading*« (siehe Kapitel 2, Abschnitt »Bilder-SEO« auf Seite 16 und Kapitel 10) gewünscht ist (On-Demand-Laden von Inhalten), ist für Textinhalte und wichtige HTML-Auszeichnungen nicht anzustreben.

Tipp Auch über die Suche nach Textfragmenten bei Google können Sie herausfinden, ob ein gesuchter Inhalt bekannt ist oder nicht.

Verlinkungen mit JavaScript maskieren

Eine beliebte Methode, um die interne Verlinkung zu optimieren, ist das Maskieren von Links mit JavaScript. Das Ziel dabei ist es, Verlinkungen für Benutzer Ihrer Website klick- und sichtbar zu machen, die Suchmaschinen-Crawler aber davon abzuhalten, diese als eigentliche Links zu werten.

Tipp In der überwiegenden Zahl der Fälle ist es für ein Websitebetreiber nicht sinnvoll, über Linkmaskierungen nachzudenken. Solche Techniken sind eher für sehr große Websites mit mehreren hunderttausend Unterseiten relevant.

Die beiden Vorteile dabei: Zum einen eine verbesserte Linkjuice-Verteilung, da Sie nicht mehr mit dem eigentlichen Link-Tag arbeiten (<*a*>), zum anderen ein verbessertes Crawling-Verhalten, da durch eine gute Maskierung die Ziel-URLs nicht mehr im Klartext im Quelltext vorhanden und somit auch für die Suchmaschinen-Bots nicht direkt auswertbar sind.

Anwenden können Sie derartige JavaScript-Maskierungen überall dort, wo Sie URLs für Benutzer Ihrer Seite verlinken möchten, die aber keine SEO-Relevanz besitzen und die Sie eventuell per »noindex«-Angabe sowieso nicht indexieren lassen möchten oder via *robots.txt* vom Crawling ausschließen. Beispiele dafür sind Website-weite Verlinkungen im Footer, also Verlinkungen, die auf jeder URL einer Website eingebunden sind, oder auch Links im Filterbereich auf Kategorieseiten von Onlineshops. Hier kann es durchaus von Vorteil sein, URLs nicht direkt crawlbar zu machen und gezielt auszuwählen, welche Landing-Pages interne Linkpower erhalten sollen. Da mittlerweile fast alle Browser JavaScript unterstützen, stoßen Sie dabei auch nicht auf etwaige Usability-Probleme auf Seiten der Nutzer.

Die optimale Lösung für die Maskierung von Links besteht aus zwei grundlegenden Bausteinen: dem Element, das den eigentlichen Link ersetzt, sowie einer JavaScript-Funktion, die beim Klick auf ebendieses Element ausgeführt wird (Onclick-Event) und im Bestfall die URL unkenntlich macht, also nicht klar im Quelltext abbildet.

```
<!-- Beispiel: URL im Quelltext vorhanden -->
<span onclick="document.location.href='http://www.trustagents.de'">Hier geht es weiter</span>

<!-- Beispiel: Separate JavaScript-Funktion mit base64-encodeter URL -->
<span onclick="goto('aHR0cDovL3d3dy50cnVzdGFnZW50cy5kZQ==')">Hier geht es weiter</span>
```

Abbildung 5-2 ▲
Zwei Beispiele für die
Verwendung von JavaScript zur
»Link-Maskierung«

Wie im Beispiel zu sehen ist, verwenden wir ein beliebiges HTML-Element – bevorzugt DIV, SPAN oder FONT –, um einen Link samt Linktext nachzubauen. Das Onclick-Event, das wir mit dem Element verbinden, ruft die Funktion *goto()* auf, die die eigentliche URL öffnet. Mit einer ID oder einer (z. B. durch BASE64-Codierung) verschlüsselten URL wird der Nutzer bei einem Klick auf den Text »Hier geht es weiter« zum Linkziel geführt.

Die JavaScript-Funktion – in unserem Beispiel *goto()* – sollten Sie bestenfalls in ein extern eingebundenes JS-File verpacken, das Sie per *robots.txt* vom Crawling durch die Suchmaschinen-Roboter aussperren. So wird es dem Bot nahezu unmöglich, herauszufinden, welche URL sich hinter dem für den Nutzer wie ein Link aussehenden Konstrukt versteckt. Wichtig dabei: Nutzen Sie die JS-Datei nur für diese goto-Funktion, da es gemäß der technischen Richtlinien von Google nicht (mehr) erlaubt ist, für das Rendering der Website benötigte Dateien für die Crawler zu sperren (siehe *http://googlewebmastercentral-de.blogspot.de/2014/10/aktualisierung-der-technischen-richtlinien.html* – *http://seobuch.net/067*). Lagern Sie das Script im Bestfall auch auf einer Subdomain, die eine eigene robots.txt-Datei verwendet.

Wie zu Beginn bereits kurz beschrieben, schlagen Sie mit dieser Art der Link-Maskierung zwei Fliegen mit einer Klappe: Zum einen können Sie im Bereich Linkjuice-Vererbung unwichtige URLs gezielt ausschließen; zum anderen verschwinden diese URLs aus dem Quelltext und sind somit zunächst nicht für die Suchmaschinen-Crawler sichtbar – sofern sie nicht extern angelinkt oder via Sitemap übermittelt wurden.

Ajax aus Suchmaschinen-Sicht

Als »Ajax« wird die Verbindung der beiden Programmiersprachen JavaScript und XML bezeichnet, die zur asynchronen Datenübertragung im Web genutzt wird. Ajax wird immer dann eingesetzt, wenn Inhalte auf einer URL verändert werden, die Webseite dafür aber nicht extra neu geladen werden soll. Das vorrangige Ziel: den

Komfort der Nutzer zu erhöhen und Lade- und Wartezeiten zu verringern.

Für die Suchmaschinen-Crawler sind die Inhalte, die »nachgeladen« werden, nicht direkt auswertbar. Sie müssen dem Bot dafür eine gewisse Hilfestellung geben, indem Sie das sogenannte Ajax-Crawling-Schema für die entsprechenden URLs verwenden. Das bedeutet, dass Ihre »dynamischen« URLs zunächst mit einem speziellen Hash-Fragment (»!#«) ausgestattet werden müssen, das für die Suchmaschine interpretierbar ist. Ein Beispiel für eine derartige URL ist *http://www.onlineshop.de/damenschuhe!#groesse36*, wobei die Größe als Filter fungiert, die Kategorieseite »Damenschuhe« aber nicht neu geladen werden muss.

Der Suchmaschinen-Crawler wird aufgrund der Spezifikation versuchen, den statischen Inhalt der gefilterten Seite durch temporäres »Umschreiben« der URL unter *http://www.onlineshop.de/damenschuhe?_escaped_fragment_=groesse=36* zu erreichen. Sie müssen also Ihre Plattform für diese Fälle entsprechend konfigurieren (URL-Aufruf abfangen und auswerten), um speziell auf die Anfrage der »escaped_fragment«-URLs reagieren zu können.

Alternativ kann für URLs ohne Hashtag (z. B. ohne Filter), die viele dynamische Inhalte verwenden, auch ein Meta-Tag im HTML-Head-Bereich der Seite platziert werden, der den Crawler darauf hinweist, dass es zusätzlich eine statische Version dieser URL gibt:

```
<meta name="fragment" content="!">
```

Um Crawling-Problemen vorzubeugen, sollten Sie den Meta-Tag wirklich nur dann einsetzen, wenn Sie eine alternative, statische Version der jeweiligen URL haben.

Wichtig ist, dass Sie über die durch den Bot erzeugten ,»escaped_fragment«-URLs einen reinen HTML-Abdruck der Webseite an den Suchmaschinen-Crawler ausliefern, ohne etwaige nachladende, dynamische Elemente. So wird sichergestellt, dass die Suchmaschine die gleichen Inhalte ausgeliefert bekommt und auswerten kann wie letztlich auch ein normaler Nutzer. So können Sie Ihren Besuchern eine schnelle Plattform bieten und der Suchmaschine trotzdem alle Inhalte verfügbar machen.

Geben Sie die von Ihnen bevorzugt zu indexierenden URLs (jeweils ohne »escaped_fragment«) unbedingt in der XML-Sitemap an, die Sie an die Suchmaschine übermitteln. So umgehen Sie mögliche Probleme bei der korrekten Indexierung Ihrer Inhalte. Für das genannte Filter-Beispiel sollten Sie also *http://www.onlineshop.de/ damenschuhe!#groesse36* anstelle von *http://www.onlineshop.de/ damenschuhe?_escaped_fragment_=groesse=36* in der Sitemap platzieren.

Ein Tipp: Schauen Sie unbedingt ab und an in das Logfile Ihres Servers und überprüfen Sie, ob der Suchmaschinen-Crawler tatsächlich die angedachten »escaped fragment«-URLs aufruft, um ggf. Problemen entgegenzuwirken.

Infinite Scroll – was Sie beachten sollten

Websites wie Facebook, Twitter und Pinterest haben es vorgemacht, und viele Onlineshops möchten mit der Infinite-Scroll-Technologie gerne nachziehen. Grundlegend geht es dabei darum, dass den Nutzern auf einer URL möglichst viele Inhalte präsentiert werden können, ohne dass die Webseite neu geladen werden muss. Gelangt der Nutzer an das Seitenende, so werden dynamisch die nächsten Elemente, z. B. Bilder oder Produkte, nachgeladen und in das Web-Dokument integriert.

Abbildung 5-3 ▼
Damit Google nachgeladene Inhalte indexieren kann, sollten diese auch ohne Ajax über Links erreichbar sein.

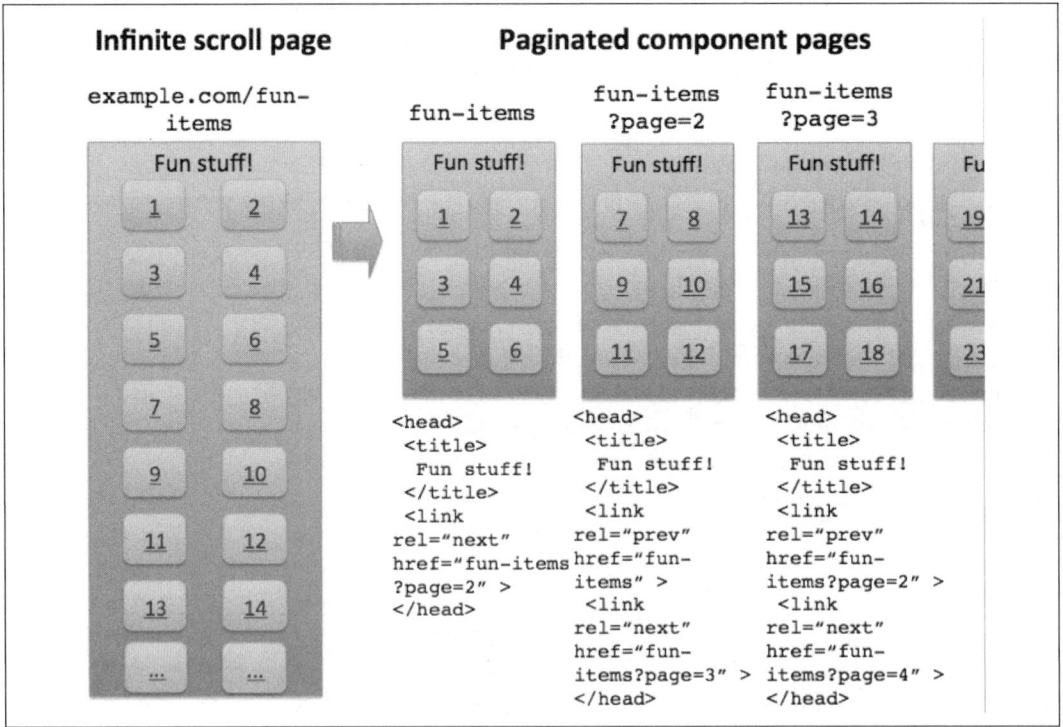

Was aus Usability-Sicht eine lohnenswerte Entwicklung darstellt, bereitet den Suchmaschinen-Crawlern durchaus Schwierigkeiten, gerade beim Auffinden der einzelnen Elemente, die nicht zu Beginn geladen werden. Darum empfiehlt es sich, trotz Infinite Scroll auch normal paginierte Seiten anzubieten, die der Crawler verarbeiten kann. Das können Sie entweder direkt mit einer Pagination samt Links oder über die Verwendung von *rel="prev"* und *rel="next"* im HTML-Head-Bereich des HTML-Dokuments erreichen. Google hält dazu eine erklärende Grafik bereit (*http://seobuch.net/118*).

Stellen Sie aber in jedem Fall sicher, dass diese URLs nicht indexiert werden können (»noindex«-Angabe, siehe Kapitel 8), um Probleme mit baugleichen, indexierbaren URLs vorzubeugen (Duplicate Content). Sie sollten die paginierten Seiten nur dann von der Paginierung ausschließen, wenn diese über kein eigenes Keyword verfügen.

Zusammenfassung

- JavaScript ist eine Programmiersprache, deren Funktionen auf der Client-Seite (z. B. im Browser) ausgeführt werden. Suchmaschinen-Crawler können diese Funktionen nur teilweise ausführen (daher: Abbild der URL im Google-Cache überprüfen) und haben somit häufig Probleme, dynamische Inhalte korrekt zu interpretieren

- Link-Maskierungen durch JavaScript und das Onclick-Event können Sie in Sachen interner Link-Optimierung unterstützen. Überlegen Sie, welche Verweise nur für Nutzer (nicht für Suchmaschinen) relevant sind, und ersetzen Sie die Link-Elemente durch ein anderes HTML-Element samt Onclick-Event und einer entsprechenden JavaScript-Funktion. Diese Überlegungen sind jedoch nur für sehr große Websites relevant.

- Wenn Sie Ajax-Aufrufe auf Ihrer Website verwenden, dann stellen Sie sicher, dass Sie sich an das von Google definierte Ajax-Crawling-Schema halten und die dynamischen Inhalte dem Suchmaschinen-Bot separat auch statisch zur Verfügung stellen.

Informationsarchitektur

Auf welchen Wegen Inhalte zu erreichen sind, ist sowohl für Nutzer als auch für Suchmaschinen von großer Bedeutung. Eine durchdachte Informationsarchitektur kann dazu beitragen, dass

- die eigenen Inhalte möglichst umfassend und suchmaschinenoptimiert auf URLs abgebildet werden,
- Nutzer wichtige Inhalte schnell identifizieren können und
- die Themenbestimmung durch Suchmaschinen einfach durchgeführt werden kann.

Das Thema Informationsarchitektur hat viel mit Usability zu tun. Im Sinne der Suchmaschinenoptimierung möchten Sie sicherstellen, dass

- wichtige Seiten mehr Links erhalten,
- diese Links von ebenfalls stark verlinkten Seiten kommen und
- die Klickpfade zu wichtigen Seiten möglichst kurz sind.

Tiefe versus flache Informationsarchitektur

Den Aufbau einer Website kann man sich im Allgemeinen gut als umgedrehten Baum vorstellen: Oben steht dabei die Startseite, darunter die von dieser Seite aus verlinkten Dokumente. Je nachdem, wie stark eine Website verschachtelt ist, also wie viele Klicks nötig sind, um zu einem Inhalt zu gelangen, wird von flachen (wenige Klicks) bzw. tiefen (viele Klicks) Architekturen gesprochen. Diese Struktur kann – muss aber nicht – eins zu eins in die URL-Struktur übertragen werden.

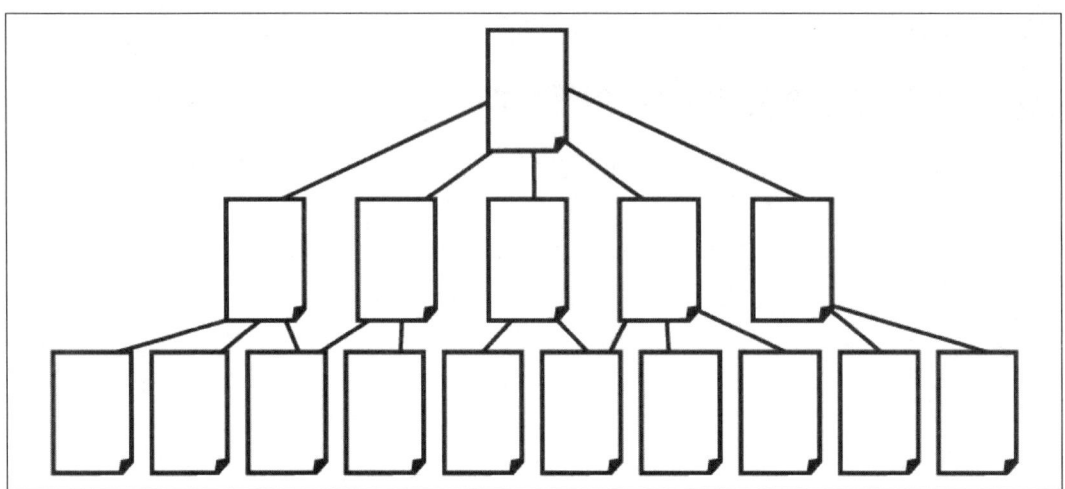

Abbildung 6-1 ▲
Beispiel für eine flache
Informationsarchitektur

Während man die in Abbildung 6-1 gezeigte Architektur als flach klassifizieren würde, stellt Abbildung 6-2 eine tiefe Architektur dar.

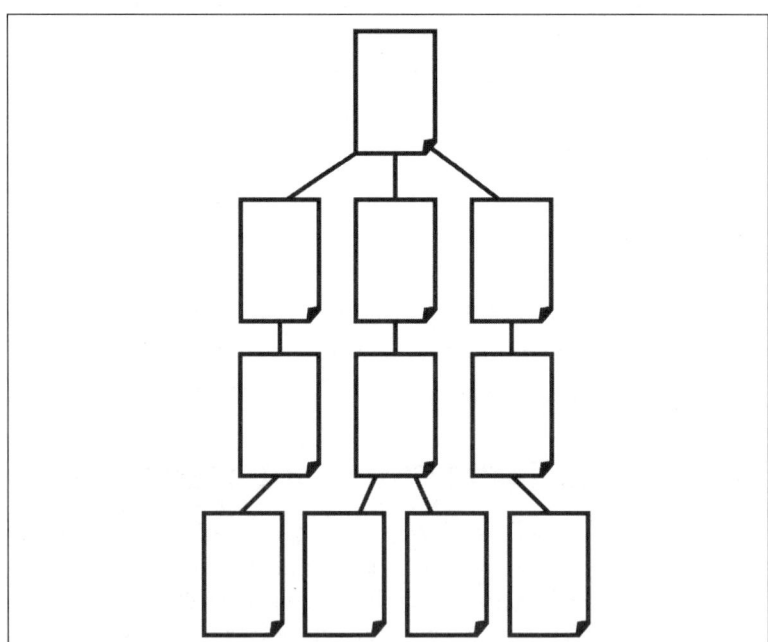

Abbildung 6-2 ▶
Beispiel für eine tiefe
Informationsarchitektur

Wichtig: Eine tiefe oder flache Informationsarchitektur hat erst einmal wenig mit der URL-Struktur zu tun. Bei der Informationsarchitektur geht es primär darum, wie man zu einzelnen Inhalten gelangt. Die Beziehungen zwischen Webseiten sind demzufolge entscheidend. Die Klickdistanz, also die Anzahl der Klicks, die getätigt werden müssen, um zu einer Seite zu gelangen, richtet sich dabei in der Regel nicht an den Verzeichnisebenen aus.

Eine Adresse wie *www.example.com/beispiel/informationsarchitektur* beispielsweise mag vom URL-Aufbau her in der zweiten Verzeichnisebene liegen. Wenn sich aber direkt auf der Startseite ein Verweis auf diese Adresse befindet, ist die Seite mit nur einem Klick von der Startseite aus zu erreichen.

Interne Verlinkung

Eine gute Informationsarchitektur geht mit der internen Verlinkung Hand in Hand, denn über Links kommen Benutzer und Suchmaschinen von einem Inhalt zum nächsten.

Wie eben beschrieben, sollten Sie

- einzelne Inhalte in Kategorien zusammenfassen,
- wichtige Dokumente häufiger verlinken als weniger wichtige,
- auf die Relevanz von Links innerhalb des aktuell angezeigten Inhalts achten,
- die Anzahl der Links pro Seite reduzieren, um eine Überforderung der Nutzern zu vermeiden, und
- Ihre Inhalte mit inhaltsbeschreibenden Ankertexten benennen.

Neben der klassischen Integration von Links in der (Haupt-)Navigation sowie beispielsweise auch in der Sidebar oder im Footer können Sie die interne Verlinkung auch durch die Verwendung von Breadcrumbs und Vorschlagsfunktionen sowie durch die Integration von HTML-Sitemaps verbessern. Selbstverständlich helfen auch die zum Einsatz kommenden Ankertexte Nutzern und Suchmaschinen dabei, Rückschlüsse über das Thema einer verlinkten Webseite zu ziehen.

Wie stellt man sicher, dass wichtige Dokumente eines Webauftritts mit möglichst wenigen Klicks erreichbar sind? Immer wieder wird davon gesprochen, dass jeder (wichtige) Inhalt mit maximal zwei Klicks erreichbar sein sollte. Jede Seite von jeder anderen aus direkt zu verlinken, mag bei kleinen Webauftritten noch eine Option darstellen, aber selbst in einem solchen Fall stößt man auf Probleme. Denn

- eine zu große Auswahl überfordert den Nutzer und
- über die interne Verlinkung sollten besonders wichtige Dokumente von weniger wichtigen zu unterscheiden sein.

Lange Zeit empfahl Google, rund 100 (ausgehende) Links pro Seite zu verwenden; diese Empfehlung wurde aber im Herbst 2013 widerrufen, ohne dass dabei eine neue Richtlinie hinsichtlich der Anzahl an Links pro Seite gegeben worden wäre. Insgesamt ist eine strikte Regel auch nicht unbedingt sinnvoll: Beispielsweise lässt es sich bei Shops nur schwer erreichen, pro Seite mit 100 Links auszukommen. Orientieren Sie sich lieber an der Faustregel »So viele Links wie nötig, so wenige wie möglich.«

Aussagen wie »maximal 100 Links pro Seite« sollten zudem im zeitlichen Kontext betrachtet werden, denn Aussagen von früher müssen heute nicht mehr gelten, beispielsweise dass Crawler nur eine bestimmte Menge an Quelltext verarbeiten können.

Die Anzahl der Links pro Seite können Sie schon dadurch reduzieren, dass Sie Themen zusammenfassen und eine Themenseite als Einstieg nutzen. Dadurch lässt sich die Interaktion mit der Website vereinfachen, besonders dann, wenn die Benennung der einzelnen Links für die Besucher verständlich ist.

Die thematische Gliederung Ihrer Website hat zudem den Vorteil, dass Sie relevante Zielseiten zu den entscheidenden Begriffen erstellen. Anstatt jedes in einem Shop verfügbare Notebook-Modell direkt zu verlinken, sollte zum Beispiel eine auf das Keyword »Notebook« optimierte Seite erstellt werden, von der aus passende Seiten und Produkte erreichbar sind. Eine solche Seite stellt für Besucher, die über Suchmaschinen kommen, einen wesentlich besseren Einstieg dar als eine einzelne Produktseite. Denn selten wird direkt das Produkt angezeigt, für das sich der Nutzer dann auch entscheidet.

Um bei dem Technikbeispiel zu bleiben: Überlegen Sie sich, wie viele und welche Kategorien Sie wo und mit welcher Benennung in Ihrer Navigation platzieren möchten. Eine feingliedrige Kategorisierung ist aus SEO-Sicht grundsätzlich sinnvoll, damit Ihre Inhalte bei spezifischen Anfragen wie »15-Zoll-Notebook« oder »[Marke] Notebook« ebenfalls als Suchtreffer in Frage kommen. Doch es muss nicht zwingend der Fall sein, dass diese Seiten direkt in der Hauptnavigation erreichbar sind. Aggregieren Sie Ihre Inhalte zu Themenwelten und verlinken Sie Unterthemen von semantisch passenden Seiten aus.

Aus Nutzersicht ist ein Link auf eine Kategorieseite zu »Samsung Notebooks« wesentlich relevanter, wenn sich der Besucher bereits mit dem Thema »Notebooks« oder »Samsung« beschäftigt. Wenn sich dieser Besucher gerade mit dem ebenfalls auf der Website behandelten Thema »Einrichtungsgegenstände aus Holz« beschäftigt, ist ein Link zur Seite »Samsung Notebooks« nicht zwingend relevant. Bei der starken Verlinkung von Seiten innerhalb desselben Themengebiets untereinander spricht man vom Aufbau eines »Themensilos«. Diese auch als *Siloing* bezeichnete Technik hat einen positiven Einfluss auf die Suchmaschinenoptimierung.

Tipp Unterschätzen Sie nicht den (möglichen) positiven Effekt einer für Nutzer und Suchmaschinen sinnvollen Verlinkung innerhalb des Footer-Bereichs Ihrer Website. Wenn ein Besucher am Ende einer Seite angelangt ist, können Sie ihn über (im Kontext) passende Links auf weitere Angebote verweisen. Zudem stellen Sie über die Links sicher, dass wichtige Angebote Ihrer Website (im Idealfall von jedem Dokument der Website aus) einfach zu erreichen sind.

Informationsarchitektur bestehender Websites analysieren

Je mehr URLs es auf einem Webauftritt gibt, desto schwieriger ist es, die Struktur der Website ohne technische Hilfsmittel zu analysieren. Klar – Seiten, die innerhalb des auf der ganzen Website identischen Footers verlinkt sind, sind einfach erreichbar, nämlich von jeder Seite aus (typischerweise gilt das für das Impressum und das Kontaktformular). Aber für die Mehrzahl der URLs dürfte die Verlinkung deutlich schwieriger nachzuvollziehen sein.

Folgende Tools können Sie beispielsweise nutzen, um die interne Verlinkung des Webauftritts zu analysieren:

- Google Webmaster Tools: Interne Verlinkung
- Strucr
- ScreamingFrog
- SEOratiotools
- Microsoft SEO Toolkit

Diese Tools werden in Kapitel 14 detailliert vorgestellt.

Breadcrumbs

Damit Besucher einfacher erkennen, wo sie sich aktuell innerhalb des Webauftritts befinden, ist die Verwendung eines Breadcrumb-Pfads (deutsch: Brotkrumenpfad) hilfreich. Zudem ist ein Breadcrumb-Pfad ein ausgezeichnetes Mittel zur Verbesserung der internen Verlinkung.

Webmaster-Tools > Hilfe > Unseren Richtlinien folgen > Unsere Richtlinien für Webmaster lesen

Abbildung 6-3 ▲
Breadcrumb-Pfade verbessern die interne Verlinkung und helfen bei der Orientierung.

Durch den Einsatz strukturierter Daten können Sie Suchmaschinen dazu veranlassen, anstelle der URL den ausgezeichneten Breadcrumb-Pfad in den Suchmaschinenergebnissen anzuzeigen.

Breadcrumbs strukturiert auszeichnen

Damit ein auf Ihrer Website eingesetzter Breadcrumb-Pfad für Crawler zweifelsfrei als solcher zu erkennen ist, können Sie ihn in strukturierter Form auszeichnen. Das hat zur Folge, dass anstelle der ansonsten angezeigten URL der Breadcrumb-Pfad in den Ergebnissen der Websuche angezeigt wird. Die einzelnen (angezeigten) Breadcrumb-Elemente sind dabei anklickbar und führen den Nutzer direkt auf die vom entsprechenden Ankertext aus verlinkte Seite.

Abbildung 6-4 ▼
Bei diesem Suchtreffer wird anstelle der URL der Breadcrumb-Pfad angezeigt.

Was Seo Tools for Excel alles leisten kann - Trust Agents
www.trustagents.de › Blog
07.05.2013 - Erhöhe deine Produktivität mit Seo Tools for Excel ✓ Wir zeigen, welche
Funktionen das Plugin bietet ✓ Jetzt Beispieldokument downloaden!

Um das erreichen, müssen Sie die einzelnen Elemente des Breadcrumbs in einem von Suchmaschinen vorgegebenen Format auszeichnen. Empfehlenswert sind das Markup schema.org-Webpage und data-vocabulary.org für Breadcrumbs.

Um den Breadcrumb Damenbekleidung > Kleider > Schwarze Kleider auszuzeichnen, muss bei der Verwendung von schema.org folgende Datenauszeichnung vorgenommen werden:

```
<body itemscope itemtype="http://schema.org/WebPage">
...
<div itemprop="breadcrumb">
  <a href="damen/bekleidung">Damenbekleidung</a> >
  <a href="damen/bekleidung/kleider">Kleider</a> >
  <a href="damen/bekleidung/kleider/schwarze-kleider">Schwarze
Kleider</a>
</div>
...
</body>
```

Um selbige Auszeichnung mit data-vocabulary.org durchzuführen, muss die Auszeichnung im Quelltext wie folgt aussehen:

```
<div itemscope itemtype="http://data-vocabulary.org/Breadcrumb">
  <a href="damen/bekleidung" itemprop="url">
    <span itemprop="title">Damenbekleidung</span>
    </a> ›
</div>
<div itemscope itemtype="http://data-vocabulary.org/Breadcrumb">
  <a href="damen/bekleidung/kleider" itemprop="url">
      <span itemprop="title">Kleider</span>
  </a> ›
</div>
<div itemscope itemtype="http://data-vocabulary.org/Breadcrumb">
  <a href="damen/bekleidung/kleider/schwarze-kleider" itemprop="url">
    <span itemprop="title">Schwarze Kleider</span>
  </a>
</div>
```

Übrigens: In manchen Fällen wird ein Breadcrumb auch ohne eine solche Auszeichnung in der Websuche angezeigt. Das passiert immer dann automatisch, wenn sich Suchmaschinen sicher sind, dass es sich bei dem auf der Website angezeigten Inhalt um einen Breadcrumb-Pfad handelt.

Tipp   Wenn ein Inhalt in mehrere Kategorien einsortiert ist, können Sie auch mehrere Breadcrumb-Pfade ausgeben, beispielsweise am Seitenende (»Dieser Inhalt wurde in folgende Kategorien einsortiert ...«). Beachten Sie in diesem Fall die Hinweise zur Auszeichnung mehrerer Breadcrumbs in der Google-Hilfe unter *https://support.google.com/webmasters/answer/185417?hl=de* (*http://seobuch.net/374*).

Überlegen Sie sich, ob Sie immer denselben Breadcrumb-Pfad (im sichtbaren Bereich) ausgeben möchten oder ob dieser basierend auf dem Klickpfad des Nutzers dynamisiert werden soll. Letzteres hat zur Folge, dass Sie anstelle eines Standard-Breadcrumbs, der beim direkten Einstieg auf die Seite angezeigt wird, an dessen Stelle den aktuellen Klickpfad des Besuchers darstellen.

Weitere Informationen zu strukturierten Daten finden Sie in Kapitel 4.

Ähnliche Inhalte anteasern

Ein weiteres ausgezeichnetes Mittel, um die interne Verlinkung zu verbessern, ist das Anteasern ähnlicher Inhalte. Dies sieht man sowohl bei Shops als auch bei Nachrichtenseiten sehr häufig. Neben dem positiven Einfluss auf die interne Verlinkung kann durch diese Maßnahme auch die Anzahl der pro Besuch aufgerufenen Seiten erhöht werden.

Ähnliche Artikel, die Sie vielleicht auch interessieren könnten...

- Erst gehen URLs, dann Links?
- Storytelling im Online Marketing Umfeld
- Crawling-Analysen: Vortrag auf der Campixx
- Auch Linkverkauf will gelernt sein
- Umfrage zur Nutzung der Google Webmaster Tools
- Doorway Pages in der Google-Suche

Tipp

Damit Suchmaschinen den über die Vorschlagsfunktion verlinkten Inhalten folgen können, müssen diese für Suchmaschinen natürlich auch lesbar sein. Wenn Sie die Vorschläge – was besonders bei Shops häufig der Fall ist – mit Ajax nachladen (siehe Kapitel 5), sind diese Links in aller Regel nicht für Suchmaschinen ersichtlich und helfen Ihnen folglich nicht bei der Verbesserung der internen Verlinkung.

Ankertexte

Ein sehr wichtiger Aspekt der Suchmaschinenoptimierung sind Ankertexte von Links – egal, ob intern oder extern. Während es innerhalb des eigenen Webauftritts kein Problem darstellt, explizite Ankertexte wie »Schuhe«, »Lieferservice Berlin« oder »SEO-Agentur« zu verwenden, stellen solche Linktexte bei häufigem Auftreten in externen Links zur eigenen Website ein potenzielles Risiko dar: Solche Ankertexte lassen nämlich vermuten, dass sie verwendet wurden, um das Ranking einer Website für eine bestimmte Suchanfrage zu optimieren.

Inhaltsbeschreibende Ankertexte innerhalb des eigenen Webauftritts zu verwenden, ist sowohl aus Gründen der Usability als auch aus Suchmaschinensicht jedoch durchaus sinnvoll, denn über den Linktext erhalten Nutzer und Suchmaschinen bereits vor dem Besuch der Seite Informationen über den zu erwartenden Inhalt. Versuchen Sie also, interne Ankertexte so zu wählen, dass sie einen Rückschluss auf den Seiteninhalt zulassen.

Tipp

Sie sollten darauf achten, eindeutige Signale zu senden. Es ist nicht förderlich, viele unterschiedliche URLs mit exakt demselben Ankertext zu verlinken. Das ist grundsätzlich auch wenig sinnvoll, denn es ist nicht Ihr Ziel, für exakt dasselbe Thema auf einer Website unterschiedliche Zielseiten zu erstellen.

Welchen Ankertext wertet Google?

Es kommt regelmäßig vor, dass von einer Seite mehrere Links auf dieselbe Zielseite gesetzt werden. Einen Link zurück zur Startseite findet man häufig auf dem Logo, dazu im Breadcrumb-Pfad und unter Umständen zusätzlich noch im Footer sowie im eigentlichen Seiteninhalt. Bei dieser Konstellation ist es wichtig zu wissen, welchen Ankertext Suchmaschinen auswerten, denn bei mehreren Links zu genau demselben Ziel, ausgehend von derselben Seite, finden nicht alle verwendeten Ankertexte Anwendung.

Aus diesem Grund gibt es immer wieder Untersuchungen über den Ankertext, den Suchmaschinen – allen voran natürlich Google – auswerten.

Erster Link	Zweiter Link	Gewerteter Ankertext
Textlink	Textlink	Nur der erste
Textlink (nofollow)	Textlink	Keiner
Bild (ohne Title, ohne Alt-Tag)	Textlink	Nur der Textlink
Bild (nur Alt)	Textlink	Nur der Textlink
Bild (nur Title)	Textlink	Nur der Textlink
Bild (Title & Alt)	-	Title und Alt-Text

◀ Tabelle 6-1
Welchen Linktext wertet Google?
(In Anlehnung an Malte Landwehr,
http://www.nxplorer.net/blog/ 2014/02/linktext-google/ – *http:// seobuch.net/573*)

Warnung Die in Tabelle 1 dargestellten Ergebnisse stellen den Status Quo im April 2014 dar. Es ist durchaus möglich, dass Google das Vorgehen bei der Auswertung des Ankertexts mittlerweile wieder geändert hat.

HTML-Sitemaps verwenden

Zusätzlich zur Verdichtung von Informationen durch Klassifizierung durch Kategorien (oder auch Schlagwortseiten) kann die Verwendung von HTML-Sitemaps die interne Verlinkung und die Auffindbarkeit von Inhalten verbessern. Bei der Verwendung von HTML-Sitemaps sollten Sie allerdings darauf achten, dass sie die Struktur der Inhalte kenntlich machen und nicht alle Verweise in derselben Form anzeigen. Weisen Sie also auch in HTML-Sitemaps Oberkategorien deutlich aus, indem Sie beispielsweise die Unterkategorien einrücken.

Paginierung

In vielen Fällen ist es sinnvoll, nicht alle Inhalte, z. B. Ergebnisse einer Produktsuche, auf einer Seite anzuzeigen. Mit zu vielen Ergebnissen auf einer Seite ist der Besucher im Zweifel überfordert, außerdem kann die Ladegeschwindigkeit darunter leiden. Um dennoch alle Inhalte erreichbar zu machen, wird auf *Paginierung* zurückgegriffen – die Inhalte werden dabei auf mehrere aufeinander folgende Seiten verteilt.

Die Paginierung stellt – speziell bei Shops bzw. insgesamt beim Einsatz auf Kategorie- bzw. Übersichtsseiten – einen ganz eigenen Seitentyp im Sinne der Suchmaschinenoptimierung dar. Der Hintergrund: Paginierte Seiten haben in vielen Fällen kein eigenes Suchwort, auf das sie optimiert werden könnten, und – je nach Konfiguration der pro Seite angezeigten Inhalte und dem vorhandenen Inventar – werden sehr viele URLs erzeugt.

Eine paginierte Seite ist in erster Instanz für Suchmaschinen einfach nur eine URL, auf der sie Inhalte finden können. Dabei ist die erste Seite einer paginierten Übersichtsseite aus Sicht des Seitenbetreibers die wichtigste, denn auf dieser werden die – nach welcher Logik auch immer ausgewählten – relevantesten Inhalte dargestellt (beispielsweise von neu nach alt oder absteigend nach Conversion-Wahrscheinlichkeit). Um Suchmaschinen über die Beziehung von paginierten Seiten untereinander zu informieren, muss die Paginierung mit *rel="next"* und *rel="prev"* ausgezeichnet werden.

Paginierung mit rel="next" und rel="prev"

Durch die Verknüpfung paginierter Seiten mit den im *<head>*-Bereich des HTML-Dokuments zu definierenden Angaben *rel="next"* und *rel="prev"* werden Suchmaschinen über die Beziehung zwischen URLs einer paginierten Seitenserie informiert. Eine Auszeichnung findet dabei immer zwischen der direkten Vorgängerin und der direkten Nachfolgerin statt. Eine Ausnahme stellt die Verwendung von »View-all-Seiten« dar. Was in diesem Szenario zu beachten ist, wird weiter unten beschrieben.

Der Vorteil der Auszeichnungen ist, dass Suchmaschinen

- Signale der Komponenten-Seiten auf die Serie konsolidieren (vor allem Links) und
- Nutzer von der Suche kommend auf die relevanteste Seite leiten (in aller Regel die erste Seite).

Letzteres lässt sich allerdings auch ohne die Verwendung der Auszeichnung erreichen. Dazu müssen die paginierten Seiten von der Indexierung ausgeschlossen werden.

Angenommen, eine paginierte Serie besteht aus drei Seiten mit folgenden URLs:

http://www.example.com/kategorie

http://www.example.com/kategorie?seite=2

http://www.example.com/kategorie?seite=3

Dann müssen folgende Angaben in den *<head>*-Bereich der einzelnen Dokumente integriert werden.

Die erste Seite der paginierten Serie hat keine Vorgängerin. Aus diesem Grund wird über die Beziehung »next« nur die zweite Seite benannt.

Seite 1: *http://www.example.com/kategorie*

```
<link rel="next" href=" http://www.example.com/kategorie?seite=2">
```

Anders sieht es bei Seite 2 aus. Diese hat eine Vorgängerin und eine Nachfolgerin. Entsprechend müssen beide Seiten referenziert werden:

http://www.example.com/kategorie?seite=2

```
<link rel="prev" href=" http://www.example.com/kategorie">
<link rel="next" href=" http://www.example.com/kategorie?seite=3">
```

Die letzte Seite der Serie hat wiederum nur eine direkte Vorgängerin. Deshalb wird einzig die Angabe `<link rel="prev" href=" http://www.example.com/kategorie?seite=2">` im *<head>*-Bereich von *http://www.example.com/kategorie?seite=3* eingefügt.

Tipp   Setzen Sie die Auszeichnung immer auf die kanonische URL der aktuell aufgerufenen paginierten Seiten. Wenn z. B. ein unnötiger Parameter in der URL enthalten ist, sollten Sie diesen der Auszeichnung nicht beifügen.

Spezialfall: View-all-Seite

Es kann sinnvoll sein, zusätzlich eine Seite anzubieten, auf der der gesamte Inhalt der paginierten Serie dargestellt wird, denn die bietet in vielen Fällen das bessere Benutzererlebnis. Allerdings sollte eine solche Seite in akzeptabler Zeit geladen werden können.

Wenn das der Fall ist und Sie die »Alles-anzeigen-Seite« anstelle von Komponentenseiten in der Suche platziert sehen möchten, müssen die einzelnen Seiten per *rel="canonical"* auf diese Seite verweisen. In diesem Fall sollten die Auszeichnungen mit *rel="next"* und *rel="prev"* nicht zum Einsatz kommen.

Ein Beispiel: Neben zwei Komponentenseiten gibt es mit »kategorie-alle-inhalte« noch eine URL, auf der alle Inhalte der paginierten Seiten dargestellt werden.

http://www.example.com/kategorie

http://www.example.com/kategorie?seite=2

http://www.example.com/kategorie-alle-inhalte

In diesem Fall verweisen die Adressen *http://www.example.com/kategorie* und *http://www.example.com/kategorie?seite=2* über `<link rel="canonical" href="http://www.example.com/kategorie-alle-inhalte">` auf die URL, auf der die Inhalte der Komponentenseiten dargestellt werden.

Fehlerhafter Einsatz des Canonical-Tags bei paginierten Seiten

Ein häufig anzutreffender Fehler ist, dass von den Seiten 2+ auf die erste Seite der Serie verwiesen wird, obwohl diese nicht die »Alles-anzeigen-Seite« ist. Wenn Sie keine View-all-Seite verwenden, ist es nicht ratsam, Signale von den einzelnen Komponentenseiten auf die erste Seite zu übertragen, denn der Inhalt der einzelnen Komponentenseiten ist nicht mit dem der ersten Seite identisch. Durch diese Angabe schwächen Sie die interne Verlinkung aller Inhalte, die nicht auf der ersten Seite der Serie verlinkt sind.

Tipps zur Optimierung der Paginierung

Je nachdem, wie viele einzelne Inhalte Sie auf einer Übersichtsseite anzeigen möchten, entstehen entweder mehr oder weniger URLs. Wie angesprochen, stellen paginierte Seiten von Kategorien im Sinne der Suchmaschinenoptimierung keinen Mehrwert dar, da diese

- den Crawling-Aufwand erhöhen und
- kein eigenes Keyword besitzen.

Anzahl der angezeigten Inhalte pro Seite erhöhen

Machen Sie sich aus diesem Grund Gedanken darüber, wie viele Inhalte pro Übersichtsseite angezeigt werden sollen. Angenommen, es gibt 200 Produkte in einer Kategorie, dann würde die Anpassung der Anzahl der angezeigten Produkte von 30 auf 40 dazu führen, dass anstelle von 7 Seiten nur noch 5 vonnöten wären, um alle Produkte innerhalb der Paginierung erreichbar zu machen.

Finden Sie für sich den idealen Ausgleich zwischen SEO, Usability, Performance und Vermarktung.

Pro Seite angezeigte Produktanzahl dynamisieren

Starre Regeln zu definieren, kann auch problematisch sein. Nehmen wir an, dass es in einer Kategorie 32 Produkte gibt, aber pro Seite nur maximal 30 Produkte angezeigt werden sollen. In diesem Fall entsteht eine paginierte Seite, die sehr spärlich bestückt ist.

Überlegen Sie, ob es bei der Anzahl der pro Seite angezeigten Produkte nicht eine Toleranzschwelle geben sollte. Beispielsweise könnten Sie immer dann, wenn das Gesamtinventar der Kategorie die pro Seite maximal angezeigte Produktanzahl um maximal 10 % übersteigt, besser auf die paginierte Seite verzichten und stattdessen die Anzahl der angezeigten Produkte für diese Kategorie erhöhen.

Dadurch stellen Sie außerdem sicher, dass nicht vorübergehend 404-Fehlerseiten entstehen, wenn sich das Gesamtinventar kurzfristig verringern sollte und dadurch die paginierte Seite obsolet wird.

Interne Verlinkung der Paginierung überdenken

Häufig erlaubt es die Paginierung, auf jede der nächsten 10 Seiten zu springen – aber mal ehrlich, wie häufig kommt es vor, dass ein Nutzer von Seite 1 direkt auf Seite 7 springt? Wie Sie paginierte Seiten verlinken, hat einen wesentlichen Einfluss auf die Struktur Ihrer Website. Eine pauschale Empfehlung zu geben, ist hier schwierig – Antworten auf die Frage nach der Struktur kann ein Tool wie das in Kapitel 14 vorgestellte Strucr.com geben.

Verlinken Sie zurück auf die erste Seite durch die Verwendung eines Breadcrumb-Pfads

Links mit optimiertem Ankertext aus relevantem Umfeld werden gemeinhin als sehr wertvoll für Nutzer und Suchmaschinen eingeschätzt. Durch den Einsatz von Paginierung entstehen Seiten, die grundsätzlich für denselben Begriff relevant sind wie die erste Seite der Serie. Wenn Sie auf Ihrer Website einen Breadcrumb-Pfad einsetzen (was zu empfehlen ist), können Sie Links mit relevantem Ankertext auf die erste Seite der Serie setzen und somit die Relevanz der Seite für das Keyword erhöhen.

Paginierung auf eigene Keywords optimieren

Grundsätzlich stehen Ihnen über die Paginierung von Kategorien weitere relevante Zielseiten für ein Thema zur Verfügung. Diese URLs können Sie – wenn es Ihr System erlaubt – grundsätzlich auch auf Keyword-Variationen optimieren. Beispielsweise wird die erste Seite auf »Herrenschuhe« optimiert und die zweite auf »Schuhe für Männer«. Überlegen Sie sich, ob eine solche Optimierung für Sie sinnvoll sein könnte. Bedenken Sie dabei, dass Ihre Topseller bzw. besonders relevanten Inhalte bereits auf Seite 1 angezeigt wurden – und ein Nutzer bei einem Einstieg z. B. erst auf Seite 3 eventuell aufgrund der geringeren Angebotsqualität den Webauftritt wieder verlassen könnte.

Zusammenfassung

- Mit einer gut durchdachten Informationsarchitektur stellen Sie sicher, dass Nutzer und Suchmaschinen die Inhalte Ihrer Websites einfach erreichen können und die Inhalte für unterschiedliche Bedürfnisse passend aufbereitet sind.

- Wichtige Seiten eines Webauftritts sollten häufiger intern verlinkt werden als weniger wichtige.

- Die Informationsstruktur einer Website kann in den URLs abgebildet werden, muss es aber nicht. Für die Klicktiefe, also die Anzahl der Klicks die getätigt werden müssen, um ein bestimmtes Dokument zu erreichen, ist nicht der URL-Aufbau verantwortlich, sondern die interne Verlinkung.

- Inhaltsbeschreibende Ankertexte helfen Nutzern und Suchmaschinen dabei, bereits vor Aufruf einer Seite relevante Informationen über den zu erwartenden Seiteninhalt zu erhalten. Beachten Sie dabei, dass für jedes Linkziel von einer Linkquelle maximal ein Ankertext von Suchmaschinen gewertet wird.

- Breadcrumb-Pfade helfen nicht nur bei der Navigation, sondern können dank strukturierter Datenauszeichnung direkt in den Google-Suchergebnissen angezeigt werden.

- Der Einsatz von HTML-Sitemaps kann die Struktur einer Website positiv beeinflussen.
- Besonders bei Onlineshops stellt die Paginierung einen ganz eigenen Seitentyp dar. Die Beziehung zwischen paginierten Seiten kann durch den Einsatz von *rel="next"* und *rel="prev"* für Suchmaschinen verständlich ausgezeichnet werden. Auf Komponentenseiten zeigende Signale (vor allem Links) kommen dann der gesamten Serie zugute.

KAPITEL 7
HTTP-Statuscodes

In diesem Kapitel:
- SEO-relevante Statuscodes
- HTTP-Statuscodes überprüfen
- Zusammenfassung

Mithilfe von HTTP-Statuscodes wird die grundlegende Kommunikation zwischen einem Client – in den meisten Fällen ist das Ihr Browser – und dem Server realisiert, von dem eine Datei oder eine Webseite angefragt wird. Aus SEO-Sicht stellen Statuscodes die Grundlage für die Kommunikation zwischen dem Suchmaschinen-Crawler (in diesem Fall der Client) und Ihrer Website (Server) dar.

Dabei reagiert der Server auf Anfragen vom Client und überträgt den Statuscode im Nachrichtenkopf der Antwort, dem HTTP-Header, neben Informationen über die Art und Codierung der Datei. Damit kann der Client – das kann auch der Google-Crawler sein – entsprechend reagieren und den Nutzer beispielsweise weiterleiten oder auf Fehler hinweisen (serverseitige und clientseitige Fehler).

Die Statuscodes bestehen nur aus drei Ziffern und werden in »informelle«, »anweisende« sowie »fehlerbedingte Statuscodes« unterteilt. Anhand der Klassifizierung der ersten Ziffer kann man die Statuscodes zudem in folgende Klassen einteilen:

Statuscode-Bereich	Aufgabengebiet
1XX	Information
2XX	Erfolgsmeldung
3XX	Weiterleitung (hauptsächlich)
4XX	clientseitige Fehler
5XX	serverseitige Fehler

◀ Tabelle 7-1
Aufteilung der Statuscodes

Statuscodes aus den ersten drei Bereichen sind für normale Website-Nutzer, die per Browser auf eine Ressource zugreifen möchten, nicht relevant. Wird eine Datei oder Webseite nach einem Aufruf ausgeliefert, zählt letztendlich nur das Ergebnis. Im Erfolgsfall – also dem einer validen Anfrage und der darauffolgenden positiven Antwort – sendet der Server den Statuscode 200 (»Okay«). Einzig bei Weiterleitungen, also z. B. 301 (»Moved Permanently«) und 302 (»Found«), bekommt der Benutzer den URL-Wechsel mit.

Anders stellt sich eine serverseitige Rückmeldung aus den Bereichen 4XX und 5XX dar, wo Nutzer auf Fehler hingewiesen werden, die angeforderte Datei bzw. Webseite also nicht angezeigt bekommen. Mit clientseitigen Fehlern sind Probleme gemeint, die auftreten, wenn beispielsweise eine nicht valide URL aufgerufen oder einem defekten Link gefolgt wird.

Abbildung 7-1 ▼
Beispiel für eine 404-Fehlerseite.
Hier: Google-Fehlerseite

404. That's an error.

The requested URL /dies-ist-ein-404-test was not found on this server. That's all we know.

Internal Server Error

The server encountered an internal error or misconfiguration and was unable to complete your request.

Please contact the server administrator, webmaster@batangyagit.com and inform them of the time the error occurred, and anything you might have done that may have caused the error.

More information about this error may be available in the server error log.

Additionally, a 500 Internal Server Error error was encountered while trying to use an ErrorDocument to handle the request.

Apache/2.0.63 (Unix) mod_ssl/2.0.63 OpenSSL/0.9.8b mod_auth_passthrough/2.1 mod_bwlimited/1.4 FrontPage/5.0.2.2635 Server at www.batangyagit.com Port 80

Abbildung 7-2 ▲
Fehlermeldung, die bei einem serverseitigen Fehler (5XX) ausgegeben wird

Als serverseitige Fehler werden vorrangig Probleme bei der Kommunikation zwischen Client und Server bezeichnet, also u. a. Verbindungsunterbrechungen und Überlastungen aufgrund von Performance-Engpässen.

SEO-relevante Statuscodes

Die Suchmaschinen-Crawler agieren ähnlich wie ein Nutzer mit seinem Browser und fragen eine Datei bzw. URL per HTTP-Request beim Server an. Der einzige Unterschied dabei: Der Google-Bot navigiert nicht vor oder zurück und sendet daher auch keinen Referrer an den Server – jeder URL-Aufruf erfolgt unabhängig von anderen.

Weiterleitungen

Beim Thema »Weiterleitung« muss man grundsätzlich zwei Fälle unterscheiden: temporäre und permanente Weiterleitungen. Erstere sind für SEO-Zwecke eher ungeeignet, da die Suchmaschine die eingerichteten Redirects prinzipiell nicht wertet, sondern nur als »vorübergehend« einstuft. Die als Ziel der Weiterleitung angegebenen URLs ersetzen daher die Ursprungs-URL nicht. Dies trifft auf alle Weiterleitungen mit den Statuscodes 302 und 307 zu.

Sollen nicht mehr vorhandene URLs weitergeleitet oder ein gesamter Domainumzug bewerkstelligt werden, so sollte unbedingt ein permanenter 301-Redirect zum Einsatz kommen. Dieser informiert den Suchmaschinen-Crawler über den dauerhaften Wechsel der URL und somit ein finales Ziel. Wenn die alten URLs im Google-Index vorzufinden sind, werden sie nach kurzer Zeit, meist innerhalb weniger Tage, durch die neuen ersetzt. Die alte URL ist dann nicht mehr gültig. Interne und externe Verlinkungen geben die vorhandenen Linksignale an die Ziel-URL.

Weiterleitungen einrichten

Die Einrichtung einer (serverseitigen) Weiterleitung kann entweder mit der *.htaccess*-Datei (Serverkonfigurationsdatei) oder mit einer softwareseitigen Lösung realisiert werden, z. B. in Verbindung mit einer SQL-Datenbank. Wichtig ist in beiden Fällen, dass der eigentliche Redirect stattfindet, bevor etwaiger Inhalt auf einer URL ausgespielt bzw. ein anderer Statuscode ausgegeben wird. Die Weiterleitung muss also unbedingt die erste Aktion auf der Serverseite sein.

Ist eine Weiterleitungsregel in der Datei *.htaccess* festgelegt, wird sie auch zuerst ausgeführt, vorausgesetzt, die Anordnung in der Datei selbst ist stimmig.

```
RewriteEngine On
Redirect Permanent /test http://www.trustagents.de/test-2
```

Basiert das System Ihrer Website bzw. die softwareseitige Redirect-Lösung auf PHP, sollten Sie beachten, dass ein Standard-Redirect »nur« als 302-Weiterleitung ausgeführt wird und entsprechend angepasst werden muss.

```php
<?php

// einfacher PHP-Redirect ("nur" ein 302-Redirect!)
header("Location: http://www.trustagents.de/");

// aus SEO-Sicht besser: 301-Redirect setzen
header("HTTP/1.1 301 Moved Permanently");
header("Location: http://www.trustagents.de");
header("Connection: close");

?>
```

Den richtigen Fehlercode ausgeben

Bei den clientseitigen Fehlern (4XX) gibt es zwei SEO-relevante Fehlercodes, 404 und 410. Beide dienen der Angabe, dass eine URL bzw. eine angeforderte Ressource nicht verfügbar ist. Die Unterscheidung beider Statuscodes liegt im Detail: 410 (»Gone«) sollte vom Server ausgegeben werden, wenn eine URL nicht mehr verfügbar ist, sie also vorher tatsächlich vorhanden war. 404 (»Not found«) wird immer dann verwendet, wenn ein Client eine URL aufgerufen hat, die so noch nie verfügbar war.

Die 410-Variante hilft der Suchmaschine dabei, ehemalige Inhalte schneller aus dem Google-Index zu entfernen. Daher sollten Sie darauf achten, dass Sie diesen Statuscode nur mit Bedacht einsetzen und ausschließlich URLs damit ausstatten, die in absehbarer Zeit nicht mehr verfügbar sein werden, da dieser Statuscode eine gewisse Nachhaltigkeit mit sich bringt. Mitunter kann es bei fälschlich mit dem 410-Statuscode ausgezeichneten URLs daher zu Problemen bei der Re-Indexierung kommen.

Wenn Sie Wartungsarbeiten an Ihrer Website durchführen oder der Suchmaschine mitteilen wollen, dass eine URL vorübergehend nicht erreichbar ist, ist der Statuscode 503 (»Service unavailable«) die richtige Wahl. Über die zusätzliche Header-Angabe »Retry-After« müssen Sie dem Suchmaschinen-Crawler den Zeitpunkt der Wiederverfügbarkeit bzw. das Ende der Wartungsarbeiten mitteilen.

Die Angabe erfolgt dabei in Sekunden oder als exakte Uhrzeitangabe. Die Angabe `Retry-After: 3600` würde Suchmaschinen darauf hinweisen, dass die Adresse in 60 Minuten wieder verfügbar ist. Mit `Retry-After: Fri, 19 Mar 2013 12:00:00 GMT` wird die Suchmaschine hingegen über einen exakten Zeitpunkt informiert. Ohne diese Angabe kann es passieren, dass Sie trotz des Sendens des 503-Statuscodes Probleme mit den Rankings bekommen.

Aus Suchmaschinensicht problematisch sind neben *Weiterleitungsketten*, also z. B. mehrfachen Redirects mit unterschiedlichen Statuscodes (302 → 301 → 302 → 200) unter anderem auch »*Soft-404-Fehler*«. Die entstehen, wenn eine eigentliche Fehlerseite (korrekte Fehlerausgabe für den Nutzer im Browser) den Statuscodes 200 zurückgibt und so der Suchmaschine suggeriert, dass alles in Ordnung sei. Auch Seiten mit wenig Inhalt werden mitunter in den Google Webmaster Tools als Soft-404-Fehler ausgegeben.

Zudem bewertet Google zum Teil 301-Weiterleitungen, die von nicht mehr vorhandenen URLs auf die Startseite verweisen, als ebensolche Soft-404-Fehler (siehe Google Webmaster Tools → Crawling → Crawling-Fehler).

Vor allem sind aber serverseitige Fehler problematisch, die aufgrund von Überlastungen und Anfrageschleifen auftreten. Da jeder Crawling-Vorgang eine bestimmte Taktung hat und über einen bestimmten Zeitraum verteilt mehrere Anfragen gleichzeitig gestartet werden, kann Ihr Webserver mitunter nicht auf jeden Request reagieren. Kommt das zu häufig vor, kann es zu Crawling-Problemen und daraus folgenden negativen Bewertungen seitens der Suchmaschine führen. Sie sollten daher stets schauen, ob Ihre Webserver den Suchmaschinen-Robotern gewachsen sind, und ggf. nachrüsten bzw. die Crawling-Rate für Google in den Google Webmaster Tools nachjustieren.

HTTP-Statuscodes überprüfen

Um HTTP-Statuscodes zu ermitteln, die beim Aufruf einer URL bzw. Datei vom Server an den Client gesendet werden, haben Sie verschiedene Möglichkeiten.

Zum einen gibt es dafür spezielle Browser-Erweiterungen, die Ihnen die gesamte Kommunikation zwischen Ihrem Client und dem Server detailliert darstellen und so auch die Möglichkeit geben, die Statuscodes herauszufiltern und anzeigen zu lassen. Für

Abbildung 7-4 ▼
Live HTTP Headers Beispiel:
Aufbereitung der Kommunikation
zwischen dem Server und dem
Browser beim Aufruf von
http://trustagents.de

den Mozilla Firefox sowie Googles Browser Chrome gibt es das Add-on »Live HTTP Headers« (*http://seobuch.net/641* und *http:// seobuch.net/778*). Auch die Erweiterung »HttpFox« (nur für den Firefox erhältlich, unter *http://seobuch.net/870*) eignet sich, um HTTP-Statuscodes gezielt zu überprüfen.

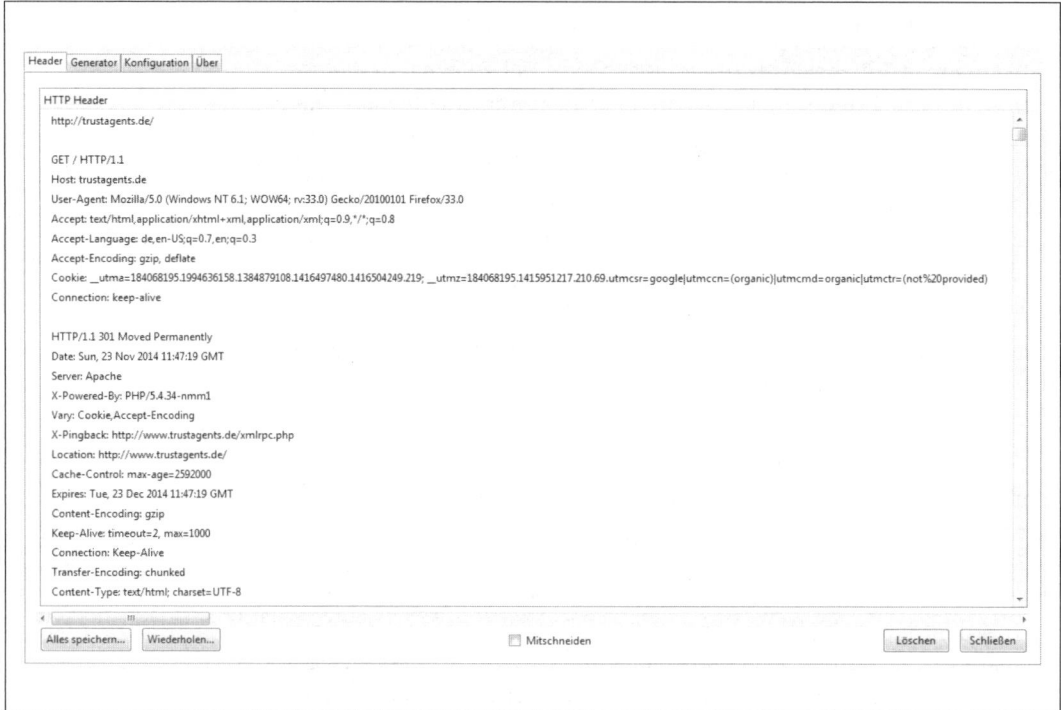

Des Weiteren helfen Ihnen zahlreiche Online-Tools bei der Ermittlung der Response-Codes. Eine Suche nach »HTTP Header Checker« in der Google-Suche (*http://seobuch.net/858*) liefert Ihnen dazu diverse Dienste, die nach Eingabe einer URL u. a. auch den Statuscode zeigen.

Wenn Sie Google Webmaster Tools nutzen (was Sie auf jeden Fall machen sollten) und die zu analysierende URL zu einer von Ihnen verifizierten Domain gehört, können Sie mithilfe der Funktion »Abruf wie durch Google« ebenfalls den HTTP-Statuscode überprüfen.

Abruf wie durch Google

🔗 http://www.trustagents.de/
Googlebot-Typ: Desktop

An den Index senden

✅ Abgeschlossen am Sonntag, 23. November 2014 um 03:51:43 GMT-8

Abrufen

Heruntergeladene HTTP-Antwort:

```
 1 HTTP/1.1 200 OK
 2 Date: Sun, 23 Nov 2014 11:51:44 GMT
 3 Server: Apache
 4 X-Powered-By: PHP/5.4.34-nmm1
 5 Vary: Cookie,Accept-Encoding
 6 X-Pingback: http://www.trustagents.de/xmlrpc.php
 7 Set-Cookie: PHPSESSID=c679b990e7c4645f5dff2921ccb68620; path=/
 8 Expires: Thu, 19 Nov 1981 08:52:00 GMT
 9 Cache-Control: no-store, no-cache, must-revalidate, post-check=0, pre-check=0
10 Pragma: no-cache
11 Content-Type: text/html; charset=UTF-8
12 Content-Length: 22113
13 Keep-Alive: timeout=2, max=1000
14 Connection: Keep-Alive
```

Bei der gleichzeitigen Analyse der Statuscodes mehrerer URLs hilft Ihnen das Crawling-Tool »Screaming Frog« (siehe Kapitel 14). Über den Import einer Liste mit einzelnen URLs oder durch Crawling einer gesamten Domain erhalten Sie einen guten und schnellen Überblick über eventuell vorhandene Probleme (302-Redirects, 404-Fehlerseiten und serverseitige Fehler).

▲ **Abbildung 7-5**
»Abruf wie durch Google«-Funktion in den Google Webmaster Tools listet ebenfalls den HTTP-Header auf

Zusammenfassung

- Statuscodes dienen der Kommunikation zwischen einem Client und einem Server, also auch zwischen Ihrer Website und dem Suchmaschinen-Crawler.

- Achten Sie darauf, dass Sie für dauerhafte Weiterleitungen stets einen 301-Redirect verwenden (nicht 302). Vermeiden Sie Weiterleitungsketten sowie intern verlinkte Weiterleitungen (verlinken Sie intern stets die finale URL, wenn Sie die Möglichkeit dazu haben).

- Wenn Inhalte auf Ihrer Domain nicht verfügbar sind, sollten Sie Ihren Server anweisen, den Statuscode 404 zurückzugeben. War eine URL einmal verfügbar, ist es jetzt aber nicht mehr, verwenden Sie den Statuscode 410.

- Planen Sie Wartungsarbeiten, so sollten Sie der Suchmaschine das mithilfe des Statuscodes 503 mitteilen. Nutzen Sie auch die zusätzliche HTTP-Header-Angabe »retry-after«.

- Überprüfen Sie in regelmäßigen Abständen die URLs Ihrer Website sowie die zurückgegeben Statuscodes, um so ggf. gemachte Fehler bei der Weiterentwicklung Ihrer Website aufzuspüren.

KAPITEL 8
Crawling- & Indexierungssteuerung

Als *Crawling* wird die automatische Analyse von URLs durch sogenannte Crawler, Spider oder Robots von Suchmaschinen bezeichnet. Das Crawling ist ein notwendiger Vorgang, damit ein Dokument überhaupt über Suchmaschinen gefunden werden kann. Es steht Ihnen als Webmaster frei, einzelne URLs, Verzeichnisse oder den gesamten Hostnamen von der Analyse durch Suchmaschinen auszuschließen. Als Instrument steht Ihnen dazu die Datei *robots.txt* zur Verfügung. Die Gründe, einen (Teil-)Ausschluss von Dokumenten zu vollziehen, können vielfältig sein und sind abhängig von der jeweiligen Website. Zum Beispiel kann es sein, dass auf einer Webseite vorhandene persönliche Informationen nicht über Suchmaschinen gefunden oder (interne oder externe) Duplikate unsichtbar gemacht werden sollen.

Sie können aber nicht nur das Crawling beeinflussen, sondern auch Dokumente von der Indexierung ausschließen. Mit einer solchen, beispielsweise über die Meta-Robots-Angaben definierbaren Konfiguration können Sie Suchmaschinen anweisen, ein Dokument nicht in den sogenannten Index aufzunehmen. Unter »Suchmaschinen-Index« ist dabei die Gesamtheit aller bekannten und zur Indexierung durch Suchmaschinen freigegebenen Dokumente zu verstehen.

Anders als beim Einsatz der *robots.txt* ist es Suchmaschinen nach Indexierungsausschlüssen weiterhin möglich, die Inhalte zu »lesen«. Dadurch können zum Beispiel vom Dokument ausgehende Verweise weiterhin analysiert werden – zumindest dann, wenn dies nicht über eine der in diesem Kapitel vorgestellten Einstellungen eingeschränkt ist. Von der Grundidee her sind Crawling- und Indexierungsausschlüsse ähnlich. Wenn es nur darum geht, ein Dokument nicht über Suchmaschinen auffindbar zu machen, ist ein Indexierungsausschluss häufig die bessere Wahl. Zum Einsatz kommt diese Technik beispielsweise dann, wenn die Adresse über kein passendes Keyword und somit nur über einen minimalen Nutzen für Suchmaschinennutzer verfügt.

Aber der Reihe nach: Beschäftigen wir uns zuerst mit der Crawling-Steuerung.

Was Suchmaschinen crawlen

Suchmaschinen-Crawler sind kontinuierlich im Web unterwegs, um neue Inhalte zu finden und bereits bekannte URLs erneut zu analysieren. Suchmaschinen folgen dabei Links, also Verweisen, die sie auf verschiedenen Wegen finden. Neben den im Quelltext von Seiten enthalten Verweisen sind auch Informationen aus Sitemaps (siehe Kapitel 9) und explizite URL-Anmeldungen als Datenquellen möglich.

Suchmaschinen crawlen also Inhalte, die

- aufgrund von Verweisen oder Anmeldung bekannt sind,
- verfügbar und nicht verfügbar sind,
- weitergeleitet werden und
- nicht vom Crawling ausgeschlossen wurden.

Speziell Google neigt dazu, zusätzlich auch URL-Fragmente und Angaben, die wie URLs aussehen, aufzurufen. Wenn im Quelltext einer Seite eine Angabe wie *info/* vorkommt, kann das bereits dazu führen, dass Google diese Struktur zu crawlen versucht.

Crawling mit robots.txt beeinflussen

Durch in der Datei *robots.txt* getroffenen Angaben können Sie direkten Einfluss auf das Crawling von URLs Ihres Webauftritts nehmen. Über die im Hauptverzeichnis (»Root«) abzulegende Textdatei mit dem Namen *robots.txt* können Sie

- den Zugriff auf einzelne Adressen, Verzeichnisse, URL-Muster oder die gesamte Domain verbieten,
- Ausnahmen für Crawling-Ausschlüsse definieren,
- Verweise auf Sitemap-Dateien setzen und
- die Crawling-Einstellungen für einzelne User-Agents definieren.

Ob Sie eine *robots.txt* verwenden, bleibt Ihnen überlassen. Wenn Sie auf ihren Einsatz verzichten, gehen Suchmaschinen davon aus, dass sie alle Inhalte analysieren dürfen. Eine leere *robots.txt* hat übrigens denselben Effekt wie eine nicht vorhandene. Es ist zudem nicht notwendig, den Zugriff explizit zu erlauben. Suchmaschinen gehen standardmäßig davon aus, dass ihnen der Zugriff erlaubt ist – eben immer so lange, bis ein Verbot vorliegt.

Tipp   Es ist wichtig, dass Sie die robots.txt unter ihrhostname.tld/ robots.txt ablegen. Andernfalls werden die dort getroffenen Eingaben nicht befolgt.

Für jeden Hostnamen müssen eigene Crawling-Einstellungen getroffen werden. Es nicht so, dass ein Crawling-Ausschluss von www.ihredomain.tld auch das Crawling von blog.ihredomain.tld in selbiger Form beeinflussen würde.

Mögliche Angaben

Tipp   Zuallererst ein Hinweis: Angaben in robots.txt sind »case sensitive«, es wird also zwischen Groß- und Kleinschreibung unterschieden.

In robots.txt werden folgende Angaben unterstützt: User-Agent, Disallow, Allow und Sitemap.

User-Agent

Über die Angabe User-Agent: können einzelne Crawler angesprochen werden. Alle Crawler und auch andere anfragende Endgeräte übermitteln nämlich bei jeder Anfrage eine Nutzerkennung an den Server. Im Fall der Datei *robots.txt* kann über die Angabe das Crawling-Verhalten von Suchmaschinen beeinflusst werden. Für normale Endgeräte sind die Angaben in robots.txt nicht relevant.

Grundsätzlich erlaubt die Nutzerkennung, bestimmte Anpassungen am Seiteninhalt und der Server-Antwort vorzunehmen. Ein einfaches Beispiel: Für mobile Endgeräte wie iPhones möchten Sie eine andere Darstellung der Website zurückliefern. Da sich iPhones über den User-Agent als ebensolche identifizieren, ist das möglich. Mehr zu diesem Aspekt der User-Agent-Erkennung finden Sie im Kapitel »Mobile SEO« (siehe Kapitel 13).

Im Zusammenhang mit *robots.txt* wird über die hinter dem Doppelpunkt folgenden Angaben definiert, für welche *User-Agents* die nachfolgenden Angaben gelten. Auf den oder die angegebenen

User-Agents beziehen sich alle Angaben, solange keine weitere User-Agent-Definition stattfindet. Leerzeilen haben folglich keinen Einfluss auf die definierten Regeln.

Durch die Verwendung eines Sterns können alle Suchmaschinen angesprochen werden. Die Angabe sieht dann so aus:

User-Agent: *

Um einen User-Agent gezielt anzusprechen, müssen Sie natürlich wissen, mit welcher Kennung er sich authentifiziert. Google stellt die Liste der aktuell von Googlebot verwendeten Nutzerkennungen unter *https://support.google.com/webmasters/answer/1061943?hl=de* (*http://seobuch.net/624*) zur Verfügung.

Tabelle 8-1 ▶
Liste der User-Agents
des Googlebot

Crawler	User-Agents	Genaue Nutzerkennung
Googlebot (Google-Websuche)	Googlebot	Mozilla/5.0 (compatible; Googlebot/2.1; +http://www.google.com/bot.html)
		oder (selten verwendet): Googlebot/2.1 (+http://www.google.com/bot.html)
Googlebot für Nachrichten	Googlebot-News (Googlebot)	Googlebot-News
Googlebot-Images	Googlebot-Image (Googlebot)	Googlebot-Image/1.0
Googlebot für Videos	Googlebot-Video (Googlebot)	Googlebot-Video/1.0
Google Mobile	Googlebot-Mobile	Mozilla/5.0 (iPhone; CPU iPhone OS 6_0 like Mac OS X) AppleWebKit/536.26 (KHTML, like Gecko) Version/6.0 Mobile/10A5376e Safari/8536.25 (compatible; Googlebot/2.1; +http://www.google.com/bot.html)
Google Mobile AdSense	Mediapartners-Google oder Mediapartners (Googlebot)	[verschiedene Mobilgerättypen] (compatible; Mediapartners-Google/2.1; +http://www.google.com/bot.html)
Google AdSense	Mediapartners-Google Mediapartners (Googlebot)	Mediapartners-Google
Google AdsBot Zielseiten-Qualitätsprüfung	AdsBot-Google	AdsBot-Google (+http://www.google.com/adsbot.html)

Eine umfassende Liste unterschiedlicher User-Agents ist unter *http: //user-agent-string.info/de/list-of-ua/bots* (*http://seobuch.net/347*) zu finden.

Aber Vorsicht: Es kommt regelmäßig vor, dass User-Agents bekannter Suchmaschinen zum Beispiel von Spammern verwendet werden, denn die Angabe des User-Agent kann mit der entsprechenden Kenntnis einfach geändert werden. Durch die Installation des Browser-Plugins *UserAgentSwitcher* (oder ähnlicher Plugins) ist es möglich, sich als Googlebot auszugeben. Folglich muss nicht jeder Zugriff des User-Agent Googlebot auch tatsächlich von Google gestellt worden sein. Und so kommt es vor, dass trotz möglicherweise eingestellten Crawling-Verbots dennoch Zugriffe von Googlebot in den Server-Logdateien zu finden sind. Das ist erst einmal nicht schlimm; sollten Sie allerdings viele unerwünschte Zugriffe feststellen, können Sie die mit dem User-Agent übertragenen IP-Adressen blockieren.

Google und Bing bieten Möglichkeiten an, die Authentizität ihrer Crawler zu bestätigen. Das ist über Reverse-DNS-Lookups möglich.

Googlebot verifizieren

In Ausnahmefällen möchten Sie womöglich feststellen, ob es sich bei einem auf Ihre Website zugreifenden Googlebot wirklich um den Crawler von Google handelt. Wie gesagt: Die Nutzerkennung (»User-Agent«) lässt sich mit wenig Aufwand in jede beliebige Angabe ändern. Viele Crawler von Dritten machen sich diese Möglichkeit zunutze und geben sich fälschlicherweise als Googlebot aus. Mitunter belasten diese falschen Googlebots durch die Zugriffe Ihren Webserver unnötigerweise und in großem Umfang.

In diesem Fall können Sie über Reverse-DNS-Anfragen überprüfen, ob sich der User-Agent-Name in der googlebot.com-Domain befindet, die von Google verwendet wird.

Beispiel:

```
> host 66.249.66.1
1.66.249.66.in-addr.arpa domain name pointer
crawl-66-249-66-1.googlebot.com.
```

```
> host crawl-66-249-66-1.googlebot.com
crawl-66-249-66-1.googlebot.com has address
66.249.66.1
```

Wenn Sie feststellen, dass ein »Googlebot« gar nicht von Google kommt, können Sie diesen (über die IP oder den Hostnamen) blockieren. Verwenden Sie dazu beispielsweise die Angabe »Deny from 192.168.0.100« in der Datei .htaccess. Dadurch werden alle Anfragen der angegebenen IP-Adresse abgelehnt.

In der als Beispiel genannten Form ist eine Überprüfung des Bingbot möglich, des Crawlers der Suchmaschine Bing von Microsoft. Bing stellt unter *www.bing.com/toolbox/verify-bingbot* ein Tool zur Verfügung, um die Authentizität eines Zugriffs durch Bingbot zu überprüfen. Dasselbe Tool ist in den Bing Webmaster Tools zu finden.

Doch zurück zur Konfiguration von *robots.txt*.

Disallow

Über die Angabe *Disallow* definieren Sie, dass eine folgende URL, ein Verzeichnis oder ein URL-Muster nicht gecrawlt werden darf. Durch die Angabe

```
User-Agents: *
Disallow: /
```

werden alle Crawler angewiesen, keine URLs des Hostnamens zu analysieren.

Es gibt verschiedene Möglichkeiten, um URL-Strukturen zu blockieren. Um ein Verzeichnis vom Crawling auszuschließen, können Sie es über die Angabe

```
Disallow: /name-des-ordners/
```

sperren. Alternativ reicht bereits die Verwendung von

```
Disallow: /name-des-ordners
```

– also ohne abschließenden Slash.

In *robots.txt* ist es möglich, mit dem Platzhalter * zu arbeiten. Mit diesem sprechen Sie nicht nur alle User-Agents an, sondern auch URL-Strukturen. Die Angabe

```
Disallow: *?*.*
```

wird so interpretiert, dass URL-Strukturen vom Crawling ausgeschlossen sind, die eine beliebige Anzahl an Zeichen (auch 0) vor einem Fragezeichen enthalten, dem sich eine beliebige Anzahl an Zeichen anschließt und die einen Punkt in der URL enthalten. Nach dem Punkt kann wiederum eine beliebige Anzahl an Zeichen folgen.

Durch die obige Angabe sind beispielsweise die Adressen *www.meinedomain.de/test?hallo.* und *www.meinedomain.de/test?hallo.welt* nicht zum Crawling freigegeben.

Übrigens: Eine Verwendung von regulären Ausdrücken wird mit Ausnahme von * und $ innerhalb der Datei *robots.txt* nicht unterstützt. Mit dem Dollarzeichen können Sie das Ende einer URL markieren.

Allow

Mit der Angabe *Allow* können Sie URL-Strukturen von einem möglicherweise eingestellten Crawling-Ausschluss ausnehmen. Dadurch werden die nach der Angabe genannten URL-Strukturen ganz normal von Suchmaschinen analysiert.

Die Angabe *Allow:* müssen Sie nicht verwenden, um das Crawling explizit zu erlauben, denn standardmäßig gehen Suchmaschinen davon aus, dass sie crawlen dürfen.

Denkbar wäre ein Einsatz von *Allow:* in folgendem Zusammenhang:

```
User-Agent: *
Disallow: /test/*
Allow: /test/12
```

Durch diese Angaben wäre der Zugriff auf alle URLs innerhalb des Ordners */test/* verboten, mit Ausnahme der URL */test/12*.

Sitemap

Hinter der Angabe *Sitemap* können Sie Adressen nennen, unter denen sich Sitemap-Dateien befinden. Da Sitemaps nicht unter dem Namen *sitemap.xml* im Hauptverzeichnis Ihres Webservers gespeichert sein müssen, ist das eine gute Möglichkeit, Suchmaschinen über die Existenz und Adresse von Sitemaps zu informieren.

Die Angabe

```
Sitemap: http://www.ihredomain.de/speicherort-und-name-der-sitemap.xml
```

weist Suchmaschinen darauf hin, dass unter der genannten Adresse eine Sitemap zu finden ist.

Tipp   Melden Sie Ihre Sitemaps über die Webmaster-Tools der Suchmaschinen an, auch wenn bereits ein Verweis zur Sitemap in robots.txt enthalten ist. Dadurch erhalten Sie häufig detaillierte Indexierungsstatistiken und werden auf Probleme bei der Verarbeitung der Sitemap hingewiesen.

robots.txt testen

Da es nicht immer ganz einfach nachzuvollziehen ist, wie Suchmaschinen die Eingaben von *robots.txt* interpretieren, gibt es in den Google Webmaster Tools ein Werkzeug, mit dem die Angaben in *robots.txt* überprüft werden können. Das Tool finden Sie nach Auswahl einer bestätigten Domain unter »Crawling« => »robots.txt-Tester«.

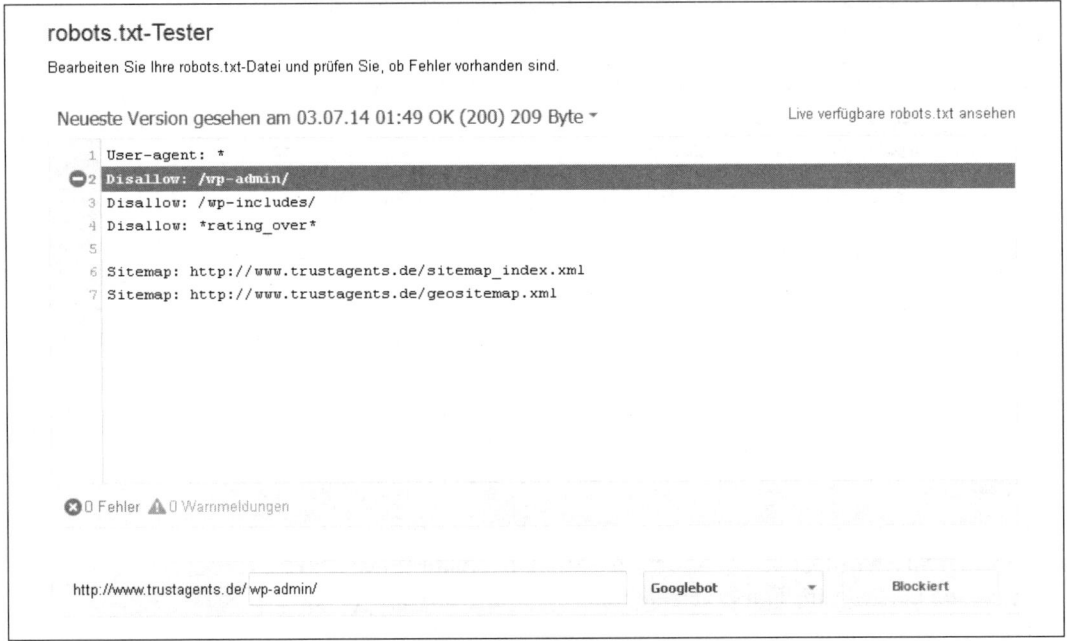

Im oberen Bereich wird der Inhalt der zuletzt von Google heruntergeladenen *robots.txt* angezeigt. In diesem Eingabefeld können Sie weitere Eingaben hinzufügen und bestehende ändern oder ganz löschen. Dadurch ändert sich nicht der Inhalt der robots.txt auf Ihrem Server! Das Tool ist dafür gedacht, robots.txt zu testen, verfügt aber nicht über Schreibrechte auf Ihrem Webauftritt.

Abbildung 8-1 ▲
Mit der Funktion "robots.txt-Tester" können Sie testen, ob Google Zugriff auf angegebene URLs hat.

Um einen Test durchzuführen, fügen Sie ins untere Eingabefeld eine URL ein, für die Sie die Crawling-Einstellungen überprüfen möchten. Google bietet Ihnen an, den Test für verschiedene User-Agents durchzuführen. Zur Auswahl stehen diese:

- Googlebot: crawlt Seiten für den Web- und Smartphone-Index und Google News

- Googlebot-News: analysiert Websites für die News-Suche von Google

- Googlebot-Image: crawlt Seiten für den Bildindex

- Googlebot-Video: ist auf die Analyse von Videoinhalten spezialisiert

- Googlebot-Mobile: crawlt Seiten für den Mobiltelefon- (bzw. Feature-Phone-) Index
- Mediapartners-Google: crawlt Seiten, um den AdSense-Content zu bestimmen
- AdsBot-Google: crawlt Seiten, um die Qualität der AdWords-Zielseiten zu messen

Durch einen Klick auf *Testen* wird überprüft, ob die angegebene URL von der in den Google Webmaster Tools angezeigten und gegebenenfalls von Ihnen bearbeiteten *robots.txt* blockiert wird.

Nutzen Sie dieses Tool, wenn Sie komplexe *robots.txt*-Regeln definiert haben, und übertragen Sie die Einstellungen nach dem Test auf Ihren Webserver.

Tipp   Denken Sie immer daran: Die Einstellungen von robots.txt sind sehr mächtig und beeinflussen das Crawling. Durch Crawling-Ausschlüsse sind die Inhalte der blockierten URLs nicht für Suchmaschinen analysierbar.

Als Alternative zur Funktion »Blockierte URLs« der Google Webmaster Tools bietet sich das Browser-Plugin roboxt! für Mozilla Firefox an. Das Plugin kann unter *https://addons.mozilla.org/de/firefox/addon/roboxt/* (*http://seobuch.net/574*) heruntergeladen werden. Es zeigt beim Aufruf einer URL an, ob diese über die Datei robots.txt blockiert wird.

Blockierte URLs im Google-Index

Wenn eine URL über die Datei *robots.txt* vom Crawling ausgeschlossen wird, heißt das nicht, dass diese URL nicht über die Google-Suche gefunden werden kann. Der Crawling-Ausschluss führt nämlich nicht zwangsläufig dazu, dass eine URL vom Suchmaschinen-Index ausgeschlossen ist.

Zwar kennen Suchmaschinen aufgrund des Crawling-Ausschlusses den Inhalt einer Webadresse nicht, aber Informationen über die URL liegen trotzdem vor. Zum einen kennen Suchmaschinen die URL eines gesperrten Dokuments aufgrund von Verweisinformationen, zum anderen kann der Ankertext einen Hinweis auf den Seiteninhalt liefern.

Auf den Ergebnisseiten der Google-Suche erscheinen solche URLs mit dem Hinweis »Aufgrund der robots.txt dieser Website ist keine Beschreibung für dieses Ergebnis verfügbar.« Dieser Text wird anstelle der ansonsten angezeigten Meta-Description dargestellt.

Abbildung 8-2 ▶
Beide URLs werden durch die
robots.txt blockiert, allerdings
unterscheidet sich ihre Darstellung.

Cisco CRS Carrier Routing System
www.cisco.com/go/crs ▾ Diese Seite übersetzen
Aufgrund der robots.txt dieser Website ist keine Beschreibung für dieses Ergebnis
verfügbar. Weitere Informationen

www.cisco.com/go/highereducation
Aufgrund der robots.txt dieser Website ist keine Beschreibung für dieses Ergebnis
verfügbar. Weitere Informationen

Beim Seitentitel von blockierten URLs gibt es unterschiedliche
Anzeigen: Manchmal erscheinen diese URLs mit aus Ankertexten
generierten Titeln, in anderen Fällen wird die URL als Seitentitel
angezeigt. In diesem Szenario bestehen die in der Google-Suche
angezeigten Informationen aus der URL und dem Hinweis, dass die
URL aufgrund der Konfiguration von *robots.txt* blockiert ist.

Informationen zu blockierten URLs in den Google Webmaster Tools

Die Google Webmaster Tools sollten zum festen Repertoire der
Werkzeuge zählen, die Sie regelmäßig einsetzen. Neben der bereits
vorgestellten Möglichkeit, Ihre *robots.txt* über die Funktion robots.

Abbildung 8-3 ▼
In der Ansicht "Erweitert" des
Indexierungsstatus sehen Sie, wie
viele URLs aktuell von robots.txt
blockiert werden.
txt-Tester zu untersuchen, finden Sie im *Indexierungsstatus* (zu finden unter *Google-Index*) die Möglichkeit, unter *Erweitert* anzuzeigen, wie viele URLs aktuell von *robots.txt* blockiert werden. Diese
Daten stehen rückwirkend für die letzten zwölf Monate zur Verfügung.

Crawling-Geschwindigkeit beeinflussen

Standardmäßig bestimmen Suchmaschinen die Crawling-Geschwindigkeit eigenständig und versuchen, den Webserver nicht unnötig zu belasten. In den Google Webmaster Tools steht bei Websites mit einem hohen Crawling-Aufkommen die Möglichkeit zur Verfügung, die Crawling-Geschwindigkeit anzupassen, um die durch das Crawling produzierte Last zu verringern.

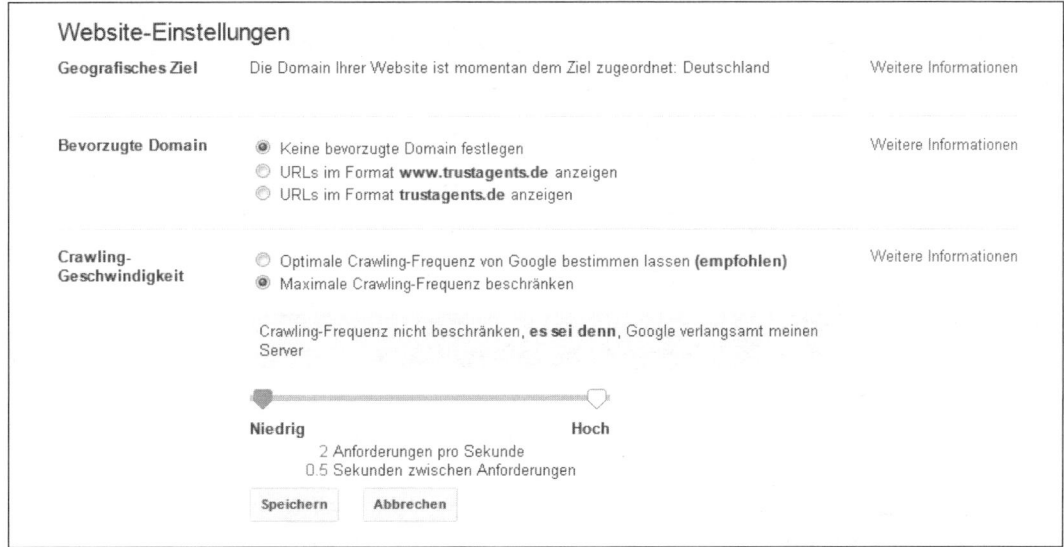

Über den Schieberegler kann zwischen Werten von zwischen 0,002 bis 2 Zugriffen pro Sekunde ausgewählt werden. Zwischen den einzelnen Zugriffen liegen dann zwischen 500 und 0,5 Sekunden. Die Einstellung können Sie nach Auswahl Ihrer Domain durch einen Klick auf das Zahnrad im oberen rechten Bereich und die Auswahl *Website-Einstellungen* vornehmen.

▲ **Abbildung 8-4**
In den Google Webmaster Tools kann unter Umständen die Crawling-Geschwindigkeit angepasst werden.

Tipp   Die in der Datei robots.txt mögliche Angabe *Crawl-Delay: Angabe in Sekunden* wird von Googlebot momentan nicht berücksichtigt.

Suchmaschinen-Crawling analysieren

Jeder Zugriff auf Ihre Website, egal ob von Nutzern oder Robots, bindet Ressourcen Ihres Webservers. Grundsätzlich ist ein regelmäßiges Crawling Ihrer Inhalte durch Suchmaschinen wünschenswert, da dadurch sichergestellt wird, dass Suchmaschinen eine aktuelle Version des Dokuments bei der Ranking-Bestimmung heranziehen. Dennoch möchten Sie nicht, dass Robots zu viele Ressourcen Ihres Webservers blockieren.

Einen ersten Blick auf die Crawling-Aktivitäten des Googlebot offenbart die Funktion *Crawling-Statistiken* in den Google Webmaster Tools. Die unter dem Punkt *Crawling* zu findende Funktion liefert Ihnen Daten zu

Abbildung 8-5 ▼
Informationen zur Crawling-Aktivität des Googlebot finden Sie in den Google Webmaster Tools.

- dem täglichen Crawl-Aufkommen,
- dem übertragenen Datenvolumen und
- der Dauer der Übertragung.

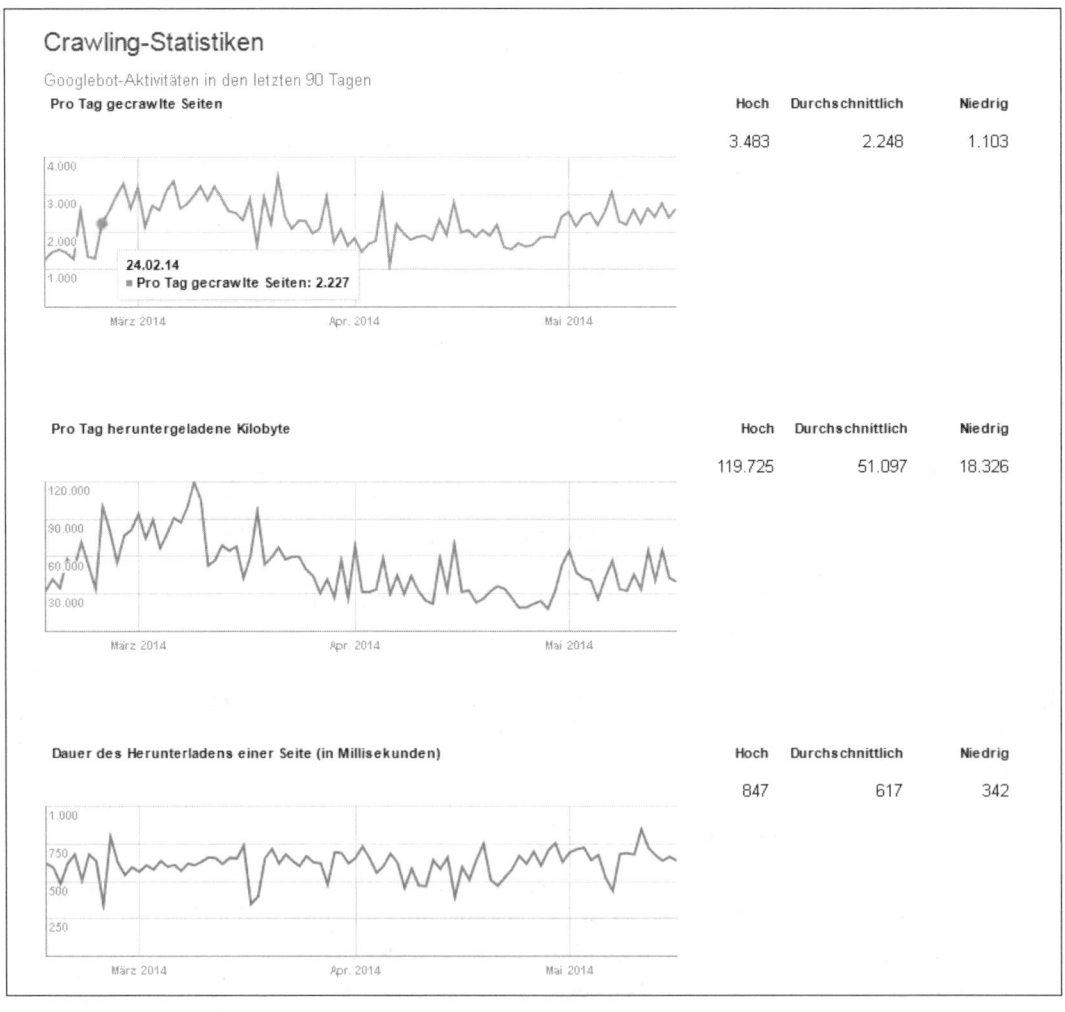

Diese Daten liefern Ihnen allerdings noch keine Informationen darüber, welche Seiten vom Googlebot aufgerufen werden. Doch auch zu dieser Frage finden Sie in den Google Webmaster Tools Antworten. Viele der dortigen Funktionen zeigen Ihnen Daten zu einzelnen Webadressen an. Zu diesen Funktionen gehören

- strukturierte Daten,
- HTML-Verbesserungen,
- Suchanfragen,
- interne Links,
- Content-Keywords,
- Crawling-Fehler und
- URL-Parameter.

Google kann Ihnen natürlich nur dann Daten unterschiedlicher Ausprägung zu einer URL anzeigen, wenn auf diese zugegriffen wurde. Beispielsweise zeigt Ihnen die Detailanalyse einer URL mit strukturierten Daten, welche maschinenlesbaren Informationen extrahiert werden konnten und wann auf die Seite zugegriffen wurde.

▼ **Abbildung 8-6**
Nach Auswahl einer URL sehen Sie unter anderem das Datum des Crawler-Zugriffs.

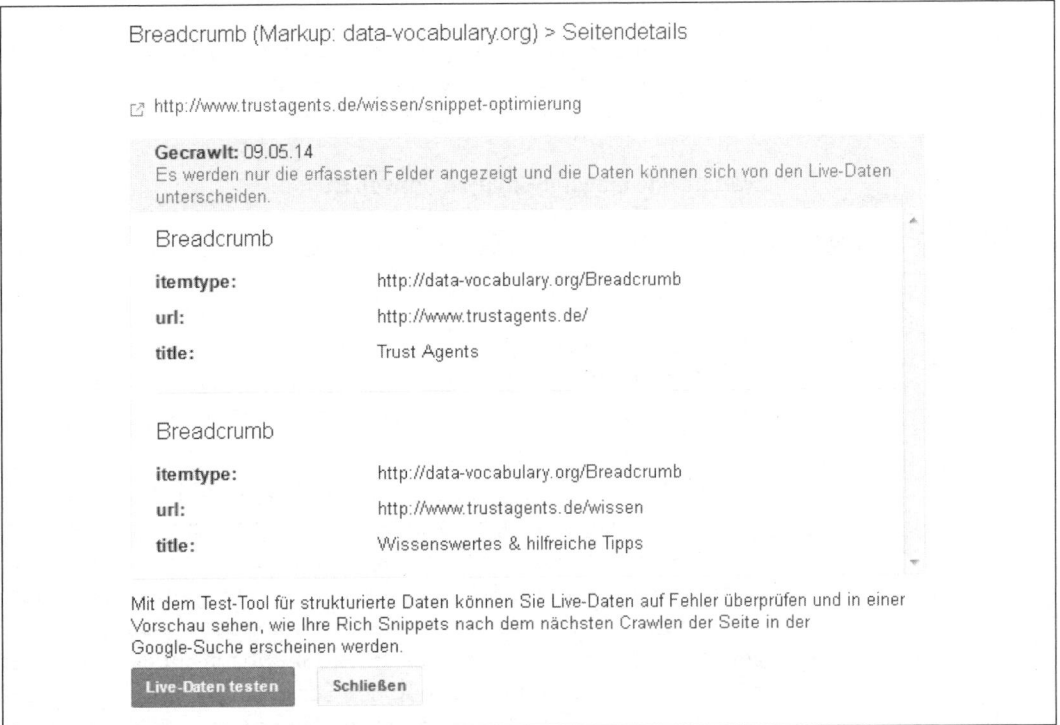

Um ganz genau herauszufinden, welche URLs gecrawlt werden, sollten Sie einen Blick in die *Server-Logfiles* werfen. Diese liefern Ihnen ein viel genaueres Bild über die Aktivitäten auf Ihrer Website, beispielsweise das genaue Abrufdatum einer Ressource. Grundvoraussetzung dafür ist, dass Sie Logfiles anlegen lassen. Ihr Hosting-Anbieter und gegebenenfalls Ihre IT-Abteilung können Ihnen diesbezüglich behilflich sein. Je nach Konfiguration kann der Aufbau der Logfile-Datei unterschiedlich sein.

Bei der Analyse sollten Sie bedenken, dass es einfach möglich ist, User-Agents vorzutäuschen. Es muss also nicht der Fall sein, dass eine Anfrage des User-Agent »Googlebot« auch tatsächlich vom Google-Crawler gestellt wurde. Werfen Sie aus diesem Grund einen Blick auf die verwendeten IP-Adressen (sofern diese abgespeichert werden). Zugriffe des Googlebot werden in den meisten Fällen von IPs aus dem IP-Bereich 66.249.*.* gestellt. Aufrufe von Googlebot-User-Agents aus anderen IP-Bereichen kommen hingegen in der Regel von anderen automatischen Programmen, die das Web zu eigenen Zwecken untersuchen, beispielsweise um Inhalte von anderen Websites zu kopieren oder Webseiten auf Sicherheitslücken hin zu untersuchen.

Je nach Datenumfang lässt sich eine Aufbereitung der Daten entweder mit einem Tabellenkalkulationsprogramm oder einer professionellen Logfile-Analysesoftware durchführen.

Warum eine Crawling-Analyse sinnvoll ist

 Tipp Eine Crawling-Analyse ist nur für das Feintuning von sehr großen Websites zu empfehlen.

Für große Websites, also solchen, bei denen mindestens sechsstellige Zugriffe pro Tag durch Suchmaschinen gestellt und meist mehrere Gigabyte an Daten transferiert werden, ist eine Analyse des Crawling-Verhaltens sinnvoll.

Es kommt nämlich regelmäßig vor, dass Suchmaschinen viele Ressourcen für das Crawling von URL-Strukturen aufwenden, die für eine erfolgreiche Suchmaschinenoptimierung unnötig sind. Das können beispielsweise dynamisch generierte Suchseiten oder Filterkombinationen bei Onlineshops sein. In solchen Fällen kann der gezielte Einsatz von Crawling-Beschränkungen über die Datei *robots.txt* sinnvoll sein. Sie möchten schließlich nicht, dass Suchmaschinen unnötige Last auf Ihrem Webserver erzeugen, wenn diese Seiten für Sie aus SEO-Sicht (z. B. interne Verlinkung, relevante Zielseiten für das Ranking) keine Relevanz besitzen.

Indexierungssteuerung

Wie beschrieben, führt die Blockierung einer Webadresse über die Datei *robots.txt* nicht zwangsläufig dazu, dass diese URL nicht über die Websuche zu finden ist.

Denn *robots.txt* weist Suchmaschinen nur auf die Crawling-Konfiguration hin; der Inhalt der Seite ist bei einer Blockierung folglich nicht für Suchmaschinen analysierbar.

Es gibt Fälle, in denen eine URL nicht über die Websuche gefunden werden soll, entweder weil es sich um private Informationen handelt, die nur die Leute sehen sollen, die die Adresse kennen (wobei hier der Einsatz eines Zugriffsschutzes über die Eingabe eines Passworts sinnvoller wäre, beispielsweise über die Datei *.htpasswd*), oder weil die Webseite Inhalte darstellt, die auf anderen Webseiten ebenfalls zu finden sind (»Duplicate Content«).

Für die Indexierungssteuerung stehen die »Meta-Robots«-Angabe sowie der X-Robots-Tag zur Verfügung, die wir uns beide im Folgenden genauer ansehen werden.

Meta Robots

Über die – laut HTML-Spezifikationen im *<head>*-Bereich des Quelltexts definierbare – *Meta Robots-Angabe* können Sie unter anderem definieren, ob die gerade aufgerufene Webseite über Suchmaschinen gefunden werden darf.

Die Angabe wird nach dem bekannten Muster für Meta-Angaben definiert: `<meta name="robots" content="">`.

Anstelle der Verwendung von *robots* ist es möglich, auch einzelne User-Agents anzusprechen. Um die Angabe speziell auf den Googlebot auszurichten, kann `<meta name="googlebot" content="">` verwendet werden.

Allerdings wird diese direkte Ansprache eines Suchmaschinen-Crawlers nicht von allen Suchmaschinen unterstützt. Solange es keinen Grund gibt, nur für einen einzelnen User-Agent eine Angabe zu definieren, empfiehlt sich die Ansprache aller Robots über die Verwendung von *name="robots"*.

Um Suchmaschinen darauf hinzuweisen, dass eine Webseite nicht in den Suchmaschinen-Index aufgenommen werden soll, ist die Angabe *noindex* zu verwenden. Mit der Angabe `<meta name="robots" content="noindex">` wird allen Suchmaschinen mitgeteilt, dass die gerade aufgerufene URL nicht über Suchmaschinen gefunden werden soll.

Weitere Angaben für Meta Robots

Neben der für die Indexierung wichtige Angabe »noindex« können noch eine Reihe weiterer Anweisungen an Suchmaschinen über Meta Robots definiert werden.

Die folgenden Angaben beziehen sich vor allem auf Google, werden aber meistens auch von anderen Suchmaschinen unterstützt. Von Google unterstützte Meta-Tags können Sie auch unter *https://support.google.com/web-masters/answer/79812?hl=de* (*http://seobuch.net/789*) nachlesen.

- nofollow

Mit der Nennung von *nofollow* im Meta-Tag weisen Sie Suchmaschinen an, dass allen auf der Seite enthaltenen Links *nicht* gefolgt werden soll. Der Einsatz von *nofollow* über die Meta-Robots-Einstellung empfiehlt sich nur in Ausnahmefällen.

Um einzelne Links mit *nofollow* zu entwerten, muss auf die Angabe *rel="nofollow"* innerhalb eines Links zurückgegriffen werden.

- noarchive

Wenn eine URL zur Indexierung freigegeben ist, erstellen Suchmaschinen häufig zusätzlich ein Abbild der Seite (»Cache«). Dieses Abbild wird von Suchmaschinen regelmäßig aktualisiert und auf den Servern der Suchmaschine abgelegt. Über die Google-Suche ist es möglich, durch die Suchanfrage »cache:adresse-des-Dokuments« oder durch den hinter der URL angezeigten Pfeil die Cache-Version aufzurufen.

Über die Angabe *noarchive* wird verhindert, dass Suchmaschinen eine Cache-Version der Seite generieren. Auf die Indexierung der Seite hat diese Angabe keinen Einfluss.

- noodp

Hinter dem Akronym ODP steckt das »Open Directory Project«, auch bekannt unter der Bezeichnung DMOZ. Das ist ein bekannter Webkatalog, der allerdings wie andere Webkataloge auch in den letzten Jahren an Bedeutung verloren hat.

Wenn eine Website im DMOZ-Verzeichnis eingetragen ist, kann es sein, dass der im DMOZ hinterlegte Beschreibungstext der Website anstelle der Meta-Description (für die Startseite) angezeigt wird. Durch die Angabe *noodp* werden Suchmaschinen angewiesen, die DMOZ-Beschreibung nicht zu verwenden.

- nosnippet

Wenn Sie nicht möchten, dass Suchmaschinen die eventuell für die Seite definierte Meta-Description in der Websuche anzeigen, können Sie die Angabe *nosnippet* verwenden.

- none

Die Angabe *none* hat – besonders für Google – denselben Effekt wie die Definition »noindex, nofollow«: Google würde bei dieser Angabe die URL nicht indexieren und den auf der Seite enthaltenen Links nicht folgen.

- all

Im Gegensatz zur Angabe *none* hat *all* keinen Effekt. Damit wird festgelegt, dass es keine spezifischen Verbote gibt und somit die Standardwerte Anwendung finden.

- notranslate

Wenn ein Suchtreffer nicht in der Sprache vorliegt, die der Nutzer in seinen Sucheinstellungen definiert hat, bietet Google an, dass die Seite übersetzt wird. Die Angabe *notranslate* führt dazu, dass Google keine Übersetzung des Seiteninhalts anbietet.

- noimageindex

Wenn Sie nicht möchten, dass die auf der Seite vorkommenden Bilder indexiert werden, können Sie *noimageindex* verwenden. Wenn ein Bild auf weiteren URLs eingebunden ist, die diese Angabe nicht verwenden, kann das Bild trotzdem indexiert werden.

- noydir

Eventuell erinnern Sie sich daran, dass Yahoo aufgrund seines Webverzeichnisses Bekanntheit erlangte. Mit der Angabe *noydir* weisen Sie Suchmaschinen an, den eventuell vorhandenen Beschreibungstext einer Website aus dem Yahoo-Verzeichnis nicht zu verwenden.

Die Angabe ist in der Regel nicht notwendig, da Suchmaschinen in ausgesprochen wenigen Fällen auf das Yahoo-Verzeichnis als Quelle für Beschreibungstexte zurückgreifen.

- nositelinkssearchbox

Diese Google-spezifische Angabe führt dazu, dass die vor allem bei Suchen nach einer bestimmten Domain regelmäßig dargestellte Suchbox innerhalb der Sitelinks unterdrückt, also nicht angezeigt wird.

```
<meta name="google"
content="nositelinkssearchbox" />
```

- unavailable_after

Mit dieser Angabe informieren Sie Suchmaschinen darüber, dass der Inhalt nach einem bestimmten Datum nicht mehr erreichbar ist. Die Angabe muss dabei im Format RFC 850 gesetzt werden. Also sieht die Anweisung so aus

```
<meta name="googlebot" content="unavailable_
after: 25-Aug-2007 15:00:00 EST">
```

Die vorgestellten Angaben können kombiniert werden. Die Angabe `<meta name="robots" content="noindex, nofollow">` wird von Suchmaschinen beispielsweise problemlos verstanden. Die einzelnen Angaben müssen Sie mit Kommata voneinander trennen – andere Trennzeichen sind nicht valide. Es ist übrigens nicht vorgeschrieben, ob Sie die Angaben groß- oder kleinschreiben oder eine Mischung aus beidem verwenden. Verwenden Sie trotzdem lieber stringent Kleinschreibung.

Sie können darauf verzichten, die positiven Werte der vorgestellten Angaben als Robots-Angabe zu übergeben. Das Gegenteil von *noindex* ist *index* – allerdings gehen Suchmaschinen standardmäßig davon aus, dass das Fehlen von negativen Angaben einer Freigabe aller Möglichkeiten entspricht. Solange also z. B. keine Meta-Robots-Angaben auf einer Seite definiert sind, kann diese in den Suchmaschinen-Index aufgenommen und allen Links gefolgt werden.

Was passiert, wenn mehrere Meta Robots Angaben im Quelltext enthalten sind?

Solange sich die Robots-Angaben nicht widersprechen, ist die Mehrfachverwendung von Meta Robots kein Problem. Für Suchmaschinen ist es grundsätzlich egal, ob Sie zuerst *<meta name= "robots" content="noodp">* und anschließend in einer weiteren Angabe *<meta name="robots" content="nofollow">* im Quelltext definieren.

Diese Angaben haben denselben Effekt wie die Verwendung von *<meta name="robots" content="noodp, nofollow">*. Zugunsten eines schlanken Quellcodes und einfacher Wartung sollten Sie lieber nur eine Meta-Robots-Tag-Angabe definieren.

Anders sieht es aus, wenn Sie zwei sich widersprechende Angaben wie z. B. *index* und *noindex* definieren. Unabhängig davon, welche der beiden Angaben zuerst im Quelltext auftaucht, bestimmt der Negativwert die Behandlung durch Suchmaschinen.

 Tipp

Gemäß den HTML-Spezifikationen darf die Meta-Robots-Angabe nur im <head>-Bereich der Webseite vorkommen. Aber auch wenn die Angabe im <body> des HTML-Korpus enthalten ist, folgen Suchmaschinen ihr in der Regel. Der Grund dafür ist, dass es viele Websites gibt, die HTML nicht gemäß den Spezifikationen einsetzen.

Wenn Sie erlauben, dass Besucher innerhalb von Kommentaren HTML verwenden, müssen Sie aufpassen, dass nicht »versehentlich« die Meta Robots-Angaben geändert werden.

X-Robots

Der Meta-Tag *robots* kann nur im Quelltext einer Seite definiert werden – was also tun, wenn Sie beispielsweise PDFs, Word-Dokumente oder andere Nicht-HTML-Dokumente von der Indexierung ausschließen möchten? Für solche Fälle steht der sogenannte *X-Robots-Tag* zur Verfügung.

Die Angabe X-Robots wird über den HTTP-Header übertragen und von Suchmaschinen ausgewertet. Dort taucht die Angabe z. B. als `X-Robots: noindex` auf.

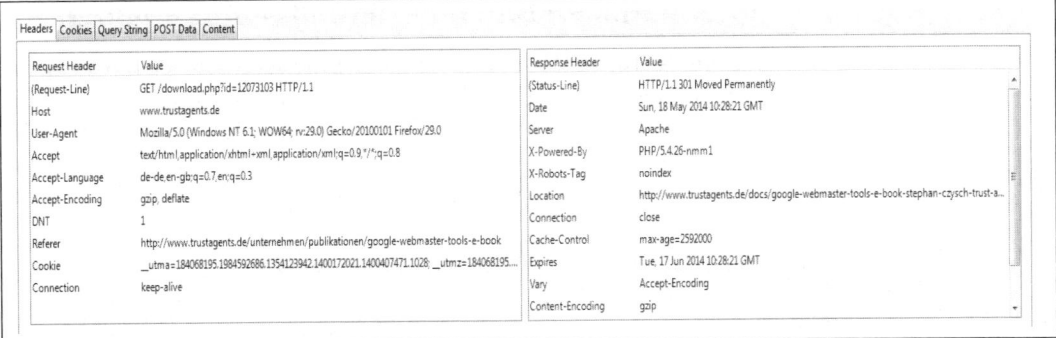

Request Header	Value
(Request-Line)	GET /download.php?id=12073103 HTTP/1.1
Host	www.trustagents.de
User-Agent	Mozilla/5.0 (Windows NT 6.1; WOW64; rv:29.0) Gecko/20100101 Firefox/29.0
Accept	text/html,application/xhtml+xml,application/xml;q=0.9,*/*;q=0.8
Accept-Language	de-de,en-gb;q=0.7,en;q=0.3
Accept-Encoding	gzip, deflate
DNT	1
Referer	http://www.trustagents.de/unternehmen/publikationen/google-webmaster-tools-e-book
Cookie	__utma=184068195.1984592686.1354123942.1400172021.1400407471.1028; __utmz=184068195...
Connection	keep-alive

Response Header	Value
(Status-Line)	HTTP/1.1 301 Moved Permanently
Date	Sun, 18 May 2014 10:28:21 GMT
Server	Apache
X-Powered-By	PHP/5.4.26-nmm1
X-Robots-Tag	noindex
Location	http://www.trustagents.de/docs/google-webmaster-tools-e-book-stephan-czysch-trust-a...
Connection	close
Cache-Control	max-age=2592000
Expires	Tue, 17 Jun 2014 10:28:21 GMT
Vary	Accept-Encoding
Content-Encoding	gzip

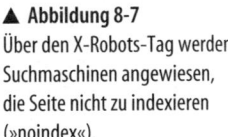
▲ **Abbildung 8-7**
Über den X-Robots-Tag werden Suchmaschinen angewiesen, die Seite nicht zu indexieren (»noindex«).

Beispielkonfiguration für den X-Robots-Tag

Auf den HTTP-Header können Sie auf verschiedene Weise Einfluss nehmen. Bei allen gängigen Programmiersprachen ist es möglich, Angaben über den HTTP-Header zu übertragen.

Eine einfache Möglichkeit ist, über die *.htaccess*-Datei X-Robots-Konfigurationen zu übertragen. Um beispielsweise *.doc-* und *.pdf-* Dokumente von der Indexierung auszuschließen, kann folgender Befehl in .htaccess eingetragen werden.

```
<FilesMatch ".(doc|pdf)$">
Header set X-Robots-Tag "noindex"
</FilesMatch>
```

Über X-Robots können Sie dieselben Anweisungen übergeben wie über Meta-Robots. Folglich sind Angaben wie *noarchive* oder *nosnippet* möglich.

Die X-Robots-Angabe können Sie übrigens auch anstelle von Meta Robots verwenden. Wie bei der mehrfachen Verwendung derselben Meta-Robots-Anweisung gilt auch bei der gleichzeitigen Verwendung von X-Robots und Meta Robots, dass negative Einstellungen unabhängig von ihrer Position ausschlaggebend sind.

Tipp

Da es ein sehr mühseliges Unterfangen ist, die Meta- oder gar X-Robots-Einstellung durch einen Blick in den Quelltext zu überwachen, gibt es mit dem Browserplugin »Seerobots« eine einfache Möglichkeit, die Robots-Instruktionen im Browser anzuzeigen. Das vom Mitautor dieses Buchs Benedikt Illner ursprünglich für den Firefox-Browser entwickelte Plugin steht unter *https://addons.mozilla.org/de/firefox/addon/seerobots/* (*http://seobuch.net/202*) zur Verfügung. Auch für Google Chrome ist die Erweiterung unter demselben Namen verfügbar.

Informationen zum Indexierungsstatus erhalten

Suchmaschinen sind meistens sehr schnell, wenn es darum geht, Inhalte dem Index hinzuzufügen. Informationen darüber, wie viele Dokumente von einer Website Google indexiert hat, liefern zum einen die *site:*-Abfrage und zum anderen der *Indexierungsstatus* in den Google Webmaster Tools.

Indexierungsstatus mit der site:-Abfrage kontrollieren

Abbildung 8-8 ▼
Über den Suchoperator »site:name-der-website.tld« erfahren Sie, wie viele URLs von Google indexiert wurden.

Über den Suchoperator »site:name-der-website.tld« können Sie eine Suche auf einen ganz bestimmten Hostnamen eingrenzen. Wie gewohnt, sehen Sie bei dieser Anfrage, wie viele Dokumente der Suchanfrage entsprechen.

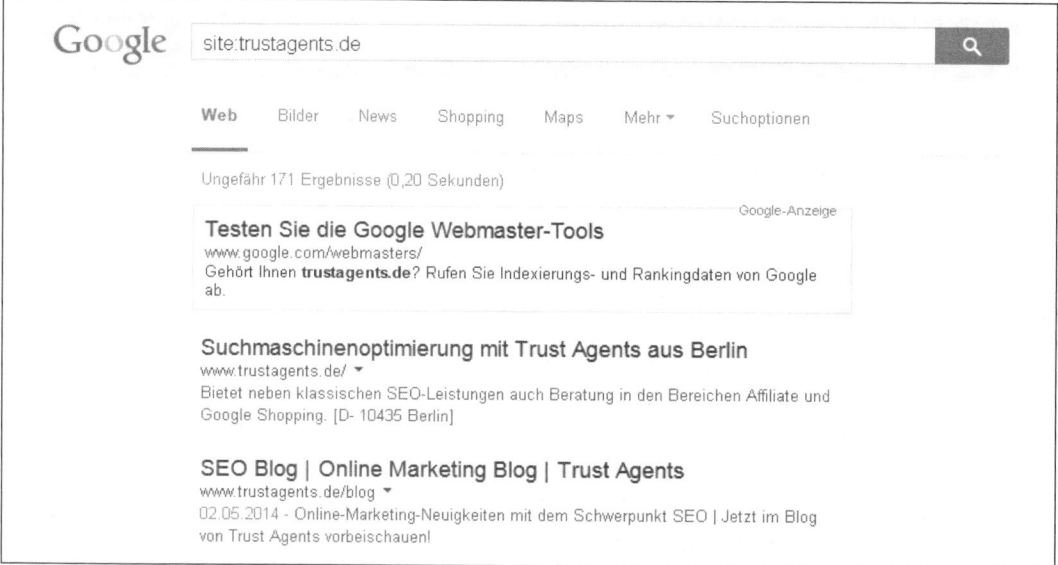

Wenn Sie den Domainnamen nach dem site:-Befehl nennen, bekommen Sie die Anzahl der indexierten URLs für die gesamte Domain zurückgeliefert. Durch die Angabe eines bestimmten Hostnamens wie *site:community.oreilly.de* ist es möglich, für einen einzelnen Hostnamen die Anzahl der indexierten Seiten zu erhalten. Auch die Einschränkung auf einzelne Ordner ist möglich. Die Suche *site:trustagents.de/blog* würde nur URLs liefern, die innerhalb von */blog* liegen.

Bedenken Sie, dass Google aktuell maximal 1.000 einzelne Dokumente präsentiert, die der Suchanfrage entsprechen. Der Indexierungsstatus wird bei großen Domains natürlich wesentlich höher sein – über die einfach *site:*-Abfrage ist es dann nicht möglich, alle indexierten URLs zu sehen.

Indexierungsstatus in den Google Webmaster Tools

Während der *site:*-Befehl für alle Hostnamen verwendet werden kann, ist der Indexierungsstatus der Google Webmaster Tools nur für die für ein Konto freigegebenen Hostnamen möglich. Im Gegensatz zum bereits vorgestellten Befehl sehen Sie allerdings keine einzelnen Dokumente, sondern nur die Gesamtanzahl der indexierten Seiten. Dafür erhalten Sie diese Information im zeitlichen Verlauf der letzten zwölf Monate.

▼ **Abbildung 8-9**
Im Indexierungsstatus sehen Sie, wie sich die Anzahl indexierter Dokumente in den letzten 12 Monaten entwickelt hat.

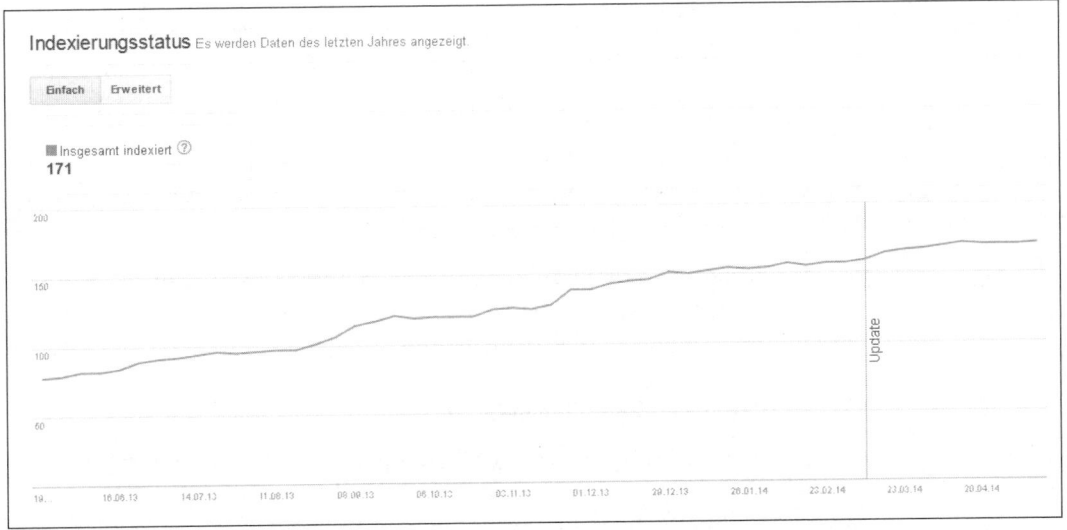

Tipp Sie können in den Google Webmaster Tools Hostnamen und Verzeichnisse getrennt verifizieren. Google listet Ihnen unter anderem den Indexierungsstatus für die bestätigten Verzeichnisse bzw. Hostnamen getrennt auf.

Indexierungsstatus von Sitemaps

Wenn Sie *Sitemaps* (mehr zu Sitemaps in Kapitel 9) über die Google Webmaster Tools eingereicht haben, können Sie basierend auf den eingereichten URLs sehen, wie viele davon indexiert wurden. Dieser Indexierungsstatus bezieht sich allerdings immer nur auf die in den Sitemaps enthaltenen URLs – es ist möglich, dass Google dem Index URLs hinzugefügt hat, die nicht Teil einer Sitemap sind.

Leider erfahren Sie momentan nicht, welche URLs zwar eingereicht, aber nicht indexiert wurden.

So hilfreich die drei vorgestellten Methoden sein können: Momentan gibt es keine einfache Möglichkeit, alle von Google indexierten
Seiten in einer Übersichtsliste zu erhalten.

Wie viele URLs sollten indexiert sein?

Aussagekraft erhält der Indexierungsstatus nur dann, wenn Sie wissen, wie viele URLs indexiert sein sollten. Diesen Erwartungswert
sollten Sie mit dem Indexierungsstatus vergleichen.

Den Erwartungswert können Sie anhand einer an die folgende Auf-
stellung angelehnten Rechnung für Ihre Website ermitteln. Wir
nehmen als Beispiel einen Onlineshop.

Anzahl an Produkten im Onlineshop

+ Anzahl an Kategorien

+ Anzahl an paginierten Seiten

+ Anzahl an Filterseiten (z. B. Marke + Kategorie)

+ Anzahl an Marken

+ Anzahl an Webseiten wie »Über uns« oder Impressum

+ Anzahl der Artikel im Blog

– Seiten, die über Robots »noindex« geblockt sind

– Seiten, die nur von URLs verlinkt werden, die über robots.txt blockiert sind

= Erwartete Gesamtanzahl an indexierten URLs

Was können Gründe für »zu viele« indexierte URLs sein?

Mehr indexierte URLs als erwartet zu haben, ist bei der Suchmaschinenoptimierung nicht zwangsläufig vorteilhaft. Es gilt die Devise »So viele URLs wie nötig, so wenige wie möglich.«

Mögliche Gründe, weshalb zu viele URLs indexiert wurden, gibt es viele:

- Der Server gibt aufgrund einer fehlerhaften Konfiguration auch bei »invaliden« URLs den HTTP-Statuscode 200 aus. Der Inhalt ist also nicht verfügbar, was einen Statuscode 404 oder 410 nach sich ziehen sollte, der Server antwortet allerdings mit 200.

- Ihr Webserver liefert trotz »falscher« Schreibweise einer Adresse einen bestimmten Inhalt aus. Da Suchmaschinen zwischen Groß- und Kleinschreibung unterscheiden, können auf diesem Weg viele Duplikate und URLs entstehen.

- Womöglich akzeptiert der Server jeden eingegebenen Hostnamen, obwohl Inhalte nur unter bestimmten Hostnamen erreichbar sein sollten (z. B. *http://w.ihredomain.de/*).

- Session-IDs werden in den URLs verwendet.

- Unnötige Parameter werden nicht von der Indexierung ausgeschlossen.

- Die Seite ist unter http und unter https indexiert.

Diese Auflistung stellt einen Auszug der häufigsten Probleme dar. Vielfach sind die Fehlerquellen in der Informationsarchitektur der Website zu finden und müssen über technische Anpassungen behoben werden.

Was können Gründe für »zu wenig« indexierte URLs sein?

Da nur indexierte Dokumente als Suchtreffer infrage kommen, ist es problematisch, wenn zu wenige Inhalte indexiert wurden. Analog zur Aufzählung oben folgen hier ein paar Gründe, die die Ursache für dieses Problem sein können:

- Wurde die Angabe *noindex* versehentlich zu häufig eingesetzt?
- Gibt es Probleme mit dem Canonical-Tag?
- Sind Verteilerseiten der Domain per *robots.txt* blockiert?
- Werden womöglich manche Dokumente gar nicht (intern) verlinkt?
- Wurden zu restriktive Einstellungen für URL-Parameter in den Google Webmaster Tools gewählt?
- Hat die Domain ein zu niedriges Verhältnis an Backlinks zur Anzahl der Inhalte?
- Stellt der Inhalt der Seite keinen Mehrwert dar? Ist der Content eventuell kopiert worden und sowohl Domain-intern als auch Domain-extern verfügbar?
- Wurde die Domain erst vor Kurzem online gestellt?

Warum eine Kontrolle der Indexierung sinnvoll ist

Besonders bei Websites, die durch eine Vielzahl an Filtern eine Anpassung der Seiteninhalte erlauben und diese über URLs abbilden, haben Suchmaschinen eine immens hohe Anzahl an URLs zu analysieren. Doch nicht jede der auf einem Webauftritt verfügbaren URLs ist aus SEO-Sicht so relevant, dass sie über Suchmaschinen gefunden werden sollte. Das gilt besonders für solche URLs, die für kein eigenes Suchwort optimiert sind, was insbesondere bei Onlineshops häufig vorkommt. Nehmen wir dazu als Beispiel die Paginierung.

Viele Shops haben das Problem, dass mehr Produkte verfügbar sind, als maximal auf einer Seite angezeigt werden sollen. Das führt dazu, dass z. B. die ersten 100 Produkte auf der ersten Seite angezeigt werden und alle weiteren auf folgenden Seiten. Daraus entsteht an vielen Stellen das Problem, dass es mehrere URLs gibt, die als potenzielle Zielseiten für ein bestimmtes Suchwort infrage kommen. Folglich konkurriert Seite 2 mit Seite 1, wenn diese Seiten über den Seitentitel und andere Signale auf dasselbe Keyword optimiert sind.

Aus Conversion-Sicht sollte es das Ziel sein, dass ein Nutzer von der Websuche kommend in die relevanteste Seite des Webauftritts einsteigt. Das ist in der Regel die erste Seite einer paginierten Serie – denn dort werden meistens die Produkte präsentiert, die eine besonders hohe Konversionswahrscheinlichkeit besitzen. Für Suchmaschinen gibt es – speziell dann, wenn nicht auf die Auszeichnung der Paginierung mit *rel="prev"* und *rel="next"* (siehe Kapitel 6) zurückgegriffen wird – mehrere Seiten, die als Suchtreffer infrage kommen. Die URLs konkurrieren miteinander. Um ein klares Signal zu senden, dass die erste Seite bevorzugt für die auf die URL optimierten Suchanfragen ausgewählt werden soll, empfiehlt es sich, die paginierten URLs über die Angabe *noindex* von der Indexierung auszuschließen.

Tipp Wichtig: Dies ist kein Aufruf dazu, paginierte Seiten immer von der Indexierung auszuschließen. Sie sollten das nur dann tun, wenn eine paginierte Seite nicht auf eine eigene Suchanfrage optimiert werden kann.

Es ist schwierig, pauschale Aussagen darüber zu treffen, welche Dokumente nicht indexiert werden sollten. Untersuchen Sie Ihren Webauftritt aber vor allem auf solche Dokumente, die wenig hilfreiche Informationen bereitstellen. Wenn Sie beispielsweise Öffnungszeiten eines Shops unter einer eigenen URL veröffentlichen, ohne dass weitere Informationen (beispielsweise der Name des Shops) auf der Seite zu sehen sind, wäre das durchaus ein Grund, die Seite nicht für die Indexierung freizugeben.

Inhalte aus dem Google-Index entfernen

Um Inhalte des eigenen Webauftritts aus dem Google-Index entfernen zu lassen, stehen die folgenden Möglichkeiten zur Verfügung:

- Ausgabe des HTTP-Statuscodes 404 (»Not Found«) oder 410 (»Gone«) für die entsprechende URL,
- permanente Weiterleitung der Adresse,
- Verweis auf eine andere URL über den Canonical-Tag,
- Blockieren über *robots.txt* und
- Blockieren mit *noindex* via Meta Robots oder X-Robots.

Sobald Google aufgrund eines erneuten Crawlings von einer der genannten Einstellungen erfährt, wird die Seite zeitnah aus dem Google-Index entfernt.

Um den Prozess der De-Indexierung zu beschleunigen, stellen die Google Webmaster Tools die Funktionen *Abruf wie durch Google* und *URLs entfernen* zur Verfügung.

Über *Abruf wie durch Google* können Sie einen Crawling-Vorgang initiieren und auf Wunsch den von Google analysierten Quelltext anzeigen lassen. Dadurch können Sie sicherstellen, dass Google umgehend von einer geänderten Konfiguration erfährt.

 Tipp Wenn Sie sich dazu entscheiden, URLs durch eine Löschung der Seiten de-indexieren zu lassen, sollten Sie den HTTP-Statuscode 410 verwenden. Durch diese Angabe wird im Vergleich zum Statuscode 404 die entsprechende URL wesentlich schneller aus dem Index entfernt.

URLs entfernen erlaubt es hingegen, Löschanträge für eigene Inhalte an Google zu übermitteln. Das Schöne an diesem Tool ist, dass damit auch komplette Verzeichnisse oder Hostnamen mit wenig Aufwand entfernt werden können.

Im Fall dieser Funktion werden die oben genannten Möglichkeiten *Weiterleitung* und *Canonical auf andere URL* allerdings nicht im Zuge des Löschantrags herangezogen. Verwenden Sie entsprechend entweder die HTTP-Statuscodes 404 oder 410 oder alternativ eine Crawling-Beschränkung über *robots.txt* bzw. einen Indexierungsausschluss über *noindex*.

Die unter *Crawling* zu findende Funktion erlaubt es, folgende Einstellung zu wählen:

Abbildung 8-11 ▼
Über diese Funktion können URLs, Verzeichnisse oder Hostnamen schnell aus dem Index gelöscht werden.

- Seite aus Suchergebnissen und Cache entfernen,
- Seite nur aus Cache entfernen oder
- Verzeichnis entfernen.

URLs entfernen

Geben Sie mithilfe der **robots.txt-Datei** an, wie Suchmaschinen Ihre Website crawlen sollen, oder beantragen Sie das **Entfernen** von URLs aus den Google-Suchergebnissen. Haben Sie bereits unsere Anforderungen zur Entfernung gelesen? Nur Website-Inhaber und Nutzer mit umfassenden Berechtigungen können das Entfernen von URLs beantragen.

Neuen Antrag auf Entfernung stellen			Anzeigen:	Ausstehend (0) ⬍
URL		Status	Art der Entfernung	Angefordert ▲
Keine Anträge auf Entfernung von URLs				

Bei der Antragsstellung müssen Sie beachten, dass zwischen Groß- und Kleinschreibung unterschieden wird. Nachdem ein Antrag auf Löschung eingereicht wurde, werden die zu löschenden URLs – zumindest dann, wenn die Seite über eine der genannten Möglichkeiten blockiert wird bzw. nicht mehr erreichbar ist – innerhalb weniger Stunden aus dem Index entfernt (oder deren Cache-Abbild entfernt).

Canonical-Tag

Wie bereits beschrieben, wird jede anders geschriebene URL von Suchmaschinen als einzigartig angesehen. Kleine Unterschiede bei der Schreibweise von URLs reichen bereits aus, um eine neue URL entstehen zu lassen.

Wenn der gleiche oder ein zumindest sehr ähnlicher Inhalt unter verschiedenen URL-Schreibweisen verfügbar ist, ist es für Suchmaschinen nicht direkt ersichtlich, welche der URLs als bevorzugte Variante angesehen werden soll. Besonders in der Vergangenheit war es manchmal so, dass sich der Klickpfad des Nutzers in der URL widerspiegelte. Dies hatte zur Folge, dass ein Artikel, der auf verschiedenen Wegen erreichbar war, mehrere URLs besaß, während der Inhalt exakt derselbe war.

Um diesem Problem entgegenzuwirken, haben Suchmaschinen die Verwendung des sogenannten Canonical-Tags angeregt. Über diesen im *<head>*-Bereich (oder alternativ über den HTTP-Header) zu definierenden Tag kann die »kanonische«, also die bevorzugte URL-Variante angezeigt werden, wenn derselbe Inhalt oder zumindest sehr ähnliche Inhalte unter verschiedenen URLs zur Verfügung stehen. Die Verwendung des Canonical-Tags führt dazu, dass Signale von den nicht-kanonischen URLs auf die kanonische Variante übertragen werden. Das betrifft vor allem interne sowie externe Links.

Der Canonical-Tag hat folgenden Aufbau: `<link rel="canonical" href="http://www.domain.tld/kanonische-url">`. Google wertet die im Canonical-Tag definierte Angabe als Empfehlung des Webmasters. Deshalb kann es sein, dass Google dieser Angabe folgt – oder auch nicht.

Tipp   Um Ihnen die Anzeige der kanonischen URL zu erleichtern, sollte auf entsprechende Browser-Plugins zurückgegriffen werden. Für den Firefox-Browser kann beispielsweise »Searchstatus« *https://addons.mozilla.org/de/firefox/addon/searchstatus/* (*http://seobuch.net/475*) verwendet werden. Für Chrome gibt es eine Erweiterung mit dem Namen »Canonical« *https://chrome.google.com/webstore/detail/canonical/dcckfeohihhlbeobohobibjbdobjbhbo* (*http://seobuch.net/251*).

Wenn über den Canonical-Tag auf andere URLs verwiesen wird und Google dieser Empfehlung folgt, führt das dazu, dass die nicht-kanonischen URLs nicht über die Google-Suche gefunden werden.

Es ist übrigens möglich, den Canonical-Tag »crossdomain« einzusetzen, also URLs zu referenzieren, die nicht auf demselben Webauftritt liegen.

Der Canonical-Tag stellt ein sehr mächtiges Werkzeug für die Suchmaschinenoptimierung dar, da er z. B. dabei hilft, Probleme mit der Duplizierung von Inhalten zu lindern. Grundsätzlich bekämpft der Canonical-Tag allerdings nur Symptome und behebt nicht das grundsätzliche Problem, das für Suchmaschinen besteht: Inhalte stehen unter verschiedenen URLs zur Verfügung und müssen gecrawlt und anschließend verglichen werden. Eine aus SEO-Sicht perfekte Informations- und URL-Struktur kommt vollständig ohne einen Canonical-Tag aus. Wenn Sie die Möglichkeit haben, anstelle des Canonical-Tags eine permanente Weiterleitung einzurichten, sollten Sie das tun, denn dadurch können Sie definitiv sicherstellen, dass Signale auf die weitergeleitete URL übertragen werden.

Header Canonical

Wie die Meta-Angabe *robots* wird auch der Canonical-Tag im Quelltext definiert und steht somit nur für HTML-Dokumente zur Verfügung. Allerdings können sich auch duplizierte Inhalte ergeben, wenn ein Dokument sowohl als HTML-Seite als auch im PDF-Format angeboten wird. Analog zum X-Robots-Tag gibt es mit dem Header-Canonical eine Möglichkeit, für Nicht-HTML-Dokumente die kanonische Version auszuzeichnen. Auch in diesem Fall wird die Angabe über den HTTP-Header übertragen. Die Syntax sieht etwas anders aus als beim X-Robots-Tag.

Damit die Angabe richtig interpretiert wird, muss sie als Link `<http://adresse-der-kanonischen-url>; rel="canonical"` übertragen werden.

Beispielkonfiguration für den Header Canonical

Um den Canonical-Tag innerhalb des HTTP-Headers zu definieren, können Sie wieder beispielsweise die Datei *.htaccess* verwenden. In diesem einfachen Fall würde für *.doc-* oder *.pdf-*Dokumente die kanonische URL so definiert:

```
<FilesMatch ".(doc|pdf)$">
Header set Link '<;http://adresse-der kanonischen-url>;;
rel="canonical"'
</FilesMatch>
```

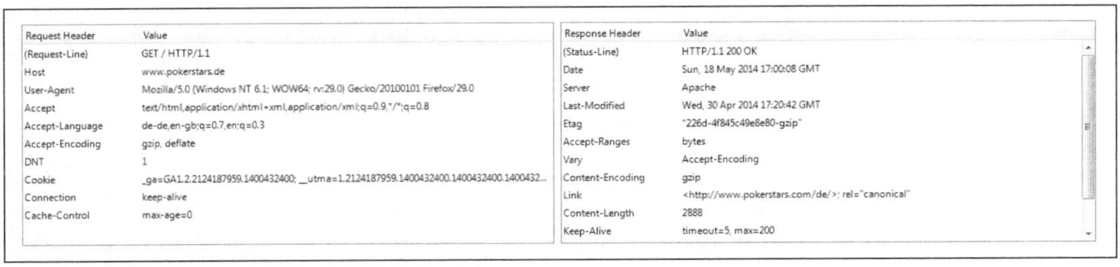

Request Header	Value		Response Header	Value
(Request-Line)	GET / HTTP/1.1		(Status-Line)	HTTP/1.1 200 OK
Host	www.pokerstars.de		Date	Sun, 18 May 2014 17:00:08 GMT
User-Agent	Mozilla/5.0 (Windows NT 6.1; WOW64; rv:29.0) Gecko/20100101 Firefox/29.0		Server	Apache
Accept	text/html,application/xhtml+xml,application/xml;q=0.9,*/*;q=0.8		Last-Modified	Wed, 30 Apr 2014 17:20:42 GMT
Accept-Language	de-de,en-gb;q=0.7,en;q=0.3		Etag	"226d-4f845c49e8e80-gzip"
Accept-Encoding	gzip, deflate		Accept-Ranges	bytes
DNT	1		Vary	Accept-Encoding
Cookie	_ga=GA1.2.2124187959.1400432400; __utma=1.2124187959.1400432400.1400432400.1400432...		Content-Encoding	gzip
Connection	keep-alive		Link	<http://www.pokerstars.com/de/>; rel="canonical"
Cache-Control	max-age=0		Content-Length	2888
			Keep-Alive	timeout=5, max=200

Die Variante über *.htaccess* stellt eine Möglichkeit dar, die kanonische URL über den HTTP-Header zu definieren. Viele Programmiersprachen erlauben allerdings auch, die entsprechende Anweisung ohne *.htaccess* über den HTTP-Header zu senden.

▲ **Abbildung 8-12**
Über den HTTP-Header definiert die Website die kanonische URL.

URL-Parameterbehandlung über die Google Webmaster Tools

Wie Sie die auf Ihrer Website verwendeten URLs gestalten und ob Sie auf URL-Parameter zurückgreifen oder gänzlich auf sie verzichten, bleibt völlig Ihnen überlassen. Die Anforderung von Suchmaschinen an URLs ist, dass die bekannten URLs möglichst statisch bleiben – und wenn nicht: weitergeleitet werden – und die Adresse eines bestimmten Inhalts genau anzeigen. Sprechende URLs sind zwar erstrebenswert, doch auch mit über IDs gestalteten Webadressen und solchen mit Parametern kann man die Spitze der Suchergebnisse erklimmen.

Im Kapitel 3 wurde bereits auf das Thema URL-Design eingegangen. Eines der Ziele der Suchmaschinenoptimierung ist, so wenige URLs wie möglich und so viele wie nötig zu erstellen. In diesem Zusammenhang haben Websites, die mit vielen URL-Parametern arbeiten, das Problem, dass über unterschiedliche Parameterwerte und Parametersortierungen eine hohe Anzahl an URLs generiert werden kann. Dabei muss es nicht immer der Fall sein, dass ein URL-Parameter den auf der Adresse angezeigten Seiteninhalt ändert – womit wir beim Thema *Duplicate Content* sind.

Eine Möglichkeit, mit auf mehreren URLs erscheinenden Inhalten umzugehen, ist, wie gesagt, der Canonical-Tag. Alternativ kann für diesen Zweck die URL-Parameterfunktion der Google Webmaster Tools verwendet werden.

Angenommen, *www.trustagents.de/?track=123* und *www.trustagents.de/* zeigen denselben Seiteninhalt an. Wenn anstelle des

Canonical-Tags über die URL-Parameterbehandlung definiert wurde, dass der Parameter *track* den Seiteninhalt nicht ändert, würde Google auf *track* verweisende Signale auf die URL ohne Parameter konsolidieren.

Aber Vorsicht: Während die Informationen des Canonical-Tags aufgrund der nach außen sichtbaren Konfiguration grundsätzlich allen Suchmaschinen zur Verfügung stehen, sind über die URL-Parameterfunktion der Google Webmaster Tools getroffene Einstellungen nur für Google sichtbar; in den Bing Webmaster Tools steht mit *URL-Parameter ignorieren* eine ähnliche Konfigurationsmöglichkeit zur Verfügung.

Da die Parameter-Konfiguratoren der Webmaster Tools Insellösungen sind, ist der Canonical-Tag vorzuziehen; letzterer hat außerdem den Vorteil, dass die kanonische Adresse für URLs sowohl mit als auch ohne Parameter definiert werden kann.

Abbildung 8-13 ▼
Aufbau und Bezeichnung einzelner Teile einer URL

Betrachten wir in diesem Zusammenhang nochmals den Aufbau einer URL mit Parametern (siehe Abbildung 8-13):

Die einzelnen Teile der URL sind folgende:

1. Protokoll: http
2. Hostname: http://www.trustagents.de
3. Subdomain: www
4. Domainname: trustagents.de
5. Top-Level-Domain (TLD): .de
6. Verzeichnis: blog
7. Pfad: natuerliche-ankertexte-linkaufbau
8. Parameter: nc
9. Parameterwert: 1

Nochmals der Hinweis auf das grundsätzliche Problem im Zusammenhang mit Parametern: URL-Parameter *können* den Seiteninhalt ändern, *müssen* es allerdings nicht. Auf jeden Fall können URL-Parameter allerdings zu einer großen Anzahl einzigartiger URLs führen und somit den Crawling-Aufwand für Suchmaschinen steigern.

In einer Präsentation von Google wurde gezeigt, dass die URL-Parametereinstellungen vor dem Crawling Berücksichtigung finden; somit würde – eine entsprechende Konfiguration eines Parameters vorausgesetzt – der Crawling-Aufwand sinken.

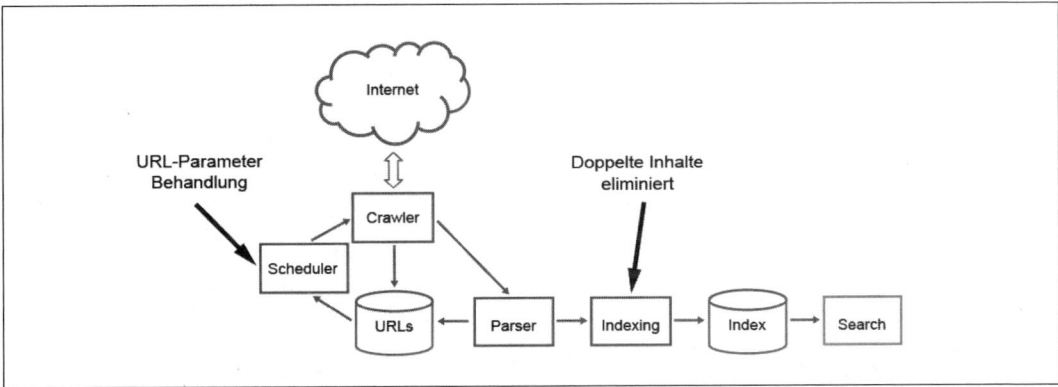

Crawling-Einstellungen über die Google Webmaster Tools vornehmen

Die Funktion *URL-Parameter* ist in den Google Webmaster Tools unter dem Punkt »Crawling« zu finden. Auf der erscheinenden Übersichtsseite sehen Sie Folgendes:

- welche Parameter Google auf der Website gefunden hat,
- wie viele URLs den Parameter verwenden,
- ob, und wenn ja, wann das Crawling-Verhalten für den Parameter konfiguriert wurde,
- den angegebenen Effekt des Parameters auf den Seiteninhalt,
- die exakte Crawling-Anweisung sowie
- die Möglichkeit, die Konfiguration zu ändern.

Oberhalb der Auflistung haben Sie zudem die Möglichkeit, die angezeigten Daten zu exportieren. Dem Standard der Google Webmaster Tools entsprechend, steht dazu die Wahl zwischen *.csv* und Google-Docs. Zusätzlich können Sie einen bisher Google nicht bekannten Parameter hinzufügen. Das ist zum Beispiel dann sinnvoll, wenn Sie Ihrem Webaufritt einen neuen Parameter hinzufügen und von vornherein konfigurieren möchten, wie Google mit diesem umgehen soll.

▲ Abbildung 8-14
Die über die Google Webmaster Tools definierten Parameter-Einstellungen greifen vor dem Crawling.

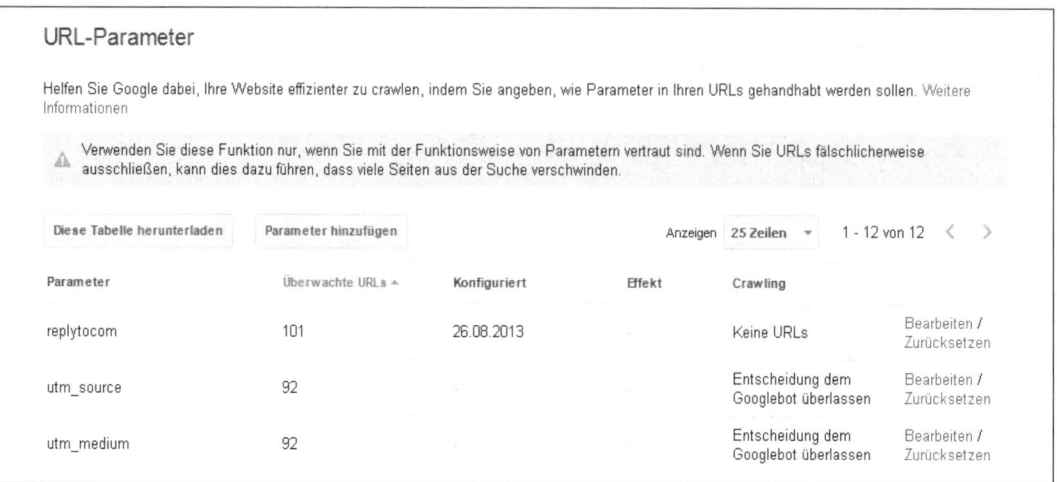

Abbildung 8-15 ▲
Die Tabelle bietet einen Überblick über die auf der Website verwendeten Parameter.

Wie in der Einleitung beschrieben, muss zwischen Parametern unterschieden werden, die den Seiteninhalt ändern, und solchen, die ihn nicht ändern. Aus diesem Grund sollten Sie unbedingt wissen, wie sich ein Parameter auf den Seiteninhalt auswirkt. Eine falsche Konfiguration kann nämlich dazu führen, dass eine große Anzahl von Seiten nicht mehr gecrawlt und nicht mehr über die Google-Suche gefunden wird. Überlegen Sie vor der Konfiguration auch, ob das Verhalten des Parameters auf dem gesamten Hostnamen konsistent ist. Wenn ein Parameter je nach Seitentyp eine andere Funktion hat, sollten Sie die URL-Parameterbehandlung für diesen Parameter besser nicht vornehmen. Ein Beispiel: Wenn der Parameter *page* an manchen Stellen für die Paginierung verwendet wird und an anderer Stelle für die Sortierung, sollten Sie keine Einstellung vornehmen.

Standardmäßig ist für alle Parameter das Crawling-Verhalten auf »Entscheidung dem Googlebot überlassen« eingestellt. Dies kann dazu führen, dass entweder zu viele oder zu wenige URLs gecrawlt werden. Um den Konfigurationsprozess einzuleiten, müssen Sie auf »Bearbeiten« klicken. Im erscheinenden Fenster können Sie sich URLs anzeigen lassen, die den zu konfigurierenden Parameter enthalten.

Im Drop-down-Menü müssen Sie auswählen, ob der Parameter Einfluss auf den Seiteninhalt nimmt. Zur Auswahl stehen folgende Optionen:

- Nein, hat keinen Einfluss auf den Seiteninhalt (Beispiel: Nutzungsverfolgung).

- Ja, ändert oder sortiert den Seiteninhalt oder grenzt ihn ein.

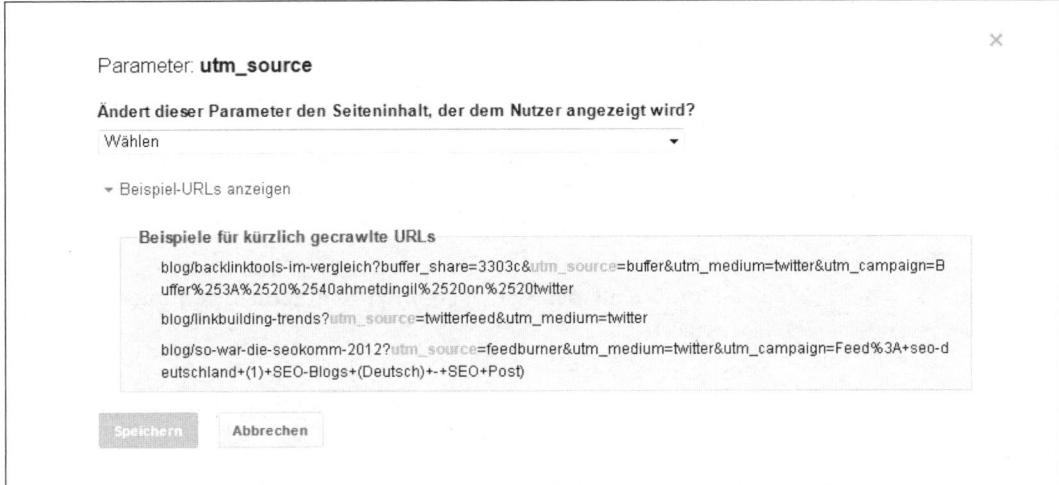

▲ Abbildung 8-16
Bei Klick auf »Beispiel-URLs anzeigen« zeigt Google URLs, die den Parameter enthalten.

Parameter ohne Einfluss auf den Seiteninhalt

Wenn ein URL-Parameter den Seiteninhalt nicht ändert, ist die Konfiguration schnell abgeschlossen, denn an diese Auswahl schließt sich keine weitere Frage an und nach der Bestätigung setzt Google die Crawling-Einstellung automatisch auf »Eine stellvertretende URL«.

Parameter mit Einfluss auf den Seiteninhalt

Wesentlich umfangreicher ist der Konfigurationsprozess von Parametern, die Einfluss auf den Seiteninhalt nehmen. In solchen Fällen fragt Google, inwiefern sich der Seiteninhalt durch den Parameter ändert. Diese optionalen Angaben sollen aber dazu beitragen, vorschnelle und falsche Konfigurationen und somit einen negativen Einfluss auf die Zugriffe über die organische Websuche zu vermeiden. Machen Sie deshalb auch diese Angabe. Es ist allerdings auch vorstellbar, dass Google die Informationen nutzt, um die Bedeutung von Parametern im Web besser zu verstehen.

Zur Auswahl stehen folgende Optionen:

Sortierung
Die Reihenfolge der Informationsansicht wird geändert (z. B. *sortby=activation-date*).

Eingrenzung
Durch Eingrenzungen werden auf der Seite angezeigte Informationen gefiltert (z. B. *size=M*).

Präzisierung

In diesem Fall wird die angezeigte Gruppe von Inhalten bestimmt, beispielsweise *gender=women*.

Übersetzung

In der Google-Suche wird der Parameter *hl* verwendet, um die Sprache der Webseite zu beeinflussen. Für diesen Parameter wäre auf der Google-Website die Wahl »Übersetzung« korrekt.

Seitenauswahl

Durch Angaben wie *page=2* wird auf eine bestimmte Seite verwiesen.

Sonstiges

Diese Auswahl sollte getroffen werden, wenn die obigen Einstellungen nicht passen.

Nachdem Sie Ihre Auswahl getroffen haben, zeigt Google noch einen kurzen Text zur Auswahl an. Im Falle von *Präzisierung* ist die von Google genannte Beschreibung *Sortiert Inhalte entsprechend dem Parameterwert*. Zum Beispiel können Produkteinträge nach Name, Marke oder Preis sortiert angezeigt werden.

Im folgenden Schritt wird definiert, wie sich die getätigte Auswahl auf das Crawling-Verhalten auswirken soll.

Zur Auswahl stehen folgende Optionen:

- Entscheidung dem Googlebot überlassen,
- Jede URL,
- Nur URLs mit Wert=x und
- Keine URLs.

Was bedeuten diese Konfigurationen?

Entscheidung dem Googlebot überlassen

Diese Einstellung sollten Sie wählen, wenn Sie das Verhalten des Parameters nicht genau kennen oder das Verhalten des Parameters nicht konsistent ist. So wäre es möglich, dass ein Parameter *page=* in manchen Bereichen der Website den Seiteninhalt ändert, in anderen dagegen nicht. Im Fall dieser Einstellung obliegt es dem Googlebot, das Crawling zu bestimmen.

Jede URL

Diese Einstellung sollten Sie wählen, wenn Sie z. B. einen Parameter *productid* verwenden, dessen Wert dafür sorgt, dass ein bestimmtes Produkt angezeigt wird.

Durch diese Einstellung wird Googlebot jede URL, die diesen Parameter enthält, auch crawlen. Naheliegenderweise empfiehlt Google, vorab zu kontrollieren, ob der Parameterwert den Seiteninhalt wirklich ändert.

Nur URLs mit Wert=x

Für das Crawling ist in diesem Fall der Parameterwert entscheidend. Diesen müssen Sie entsprechend definieren. Achten Sie dabei auf die genaue Schreibweise.

Angenommen, Sie möchten nur URLs mit dem Parameterwert »de« crawlen lassen, »de-AT« allerdings nicht, dann sollten Sie hier »de« eingeben.

Keine URLs

Bei dieser Auswahl crawlt Google keine URLs, die diesen Parameter enthalten.

URLs mit mehreren Parametern

Einen Sonderfall stellen URLs dar, die mehrere Parameter enthalten. Über die Parameter-Behandlung können Sie momentan nicht explizit definieren, wie Google mit URLs umgehen soll, die mehrere Parameter enthalten. In Abbildung 8-17 sind Beispiel-URLs zu sehen, die aus mehreren Parametern bestehen.

▼ **Abbildung 8-17**
Passend zur Auswahl zeigt Google, wie sich die Konfiguration auf die Beispiel-URLs auswirkt.

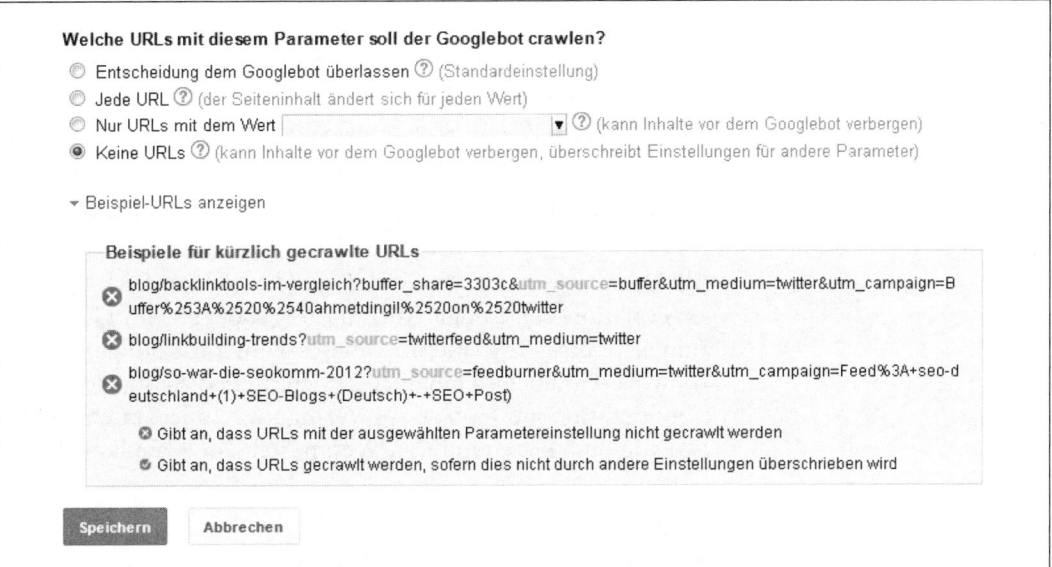

Angenommen, Sie konfigurieren einen einzelnen Parameter so, dass keine URL mit diesem Parameter gecrawlt werden darf, dann betrifft das auch URLs, die diesen Parameter *unter anderen* enthalten. Restriktive Einstellungen führen also dazu, dass viele URLs nicht mehr gecrawlt werden.

Zusammenfassung

- Über die Datei *robots.txt* können Sie URLs vom Crawling durch Suchmaschinen ausschließen. Die Ansprache einzelner Crawler ist dabei möglich.

- In robots.txt können Sie mit dem Platzhalter * arbeiten, der 0 bis unendlich viele Zeichen repräsentiert. Mit der Funktion *robots.txt*-Tester der Google Webmaster Tools können Sie die Konfiguration von *robots.txt* testen und kontrollieren, ob einzelne URLs derzeit blockiert werden.

- Mit der Meta-Angabe *robots* können URLs von der Indexierung ausgeschlossen werden. Damit diese Konfiguration gelesen werden kann, darf das Crawling der URL nicht über die Datei *robots.txt* ausgeschlossen sein.

- Für Nicht-HTML-Dokumente wie PDFs kann der X-Robots-Tag verwendet werden, um Instruktionen an Suchmaschinen zu übermitteln.

- Der Canonical-Tag hilft Ihnen dabei, Signale, die sich aktuell auf unterschiedliche, aber (fast) identische URLs beziehen, zu konsolidieren. Die nicht-kanonischen URLs werden dabei mittelfristig nicht mehr im Suchmaschinen-Index erscheinen.

- Der Canonical-Tag kann wie die X-Robots-Angabe über den HTTP-Header übergeben werden.

- Als Alternative zum Canonical-Tag bietet sich die URL-Parameter-Funktion der Google Webmaster Tools an. Im Gegensatz zum Canonical-Tag sind über dieses Tool nur Konfigurationen von URL-Parametern möglich. Zudem steht die vorgenommene Konfiguration nur Google zur Verfügung. Andere Suchmaschinen wie Bing bieten in ihren Webmaster-Tools ähnliche Funktionen an.

- Über das Tool können Sie Einfluss auf das Crawling und somit auch die Indexierung von Inhalten nehmen.

KAPITEL 9
Sitemaps

Was sind Sitemaps?

Unter einer Sitemap versteht man eine *Auflistung von Webadressen*, die auf einer Website verfügbar sind. Dabei kann eine Sitemap entweder alle URLs der Website enthalten oder nur einen beliebigen Ausschnitt daraus. Durch die Verwendung einer Sitemap ist es Nutzern und Suchmaschinen möglich, von der Sitemap aus mit nur einem Klick auf beliebige Seiten eines Webauftritts zu gelangen.

Besonders in der Anfangszeit des Internets haben Sitemaps einen großen Vorteil bei der Suchmaschinenoptimierung gebracht, da zu diesem Zeitpunkt die Crawling-Kapazitäten von Suchmaschinen noch längst nicht so hoch waren wie heute. Aus diesem Grund wurden damals häufig nicht alle URLs eines Webauftritts von Suchmaschinen abgesucht bzw. gecrawlt. So wurden manche Inhalte nicht indexiert und ein Ranking für diese Inhalte war nicht möglich.

Heutzutage sind Sitemaps nicht mehr so wichtig, da Suchmaschinen die Websites wesentlich tiefer erschließen. Wenn Sie über die interne Verlinkung, also die Informationsarchitektur der Website, sicherstellen, dass jede (wichtige) Adresse für Suchmaschinen erreichbar ist, dann ist der Einsatz einer Sitemap nicht zwingend notwendig. Dennoch ist ihr Einsatz weiterhin empfehlenswert, und viele Content-Management- sowie Shopsysteme erlauben die einfache Erstellung von Sitemaps.

Google zieht Sitemaps beispielsweise zur Bestimmung der kanonischen URL eines Inhalts heran. Wenn ein Inhalt mit und ohne Parameter in der URL auffindbar, aber nur die Variante ohne Parameter Teil der (XML-)Sitemap ist, dann sieht Google diese Variante als repräsentativ für den Inhalt an.

Hilfreich können zudem spezielle Sitemaps für Videos, News oder Bilder sein, da Sie als Webmaster hierüber strukturierte Daten an die Crawler liefern können. Dadurch wird eine bessere Indexierung und inhaltliche Erschließung dieser Inhalte ermöglicht.

Sich aber nur darauf zu verlassen, dass Seiten besser gerankt werden, weil sie vollständig in der Sitemap aufgelistet sind, funktioniert nicht. Hier muss man klar trennen zwischen Indexierung und Ranking-Relevanz. Die Indexierung ist nur der erste Schritt. Das Ranking erfolgt unter anderem durch die zur Bestimmung der Popularität herangezogenen Linksignale.

Im Idealfall listet eine Sitemap nicht nur URLs auf, sondern zeigt auch die Hierarchie der einzelnen Adressen untereinander an. Grundsätzlich kann zwischen *HTML-* und *XML-Sitemaps* unterschieden werden.

HTML-Sitemaps

Sitemaps können in unterschiedlichen Dateiformaten abgespeichert werden. Die häufigste Form sind HTML-Sitemaps, die ihren Namen dem gleichnamigen Dateiformat verdanken. HTML-Sitemaps werden normalerweise im Webauftritt verlinkt und sollen dem Nutzer dabei helfen, unterschiedliche URLs mit wenigen Klicks zu erreichen.

XML-Sitemaps

Eine XML-Sitemap ist vom Aufbau her anders als eine HTML-Sitemap und besonders geeignet, wenn die Sitemap von Suchmaschinen verarbeitet werden soll. Maßgebend sind dafür die Spezifikationen von *www.sitemaps.org/de/ (http://seobuch.net/407)*.

Neben der URL selbst, die mit `<loc>` gekennzeichnet und mit `<url>` eingeleitet wird, können in der Sitemap noch weitere Informationen über eine URL übermittelt werden. So kann die Priorität der Adresse mit `<priority>` angegeben werden. Hier sind Werte zwischen 0.0 (niedrige Priorität) und 1.0 (höchste Priorität) möglich. Als Abstufung dienen 0.1er Schritte zwischen den einzelnen Werten. Mit `<priority>0.5</priority>` ausgezeichnete URLs haben eine normale Priorität. Diese Angabe entspricht zugleich dem Standardwert. Prioritäten von URLs sind immer relativ zu den Werten anderer URLs desselben Webauftritts zu sehen. Es macht folglich keinen Sinn, allen URLs gleichmäßig eine Priorität von 1.0 zuzuweisen.

Eine weitere mögliche Angabe ist die Änderungsfrequenz (`<change-freq>`). Diese kann mit

- always (immer)
- hourly (stündlich)
- daily (täglich)
- weekly (wöchentlich)
- monthly (monatlich)
- yearly (jährlich)
- never (nie)

angegeben werden.

Die Angabe »always« weist darauf hin, dass sich der Inhalt der Adresse bei jedem Seitenaufruf ändert, während »never« beispielsweise für archivierte Seiten genutzt werden kann. Die in der Änderungsfrequenz angegebenen Werte dienen nur als Indikator und nicht als absolute Instruktion. Es ist also realistisch, dass auch mit jährlich (yearly) gekennzeichnete URLs häufiger als nur einmal pro Jahr von Crawlern untersucht werden.

Als weitere Angabe ist das letzte Änderungsdatum der URL mittels `<lastmod>` übertragbar. Neben der reinen Datumsangabe im Format YYYY-MM-DD, zum Beispiel 2014-01-31, kann optional der genaue Änderungszeitpunkt übermittelt werden.

In diesem Fall wird auf das *W3C Datetime-Format* zurückgegriffen. Die vollständige Angabe kann dabei im Format YYYY-MM-DD Thh:mm:ssTZD stattfinden. Während das T für Time, also Zeit, steht und das Datum von der Zeitangabe trennt, ist TZD für die Angabe der Zeitzone. (Die Abkürzung TZD steht für time zone designator.) Die Angabe kann also beispielsweise 2014-01-31T19:20:30+01:00 lauten.

Tipp　　Wirklich wichtig ist nur die `<url>` gefolgt von der `<loc>` Angabe. Alle weiteren Werte sind optional und dienen Suchmaschinen als zusätzliche Hinweise.

Beispielhaft sehen Sie hier den Aufbau einer XML-Sitemap:

```
<?xml version="1.0" encoding="UTF-8"?>
<urlset xmlns="http://www.sitemaps.org/schemas/sitemap/0.9">
  <url>
```

```
        <loc>http://www.trustagents/</loc>
        <lastmod>2014-10-08</lastmod>
        <changefreq>weekly</changefreq>
        <priority>1.0</priority>
    </url>
    <url>
        <loc>http://www.trustagents/blog</loc>
        <lastmod>2014-10-12</lastmod>
        <changefreq>weekly</changefreq>
        <priority>0.8</priority>
    </url>
</urlset>
```

Sitemaps bei Suchmaschinen anmelden

Um eine Sitemap allen Suchmaschinen-Bots bekannt zu machen, sollte in die Datei *robots.txt* ein Verweis auf die Sitemap gesetzt werden. Der Aufbau sieht dabei wie folgt aus:

```
Sitemap: Speicherort der Datei
```

Andere Methoden sind die Verlinkung der Sitemap im Web und die Anmeldung der Sitemap in den Webmaster-Tools der Suchmaschinen. Durch die Dominanz von Google im deutschsprachigen Raum sind dabei die Google Webmaster Tools der wichtigste Vertreter. Dort können Sie unter *Crawling* → *Sitemaps* Ihre Sitemap einreichen und auch testen.

Was Sie bei der Sitemap-Erstellung beachten sollten

Um eine saubere Verarbeitung einer Sitemap durch Suchmaschinencrawler zu gewährleisten, sollte eine einzelne Sitemap nicht mehr als 50.000 URLs enthalten. Zudem wird in den Spezifikationen, nachzulesen unter *www.sitemaps.org/de/protocol.html* (*http:// seobuch.net/728*), die maximale Dateigröße mit 10 MByte angegeben.

Um die Dateigröße zu reduzieren, können Sie Ihre Sitemap im .gz-Dateiformat an Suchmaschinen übertragen. Zudem ist die Erstellung von sogenannten *Sitemap-Indexdateien* möglich. Sie fungieren als Übersichtsseiten über einzelne Sitemaps und können Verweise auf 50.000 Sitemaps setzen.

Eine *.xml*-Datei mit einem Sitemap-Index könnte zum Beispiel so aussehen:

```
<?xml version="1.0" encoding="UTF-8"?>
<sitemapindex xmlns="http://www.sitemaps.org/schemas/sitemap/0.9">
  <sitemap>
<loc>http://www.example.com/sitemap01.xml</loc>
<lastmod>2014-04-30</lastmod>
</sitemap>
<sitemap>      <loc>http://www.example.com/sitemap02.xml</loc>
    <lastmod>2014-04-30</lastmod>
</sitemap>
  </sitemapindex>
```

Tipp   Sie sollten nur solche URLs in eine XML-Sitemap eintragen, die Sie auch indexieren lassen möchten. Folglich sollten URLs, die von der Indexierung oder gar vom Crawling ausgeschlossen sind, nicht Teil einer XML-Sitemap sein. Es ist zudem nicht sinnvoll, URLs einzureichen, die eine andere URL über das Canonical-Tag referenzieren.

Meldet man die Sitemap bei Suchmaschinen an, kann man in den Webmaster Tools den Indexierungsstatus der Sitemap einsehen.

Sitemaps müssen nicht zwangsläufig nur URLs enthalten. Auch Bilder und Video-Sitemaps werden von Suchmaschinen unterstützt.

hreflang-Angabe über Sitemaps übertragen

Nutzen Sie Sitemaps, um auch die *href*-Language auszuzeichnen. Sie können mit diesem Tag die Zusammengehörigkeit der Sprachversionen mehrerer zusammenhängender Domains definieren.

Ein Beispiel: Angenommen, Sie haben eine Seite auf Spanisch für spanischsprachige Nutzer aus aller Welt. Außerdem haben Sie eine Version dieser Seite für deutschsprachige Nutzer aus aller Welt sowie eine Version für deutschsprachige Nutzer in der Schweiz. Das entspricht den folgenden URLs:

- www.example.com/spanisch/
- www.example.com/deutsch/
- www.example.com/schweiz-deutsch/

Aus der folgenden Sitemap kann Google entnehmen, dass es von der Seite *www.example.com/spanisch/* eine entsprechende Version für deutschsprachige Nutzer aus aller Welt (*http://www.example.com/deutsch/*) sowie für deutschsprachige Nutzer aus der Schweiz (*http://www.example.com/schweiz-deutsch/*) gibt.

Eine spezielle Sitemap für das *hreflang* sähe für unser Beispiel wie folgt aus:

```
<?xml version="1.0" encoding="UTF-8"?>
<urlset
xmlns="http://www.sitemaps.org/schemas/sitemap/0.9"
xmlns:xhtml="http://www.w3.org/1999/xhtml">
  <url>
  <loc>http://www.example.com/spanisch/</loc>

<xhtml:link
  rel="alternate"
  hreflang="es"
  href="http://www.example.com/spanisch/"
   />

<xhtml:link
  rel="alternate"
  hreflang="de-ch"
  href="http://www.example.com/schweiz-deutsch/"
   />

<xhtml:link
  rel="alternate"
  hreflang="de"
  href="http://www.example.com/deutsch/"
  />
  </url>

<url>
  <loc>http://www.example.com/spanisch/</loc>
  <xhtml:link
rel="alternate"
hreflang="de"
href="http://www.example.com/deutsch/"
/>
  <xhtml:link
rel="alternate"
  hreflang="de-ch"
  href="http://www.example.com/schweiz-deutsch/"
   />
  <xhtml:link
  rel="alternate"
  hreflang="es"
  href="http://www.example.com/spanisch/"
  />
</url>

<url>
  <loc>http://www.example.com/schweiz-deutsch/</loc>
<xhtml:link
  rel="alternate"
  hreflang="es"
```

```
  href="http://www.example.com/spanisch/"
  />
  <xhtml:link
  rel="alternate"
  hreflang="de"
  href="http://www.example.com/deutsch/"
  />
  <xhtml:link
  rel="alternate"
  hreflang="de-ch"
  href="http://www.example.com/schweiz-deutsch/"
  />
</url>
</urlset>
```

Unser Tipp: Indexierungsstatus über Sitemaps bestimmen

Ein großes Problem für die meisten Website-Betreiber ist, dass sie nicht wissen, welche URLs indexiert sind und welche nicht. Hier können kleinere Sitemap-Cluster sehr hilfreich sein.

Angenommen, Ihr gesamter Shop hat über 20.000 URLs und Google hat nur 15.000 davon indexiert, dann hätten Sie knapp 25 % nicht indexierte Seiten auf Ihrer Domain und damit wertvolles Potenzial verschenkt.

Hier bietet sich folgendes Vorgehen an: Erstellen Sie nicht eine Sitemap mit 20.000 URLs, sondern viele kleine Sitemaps mit nur 20 URLs sowie eine übergeordnete Sitemap-Indexdatei, die diese kleinen Sitemaps verlinkt.

Der Vorteil dieser Methode liegt auf der Hand: Wenn Google Ihnen nun zum Beispiel sagt, dass in der Sitemap Nummer 189 nur 10 von 20 Seiten indexiert sind, können Sie die schnell identifizieren und entweder stärker intern verlinken oder über *Abruf wie durch Google* wieder in den Index befördern.

Diese Methode ist auch ideal für ein Monitoring, mit dem Sie eine genaue Übersicht darüber behalten, welche Seiten nicht im Google-Index zu finden sind. Wahrscheinlich müssen Sie zwar die einzelnen URLs nach wie vor über eine Site-Abfrage in Google checken, aber Sie haben einen deutlich geringeren Aufwand.

Video-Sitemaps

Für Websites, die eigene Videos erstellen und im Web anbieten wollen, sollte man eine *Video-Sitemap* erstellen. Mit so einer Sitemap helfen Sie Google, die Videoinhalte besser zu verstehen und zu indexieren.

Bitte beachten Sie, dass eine Video-Sitemap allein nicht ausreicht, um Video-Rich-Snippets in den Suchergebnissen ausgespielt zu bekommen. Hier sollten Sie zusätzlich die Videos mit dem Markup *schema.org* auszeichnen.

Bei Video-Sitemaps sollten einige Dinge beachtet werden, da sie sich von normalen Sitemaps hinsichtlich der Attribute leicht unterscheiden. Der Aufbau ist aber relativ ähnlich. Hier ein Beispiel:

```
<urlset xmlns="http://www.sitemaps.org/schemas/sitemap/0.9" xmlns:
video="http://www.google.com/schemas/sitemap-video/1.1">
 <url>
   <loc>http://www.deine-domain.de/eine-seite-mit-video.html/</loc>
   <video:video>
   <video:thumbnail_loc>http://www.deine-domain.de/uploads/Video-
Thumbnail.jpg</video:thumbnail_loc>
   <video:title>Titel des Videos</video:title>
   <video:description>Beschreibung des Videos</video:description>
   <video:player_loc allow_embed="yes" autoplay="ap=1">https://youtube.
googleapis.com/v/dJT1jN2BtZk</video:player_loc>
   <video:duration>115</video:duration>
 </video:video>
</url>
</urlset>
```

Weitere Attribute und Informationen dazu, wie man sie einsetzt, finden Sie unter *http://seobuch.net/216*.

Bilder-Sitemaps

Neben Videos eignen sich besonders Websites mit vielen Bildern gut für eigene *(Bilder-)Sitemaps*. Ähnlich wie bei Video-Sitemaps helfen Sie Google damit, die Bilder besser zu indexieren und zu crawlen. Die Übermittlung einer Bilder-Sitemap ist ein wichtiger Aspekt von Bilder-SEO. Hier wieder ein Beispiel für eine URL, auf der zwei Bilder eingebunden wurden:

```
<?xml version="1.0" encoding="UTF-8"?>
<urlset xmlns="http://www.sitemaps.org/schemas/sitemap/0.9"   xmlns:
image="http://www.google.com/schemas/sitemap-image/1.1">
```

```
<url>
<loc>http://example.com/sample.html</loc>
<image:image>
<image:loc>Speicherort des Bildes</image:loc>
<image:caption>Bildbeschriftung</image:caption>
<image:title>Bildtitel</image:title>
</image:image>
<image:image>
<image:loc>Speicherort des Bildes</image:loc>
<image:caption>Bildbeschriftung</image:caption>
<image:title>Bildtitel</image:title>
</image:image>
</url>
</urlset>
```

Alle innerhalb des öffnenden und schließenden `<image:image>` übermittelten Angaben beziehen sich auf ein bestimmtes Bild. Neben dieser Pflichtangabe muss auch die Bildquelle (`<image:loc>`) angegeben werden.

Von den optionalen Attributen sind im Beispiel die Bildunterschrift (`<image:caption>`) und der Bildtitel (`<image:title>`) genannt. Die vollständige Liste der von Google unterstützten Angaben finden Sie unter *https://support.google.com/webmasters/answer/178636?hl=de* (*http://seobuch.net/933*).

News-Sitemap

Gerade wenn man eine Nachrichtenseite hat und seine Artikel möglichst schnell im Google-Index haben möchte, sollte man eine separate *News-Sitemap* einrichten. Google hat selbst mitgeteilt, dass es die Seite dann wesentlich öfter und schneller crawlt.

Der Aufbau einer News-Sitemap ähnelt dem einer normalen Sitemap.

```
<xml version="1.0" encoding="UTF-8"?>
<urlset xmlns="http://www.sitemaps.org/schemas/sitemap/0.9"
xmlns:news="http://www.google.com/schemas/sitemap-news/0.9">
<url>
  <loc>http://www.ihrebeispielurl.de/business/article55.html</loc>
<news:news>
<news:publication>
<news:name>Beispielzeitung</news:name>
<news:language>de</news:language>
</news:publication>
<news:access>Subscription</news:access>
<news:genres>PressRelease, Blog</news:genres>
<news:publication_date>2008-12-23</news:publication_date>
```

```
<news:title>Unternehmen A und B führen Fusionsgespräche</news:title>
<news:keywords>unternehmen, fusion, übernahme, A, B</news:keywords>
<news:stock_tickers>NASDAQ:A, NASDAQ:B</news:stock_tickers>
</news:news>
</url>
</urlset>
```

Hier sehen wir schon ein paar neue Tags. Die genaue Definition der Tags finden Sie unter dem Link *https://support.google.com/news/ publisher/answer/74288?hl=de* (*http://seobuch.net/755*). Gerade der Title sollte die wichtigsten Keywords enthalten, allerdings nicht überoptimiert werden. Genau wie bei einer normalen Artikeloptimierung, sollten Sie sich auch hier schon im Vorhinein genau überlegen, wie Sie die Artikeltitel benennen.

Weiterhin lohnt es sich, die Tags möglichst genau auszufüllen. Grundsätzlich gilt: Je mehr Informationen Sie liefern, desto höher ist die Wahrscheinlichkeit, dass Ihre Inhalte zu passenden Suchanfragen ausgeliefert werden.

Mobile Sitemap

Wir sollten auch die *Mobile Sitemap* nicht vergessen, denn sie ist ein wichtiges Element in der Mobilen Optimierung. Im Großen und Ganzen funktioniert die Mobile Sitemap genauso wie die zu News, Bildern oder Videos.

Der Aufbau einer Mobile Sitemap könnte wie folgt aussehen:

```
<?xml version="1.0" encoding="UTF-8" ?>
<urlset xmlns="http://www.sitemaps.org/schemas/sitemap/0.9"  xmlns:
mobile="http://www.google.com/schemas/sitemap-mobile/1.0">
<url>
<loc>http://mobile.ihremusterdomain.de/article100.html</loc>
<mobile:mobile/>
</url>
</urlset>
```

Wichtig ist hier, dass Sie das <mobile:mobile/> nicht vergessen, den sonst können die URLs nicht von Google gecrawlt werden. Entgegen der allgemeinen Syntax bei Sitemaps gibt es hier nur diese Angabe, also kein weiteres öffnendes oder schließendes Tag. In der mobile Sitemap sollten Sie wirklich nur URLs angeben, die auch mobilen Webinhalt zur Verfügung stellen, ansonsten werden diese URLs vom Google Crawlersystem ignoriert.

Weitere Informationen zur Mobilen Optimierung finden Sie in Kapitel 13.

Codierung bei Sitemaps

Leider ist Google noch nicht soweit, dass es alle Codierungen gleich gut lesen kann, deshalb sollten Sie sich bei der Erstellung von Sitemaps an ein paar Grundregeln halten:

1. Wie bei XML-Dateien üblich, müssen alle Datenwerte (einschließlich URLs) Entity-Escape-Codes für die in der nachfolgenden Tabelle aufgeführten Zeichen verwenden.

Zeichen	Ersetzen mit
&	&
`	'
"	&qout;
>	>
<	<

2. Auch Nicht-ASCII-Zeichen wie Umlaute, die in URLs vorkommen, sollten umgewandelt werden.

Zum Beispiel sollte in der Sitemap der URL *http://www.beispiel.de/ unfälle.html&p=1* eine Umwandlung nach UTF-8 (ä) und das »Kaufmännische Und« (&) geschehen. Das wäre das Ergebnis:

http://www.beispiel.de/unf%C3%A4lle.html&p=1

Versuchen Sie möglichst, Codierungsfehler in Ihrer Sitemap zu verhindern, da diese von Google sonst nicht gecrawlt werden.

Tipp Bei so vielen verschiedenen Sitemap-Typen fragen Sie sich vielleicht, ob es schädlich ist, wenn einzelne URLs Teil mehrerer Sitemaps sind. Die Antwort lautet: Nein. Zumindest solange sich die Angaben nicht widersprechen.

Zusammenfassung

- Sitemaps dienen als unterstützende Elemente für Suchmaschinen-Crawler.
- Es gibt HTML- und XML-Sitemaps. HTML-Sitemaps dienen meistens zur besseren internen Verlinkung und unterstützen das Crawling, während XML-Sitemaps mehr Informationen zu URLs liefern können als nur eine reine Auflistung.
- Nutzen Sie die Prio-Funktion der XML-Sitemap, indem Sie wichtigere Seiten höher gewichten und weniger wichtige niedriger. Der Standardwert liegt bei 0.5.

- Sitemaps geben Ihnen einen Überblick über den aktuellen Indexierungsstatus in den Webmaster Tools (von Google). Sie sehen genau, wie viele von Ihren Seiten im Google-Index enthalten sind. Erstellen Sie granulare Sitemaps, um genauer erkennen zu können, welche URLs nicht von Google indexiert worden sind.

- Nutzen Sie bei eigenen Bildern und Videos die entsprechenden Sitemaps. Diese helfen dem Bot, Ihre medialen Inhalte besser und schneller zu finden.

- Wenn es von Ihrer Website mehrere Sprachversionen gibt, sollten Sie die Möglichkeit des Tags *href language* nutzen. Damit können Sie die verschiedenen Sprachräume nicht nur im HTML-Head und über den HTTP-Header auszeichnen, sondern auch per Sitemap. Sie können sich dabei auf eine der drei Varianten beschränken.

- Fügen Sie nur die Adressen zur Sitemap hinzu, die nicht vom Crawling oder der Indexierung ausgeschlossen sind.

- Achten Sie auf die richtige Codierung in UTF-8 und wandeln Sie entsprechende Sonderzeichen wie üblich bei XML um.

KAPITEL 10
Pagespeed

Das Web wird immer multimedialer: Videos, große Grafiken oder auch umfangreiche Retargeting-Skripten sind auf vielen Websites zu finden. Zwar ist in der heutigen Zeit ein schneller Internetanschluss fast schon Standard – aber eben nur fast. Gerade Menschen, die nicht in Ballungsgebieten leben, müssen teilweise weiterhin mit 1- bis 2-Mbit-Leitungen im Internet surfen. Deswegen ist ein guter Mittelweg zwischen aufwendigen Webseiten und schneller Ladezeit extrem wichtig. Denn eine schnellere Ladezeit führt zu mehr Interaktion von Usern auf Webseiten.

Warum Interaktionen für SEO wichtig sind

Interaktionen des Users auf der eigenen Seite können unter mehreren Gesichtspunkten wichtig sein. Zum einen hätten wir da die gesteigerte Konversionsrate. Eine Studie von Amazon hat gezeigt, dass eine überdurchschnittlich hohe Seitenladegeschwindigkeit von 100 ms die Konversionsrate um 0,1 % steigert (*http://blog.gigaspaces.com/amazon-found-every-100ms-of-latency-cost-them-1-in-sales/* – *http://seobuch.net/357*). Eine Seite, die schneller geladen wird, ist wesentlich angenehmer anzusurfen, der Nutzer verweilt länger und auch die Anzahl der aufgerufenen Seiten erhöht sich. Auch die Wahrscheinlichkeit, dass der Nutzer das findet, was er sucht, erhöht sich. Zudem bleiben schnelle Webseiten den Nutzern in guter Erinnerung, und die Wahrscheinlichkeit erhöht sich, dass sie wiederkommen.

Schauen wir aber auch auf den SEO-Faktor. Es in der Branche kein Geheimnis, dass gerade Google versucht, die Seitenqualität auch über weiche, also indirekt messbare Ranking-Faktoren einzuschätzen. Doch wie kann Google so etwas wie die Ladegeschwindigkeit messen, ohne selbst Zugriff auf den Webserver zu haben?

Hier gibt es mehrere Ansätze, die Google derzeit anwenden könnte. Zum einen lässt die Integration von Google Analytics Rückschlüsse zu, da es direkt die Seitenladengeschwindigkeit misst. Hierzu muss allerdings gesagt werden, dass aktuell nur etwa 10 % aller deutschen Webseiten eine Google-Analytics-Integration haben. Zu wenig, um daraus einen verlässlichen Ranking-Faktor zu machen.

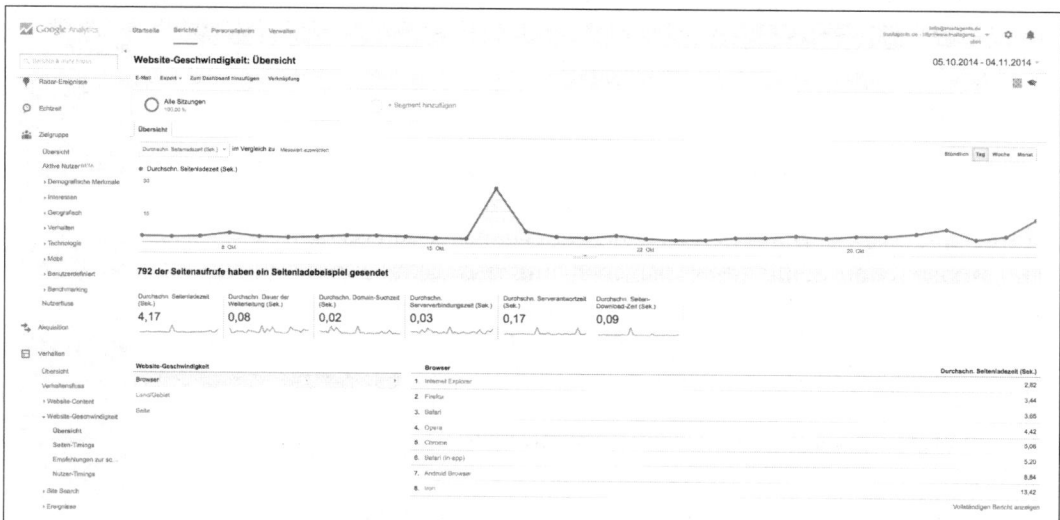

Doch Google besitzt auch eine Toolbar, die viele Webnutzer auf ihrem Computer installiert haben. Damit hat Google eine breite Übersicht über die »normalen« Webnutzer: Über diese Toolbar wird die Seitenladegeschwindigkeit gemessen und anonym (nach Nutzerbestätigung bei der Installation) auch ausgewertet. Übrigens: Früher war die Seitenladegeschwindigkeit auch in den Google Webmaster Tools für die eigene Website sichtbar. Mittlerweile gibt es nur noch eine Übersicht in Google Analytics, die einem genau zeigt, wie schnell die Website bei den meisten Nutzern geladen wird.

Seit 2010 ist die Seitenladegeschwindigkeit ein bestätigter Ranking-Faktor von Google (*http://googlewebmastercentral.blogspot.com.es/2010/04/using-site-speed-in-web-search-ranking.html – http://seobuch.net/866*). Inzwischen sind vier Jahre vergangen und Google hat vermutlich weitere Änderungen am Algorithmus vorgenommen. So kann man davon ausgehen, dass die Ladegeschwindigkeit heute einen noch höheren Wert im Ranking besitzt. Heutzutage gibt es sogar Webmaster, die beschwören, dass eine hohe »Sitespeed« ihre

Website weit nach oben geschoben hat. So weit würden wir zwar nicht gehen, aber auch wir sind davon überzeugt, dass die Seitenladegeschwindigkeit ein hohes Gewicht unter den Ranking-Faktoren hat und man diesen Bereich – gerade wenn es um kompetitive Begriffe und Suchbegriffe geht – nicht vernachlässigen darf.

Die ersten Schritte der Optimierung

Aller Anfang ist schwer, und deswegen ist es wichtig, bei einer Pagespeed-Optimierung mehrere Dinge zu beachten. Erst einmal ein grundsätzlicher Gedanke dazu: Google misst das komplette Rendering der Seite. Das heißt, dass es nichts bringt, nur den Quellcode für den Googlebot schnell auszuliefern, sondern man muss die Seite auch für den User schneller ausliefern.

Natürlich bringt auch eine schnellere Auslieferung von HTML-Quellcode an den Googlebot etwas, denn damit signalisiert man diesem, dass die Seite schneller und auch intensiver gecrawlt werden darf, und das kann die Crawling-Steuerung indirekt beeinflussen. Die schnellere Auslieferung hat aber keinen Einfluss auf Googles Wahrnehmung der Seitenladegeschwindigkeit.

▼ **Abbildung 10-2**
Beispiel einer Pagespeed-Analyse von Google

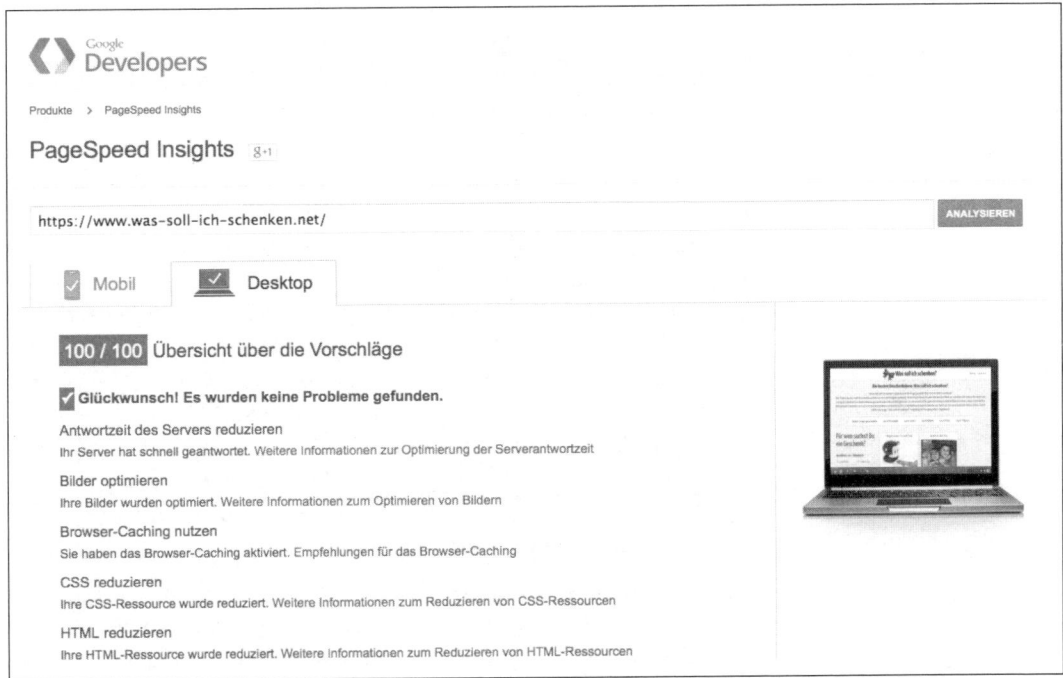

Die ersten Anlaufstellen für eine Pagespeed-Optimierung sind Tools von Google, die sogenannten *Pagespeed Tools*, die Sie unter *https://developers.google.com/speed/pagespeed/* (*http://seobuch.net/480*) finden. Darin sollten Sie als erstes Ihre Seite über das Insights-Tool unter *http://developers.google.com/speed/pagespeed/insights/* (*http://seobuch.net/391*) messen lassen.

Hier sehen Sie auch schon die ersten Tipps und eine generelle Einschätzung von Google. Zudem sehen Sie, dass Google sowohl für mobile Endnutzer als auch für Desktop-User eine Analyse durchgeführt hat. Immer mehr Nutzer sind schließlich mobil unterwegs: Im Durchschnitt beträgt der Anteil der mobilen Besucher einer Website zwischen 10 und 20 Prozent, was je nach Art der Website natürlich stark schwanken kann. Deswegen sollten Sie genau schauen, wie hoch der Anteil an mobilen Besuchern auf Ihrer Website ist. Bei einem Anteil von 2 bis 3 Prozent lohnt es sich bereits zu überlegen, wie man mobilen Nutzern eine schnellere und bessere Website anbieten kann.

Hier gibt es mehrere Ansätze, zum Beispiel Responsive Design, Dynamic Serving oder eine separate Mobile Website. Sie finden weitere Informationen zu diesen Modellen im Kapitel 13 über Mobile-SEO. Sie können aber erst einmal damit anfangen, die Tipps der Pagespeed Insights von Google umzusetzen.

Serveroptimierung

Der Webserver ist ein Kernelement des Web, denn jede Website wird auf einem *Webserver* gehostet. Die bekanntesten Webserver sind Apache, IIS (in der Windows-Welt) und Ngix. Sie sind dafür zuständig, Quellcode, Grafiken und Cookies auszuliefern. Kleine Websites mit wenigen Besuchern werden meistens auf *Shared-Hosting-Plattformen* gehostet, wo der Website-Betreiber keine Möglichkeit hat, in die Serverkonfiguration einzugreifen. Bekannte Shared-Hosting-Plattformen sind Strato (*www.strato.de* – *http://seobuch.net/737*), 1&1 (*www.1und1.de* – *http://seobuch.net/509*) und All-Inkl (*www.all-inkl.com* – *http://seobuch.net/601*). Hier muss man sich auf das verlassen, was der Hosting-Anbieter in seine Serverkonfigurationen eingetragen hat.

Sollten Sie mehrere Tausend Besucher am Tag haben, lohnt es sich, von einem geteilten Hosting-Angebot auf einen *dedizierten Server* zu wechseln, was bedeutet, dass sich nur Ihr Webangebot auf diesem Server befindet. Sie müssen sich also Serverressourcen wie

Arbeitsspeicher, CPU und Festplattenzugriffe nicht mit anderen Websites teilen.

Sie sollten Weitsicht beweisen und versuchen, möglichst früh festzulegen, wohin Sie sich mit ihrer Website entwickeln wollen. Wenn es eine private Hobbyseite ist, die nur 50 bis 100 Besucher am Tag generiert, und Sie auch nicht planen, die Seite auszubauen, können Sie getrost auf ein Shared-Webhosting-Paket setzen.

Planen Sie dagegen, ein Informationsangebot zu betreiben oder einen Shop, den auch mal 50 und mehr Besucher gleichzeitig ansurfen, dann sollten Sie sich frühzeitig für einen *Managed-Server* oder einen *Root-Server* entscheiden.

Der Unterschied zwischen einem Root-Server und einem Managed-Server liegt darin, dass ersterer vom Anbieter nicht verwaltet und gewartet wird, ein Managed-Server dagegen schon – es werden also wichtige Updates eingespielt, ohne dass Sie eingreifen müssen.

Andererseits haben Sie bei Managed-Servern meistens keinen Root-Zugang und können keinen direkten Einfluss auf die Serverkonfiguration nehmen. Wir raten Ihnen deswegen, Ihre Entscheidung genau abzuwägen und mit den entsprechenden Anbietern in Kontakt zu treten, um Ihre Vorstellung und die technischen Kapazitäten abzusprechen. Ein späterer Serverumzug ist nicht ohne und kann Sie eine Menge Nerven und Zeit kosten.

Manche Serverkonfigurationen können über *.htaccess* ausgesteuert werden. Jeder Webhoster hat jedoch seine eigenen Regeln dafür, was über *.htaccess* gesteuert werden darf. Sie sollten sich gegebenenfalls erkundigen, welche Optionen Ihnen Ihr Webhoster zur Verfügung stellt. Meistens finden Sie eine Übersicht in den FAQ.

Wenn Sie sich für einen Root-Server entscheiden, haben Sie bei der Serverkonfiguration freie Hand und können mehrere Optionen wählen, um Ihren Server schneller zu machen. Eine Möglichkeit wäre zum Beispiel, das Pagespeed-Modul von Google direkt zu verwenden.

Das Modul Pagespeed

Die erste Option für Ihre Serveroptimierung wäre das *Modul Pagespeed* von *Google* für den Nginx- oder den Apache-Webserver. Sie müssen das Modul herunterladen und in Ihre Serverkonfiguration einkompilieren. Sie finden das Modul unter der Adresse *https:/ /developers.google.com/speed/pagespeed/module* (*http://seobuch.net/ 749*).

Google verspricht mit diesem Modul eine direkte Verbesserung der Serverkonfigurationen und eine schnellere Auslieferung der Seiten. Nach unseren Erfahrungen ist es aber leider zu fehleranfällig und führt öfter sogar zum Gegenteil: Die Seiten werden wesentlich langsamer geladen, auch kollidiert es öfter mit anderen Modulen. Leider können wir das Modul im aktuellen Auslieferungsstatus deshalb nicht empfehlen.

Reverse-Proxy-Server

Eine Alternative ist die Nutzung eines sogenannten *Reverse-Proxy-Servers*. Mithilfe eines solchen Servers in Kombination mit einem weiteren Webserver können statische Inhalte bei Anfragen direkt von diesem schnellen Proxy geladen werden. Neue Anfragen werden weiterhin vom normalen Webserver ausgeliefert. Dadurch wird viel Last vom Webserver genommen und die Performanz von Websites verbessert sich teilweise deutlich. Fragen Sie Ihren Hoster, ob er Ihnen einen Reverse-Proxy einrichten kann.

Alternativ finden Sie hier eine Beschreibung, wie Sie einen Nginx-Webserver als Reverse-Proxy einrichten können: *http://www.debianroot.de/server/nginx-als-reverse-proxy-fuer-statische-inhalte-vor-apache-1345.html* (*http://seobuch.net/983*). Technisches Verständnis sollte dafür jedoch vorhanden sein.

PHP-Anfragen zwischenspeichern

Gerade dynamische Webseiten mit MySql-Verbindungen brauchen eine Menge Ladezeit und erhöhen die Serverlast. Hier bietet sich ein besonderes Vorgehen an, um die Anfragen zwischenzuspeichern – zum Beispiel bei Unix mit den Modulen *memcached* und *php5-memcache*.

Diese beiden Module müssen Sie auf Ihrem Webserver installieren. Daraufhin können Sie *memcached* konfigurieren, und zwar in etwa so:

```
cat /etc/memcached.conf
    ## Daemon
    -d
    ## das Logfile
    logfile /var/log/memcached.log
    ## Ausgaben ins Log schreiben
    # -v
    ## mehr Ausgaben ins Log schreiben
    # -vv
    ## zur Verfügung stehender Arbeitsspeicher
```

```
-m 50
# Port
-p 11211
## User-Rechte
-u www-data
## Interface/IP
-l 127.0.0.1
```

Mit dieser Standardkonfiguration können Sie schon PHP-Abfragen in die Hauptspeicher zwischenspeichern.

Und hier sehen Sie, wie ein Beispielcode für eine MySql-Abfrage in PHP aussehen könnte.

```
<?php
$mc = memcache_pconnect('127.0.0.1', 11211);
$query = "SELECT n.*, u.user_id, u.user_name,[...]
$ergebnis = memcache_get($mc, $id);
if(!$ergebnis) {
$sql->db_Select_gen($query);
$newsList = $sql->db_getList();
$ttl = 3600;
memcache_set($mc, $id, $newsList, MEMCACHE_COMPRESSED, $ttl);
}
foreach($newsList as $row)
{ [.........]
?>
```

In diesem Beispiel wird die SQL-Abfrage unter *$query* für eine Stunde im Speicher zwischengespeichert. Weitere Abfragen, die genau den gleichen Query benötigen, werden also nicht mehr direkt aufgerufen, sondern können aus dem Hauptspeicher bedient werden – und die Serverbelastung sinkt.

Die Funktion Keep Alive aktivieren

Mit der *Keep-Alive*-Funktion im Webserver werden TCP-Verbindungen aufrechterhalten, so dass sich die Anzahl der Abfragen verringert. Auch hier sollten Sie Ihren Hoster fragen, ob er die Funktion für Ihr Webpaket aktivieren kann. Ein Nachteil an Keep Alive ist, dass es den Speicherverbrauch wesentlich erhöht, weshalb die meisten Webhoster diese Funktion nicht einschalten. Bei einem Root-Server sollten Sie also zusehen, dass Sie genügend Arbeitsspeicher vorhalten. Hier empfehlen wir Ihnen mindestens 4 GByte, besser wären aber 8, um eine zuverlässige Serverperformance zu gewährleisten.

Gzip einschalten

Gzip ist eines der wichtigsten Mittel zur Optimierung, die ein Webserver überhaupt bietet. Leider vergessen Webhoster immer wieder, diese Funktion einzuschalten, und lassen ihre Server ohne Komprimierung laufen.

Das Grundprinzip besteht darin, dass zwischen dem anfragenden Browser und dem Webserver ein sogenannter Handshake stattfindet, in dem die grundlegenden Informationen ausgetauscht werden. Hier sagt der Browser, dass er auch komprimierte Dateien verarbeiten kann. Wenn der Webserver diese ebenfalls unterstützt, werden zwischen dem Browser und dem Webserver die Dateien gepackt, wodurch sich die Größe der versendeten Dateien meist um ein Vielfaches verringert. Der Webserver packt die zu versendenden Dateien im Format *.gzip*. Die Dateien kommen beim Nutzer im Browser an, dieser entpackt sie dann und zeigt sie im Browserfenster an.

Hier sollte man schauen, dass die Gzip-Funktion nicht nur für HTML-Dokumente freigeschaltet ist. Auch Bilder sollten mit Gzip vorkomprimiert werden. Mittlerweile unterstützen 99,8 % aller Browser diese Methode.

Client-Optimierung und Caching

Sie können überlegen, ob Sie bestimmte Ressourcen bei wiederkehrenden Benutzern in deren Browser-Cache auslagern, so dass sie beim erneuten Besuch nicht alle Ressourcen noch einmal laden müssen.

Die meisten Webseiten enthalten Ressourcen, die sich selten ändern, zum Beispiel CSS-Files, Bilder, JavaScript-Dateien und so weiter. Diese Ressourcen brauchen natürlich ihre Zeit, um heruntergeladen zu werden, was zu einer Mehrbelastung auf Seiten des Nutzers und zu einer langsameren Seitenladegeschwindigkeit führt. Mit http-Caching können Sie die sich selten ändernden Ressourcen zwischenspeichern. Sobald Sie diese Ressourcen gespeichert haben – entweder im Browser oder in einem Proxy-Server –, kann der Browser des Nutzers darauf zurückgreifen und muss sie nicht erneut herunterladen. Das reduziert nicht nur die Anzahl der Requests, sondern natürlich auch die Datenmenge, die ein Nutzer herunterladen muss. Neben der Seitenladegeschwindigkeit kann auch die Datenbelastung Ihres Webservers reduziert werden, und

Sie sparen sich Kosten für die Bandbreite und den verbrauchten Traffic.

Schauen wir uns nun noch weitere Möglichkeiten der Client-Optimierung an.

Dauer definieren über Expiry Date oder Maximum Age

Setzen Sie ein sogenanntes *Expiry Date*, also das Datum, von dem an die statische Ressource neu geladen werden soll. Sie können alternativ auch ein sogenanntes *Maximum Age* setzen, das Sie mit einer Anzahl an Tagen fest definieren können.

HTTP/S unterstützt das Caching von statischen Ressourcen über den Browser. Einige Browser entscheiden allerdings nach einer eigenen Logik, wie lange sie Ressourcen speichern, wenn keine Angaben dazu mitgeschickt werden. Um über alle Browser hinweg den vollen Nutzen aus dem Caching zu ziehen, empfehlen wir Ihnen deshalb, direkt im Webserver die entsprechenden Header zu setzen, so dass alle Browser direkt wissen, wie lange die Dateien gespeichert werden sollen.

Weiterhin empfehlen wir Ihnen, diese Caching-Header nicht nur auf bekannte statische Ressourcen zu beschränken, zum Beispiel auf Bilder, sondern auch JavaScript, CSS und größere Dateiformate wie PDFs, Flash-Files und dergleichen mit einem Caching-Header auszuliefern. HTML-Dateien sollten in der Regel nicht gecacht werden, weil sie sich öfter ändern und somit nicht als statische Elemente gelten.

Expires und Cache-Control: max-age

Das aktuelle HTTP/1.1-Protokoll hat zwei Caching-Angaben im Header, die eingesetzt werden können: *Expires* und *Cache-Control: max-age=*. Sie spezifizieren die »Lebenszeit« einer bestimmten Ressource. Das bedeutet, dass der Browser für die angegebene Zeit die entsprechende Ressource nutzen kann, ohne noch einmal direkt nachzuprüfen, ob es vielleicht eine aktuellere Version auf dem Webserver gibt.

Diese zwei Steuerungselemente sind die stärksten Caching-Indikatoren für einen Browser. Der Browser wird sich sehr strikt an das Datum bzw. die Laufzeitangabe in den Feldern halten und keine Requests auf die entsprechenden Ressourcen ausüben.

Last.Modified und ETag

Die beiden Attribute *Last.Modified* und *ETag* bewirken, dass der Browser bei entsprechender Angabe überprüft, ob die angeforderten Ressourcen noch identisch sind.

Im Last.Modified-Header finden Sie immer ein Datum. Das ermöglicht Ihnen, das Datum mit dem der letzten Änderung abzugleichen. Stimmt das Datum mit dem der zuerst aufgerufenen Ressource überein, wird ein HTTP-Statuscode *304* (»Not Modified«) mitgesendet, und der Browser des Client nutzt die lokal gespeicherte Variante der Ressource. Das kann zum Beispiel eine Grafik sein oder auch die CSS-Datei.

Der ETag-Header funktioniert auf folgende Weise: Bei der ersten Anfrage einer Ressource sendet der Server einen für diese Ressource spezifischen ETag-Wert im ETag-Header-Feld, der vom Client zusammen mit der Ressource lokal gespeichert wird. Bei einer erneuten Anfrage derselben Ressource sendet der Client im Header-Feld *If-None-Match* den zuvor gespeicherten ETag-Wert mit. Auf der Server-Seite wird nun der gesendete ETag-Wert mit dem aktuellen verglichen und bei Übereinstimmung mit dem Statuscode *304* beantwortet. Die Daten der Ressource werden in diesem Fall nicht mitgeschickt, und der Client verwendet die lokal gespeicherten Daten.

Wie Sie sehen, funktionieren beide Varianten sehr ähnlich. Der große Unterschied zwischen ETag und Last.Modified ist die genauere Ausspielung des ETag-Wertes. Hier können Sie theoretisch individuelle Ressourcen für Clients definieren, während sie beim Last.Modified für alle Nutzer identisch ausgespielt werden.

Es ist also wichtig, entweder den *Expires* oder den *Cache-Control max-age* zu definieren, in Kombination mit Last.Modified oder ETag. Sie können natürlich auch beides nutzen, in diesem Fall sind die Attribute redundant und sorgen für eine höhere Cache-Wahrscheinlichkeit.

Zwischenspeichern über .htaccess

Sie haben auch die Möglichkeit, diese Steuerung über *.htaccess* auszuspielen.

Hier sehen Sie eine beispielhafte *.htaccess*, die die meisten Ressourcen für einen Monat zwischenspeichert:

```
# turns cache on for 1 month
<IfModule mod_expires.c>

 ExpiresActive On
 ExpiresByType text/css "access plus 1 month"

 ExpiresByType text/javascript "access plus 1 month"
 ExpiresByType text/html "access plus 1 month"

 ExpiresByType application/javascript "access plus 1 month"
 ExpiresByType application/x-javascript "access plus 1 month"

 ExpiresByType application/xhtml-xml "access plus 600 seconds"
 ExpiresByType image/gif "access plus 1 month"

 ExpiresByType image/jpeg "access plus 1 month"
 ExpiresByType image/png "access plus 1 month"

 ExpiresByType image/x-icon "access plus 1 month"
</IfModule>

<ifmodule mod_headers.c>
 <filesmatch "\\.(ico|jpe?g|png|gif|swf)$">

  Header set Cache-Control "max-age=2592000, public"
 </filesmatch>

 <filesmatch "\\.(css)$">
  Header set Cache-Control "max-age=604800, public"

 </filesmatch>
 <filesmatch "\\.(js)$">

  Header set Cache-Control "max-age=216000, private"
 </filesmatch>

 <filesmatch "\\.(x?html?|php)$">
  Header set Cache-Control "max-age=600, private, must-revalidate"

 </filesmatch>
</ifmodule>
```

Sie können für unterschiedliche Dateitypen die Zeit selbst bestimmen. In der Regel reichen 30 Tage für statische Elemente aus, um bei wiederkehrenden Besuchern Ihren Server zu entlasten. Solches Caching kann zu Nachteilen führen, wenn Sie zum Beispiel ein neues Logo mit dem gleichen Dateinamen einspielen – dann kann es unter Umständen passieren, dass Ihrem wiederkehrenden Benutzer weiterhin das alte Logo angezeigt wird.

Hier kann man das Neuladen erzwingen, aber das ist technisch nicht ganz trivial, und Sie sollten sich überlegen, ob sich der Aufwand lohnt. Eine andere Möglichkeit ist, das Caching bei einem Neudesign kurzfristig auszuschalten oder die Datei unter einem anderen Speicherort abzulegen oder umzubenennen.

Empfehlungen zum Caching

Sie sollten für alle statischen Ressourcen Caching-Header setzen. Wir empfehlen Ihnen folgende Einstellungen: Setzen Sie den *Expires*-Header auf mindestens einen Monat. Setzen Sie im Übrigen statt auf *Cache-Control:max-age* eher auf *Expires*, da dieser weiter verbreitet ist.

 Warnung Setzen Sie Expires nicht auf länger als ein Jahr, da das gegen die Richtlinen des Request for Comments (RFC) verstößt. Im Zweifel wird der Header dann sogar von den Browsern ignoriert.

Wenn Sie die Ressourcen genau kennen, die sich öfter mal ändern, ist es durchaus legitim, hier eine kürze Zeit anzusetzen. Wenn Sie sich aber nicht sicher sind, sollten Sie lieber eine längere Zeitspanne eintragen und auf URL-Fingerprinting (wie unten beschrieben) setzen.

Wenn Sie Ihre Caching-Daten zu lang setzen, »müllt« das nicht die Browser-Caches zu. Soweit wir es bisher gesehen haben, löschen die meisten Browser ihren Cache nach der Logik der zuletzt genutzten Ressourcen, zudem haben die Browserhersteller jeweils eigene Algorithmen. Sie sollten also keine Angst haben, dass Ressourcen so lange im Cache bleiben, wie Sie als Zeitrahmen definiert haben.

URL-Fingerprinting

Beim URL-Fingerprinting wird ein Fingerprint, eine alphanumerische Zeichenkette, in den Link integriert, meist als Präfix für die Datei, zum Beispiel so:

Gewöhnliche URL: *images /logo.png*

URL mit Fingerprint: *images/wqhdqw7gq8gd8gqwd72gd7logo.png*

Warum sollten Sie so eine kryptische URL für Ihr Logo nutzen? Der Fingerprint ist ein variabler Bestandteil der URL zur Ressource. Selbst wenn Sie also den Fingerprint ändern, erhalten Sie – je nach Implementierung – ggf. auch die Ressource, in diesem Fall das Bild.

So ist es möglich, dass folgende URLs alle auf dasselbe Logo verweisen:

images/wqhdqw7gq8gd8gqwd72gd7logo.png

images/dd8wh82qwhd8cg7g3g3gg3logo.png

images/27dg72gd7g2662f16fdfdf62logo.png

Der Vorteil von Fingerprinting ist, dass Sie Ihre Ressourcen sehr lange cachen und trotzdem jederzeit eine Änderung erzwingen können. Angenommen, Sie legen für die Datei *logo.png* fest, dass sie für ein Jahr im Browser gecacht werden soll. Müssen Sie nach fünf Monaten eine Änderung durchführen, ändern Sie einfach den Fingerprint: Die Browser interpretieren die neue URL als unbekannte, neue Ressource und laden die Ressource herunter.

Ein Beispiel von Google: Für das Stylesheet des Google Calendar nach einem erfolgreichen Login wurde Fingerprinting eingeführt. Die Datei heißt *calendar/static/fingerprint_key doozercompiled.css*, hier ist der Fingerprint eine 128-Bit-Hexadezimalzahl.

Charset-Definition schon im Header ausliefern

Ein weiterer Tipp: Liefern Sie das Charset im Header schon mit. Das hilft dem Browser dabei, das Rendering schneller und genauer durchzuführen. Das Charset bestimmt, in welcher Zeichensprache das entsprechende Dokument ausgeliefert wird. Wird kein Charset angegeben, versucht der Browser, das richtige Charset zu »erraten«. Das kostet Zeit und kann das Rendern der Webseite verlangsamen.

Cookie-Größen beachten

Wenn Sie mit Cookies arbeiten, sollten Sie den User nicht mit unnötig großen Cookies belasten, sondern in Cookies nur Informationen speichern, die Ihnen auch wichtig sind. Das vermeidet die Übertragung unnötiger Daten. Zwar sind es nicht viele Bytes, die Sie hier sparen können, aber bekanntlich macht auch Kleinvieh eine Menge Mist.

Datenbank-Optimierung

Bei der Datenbank-Optimierung kann man an vielen Punkten ansetzen. Auf jeden Fall aber sollten Sie bei der Wahl der Datenbank für Ihr Projekt sorgfältig vorgehen. Wenn Sie ein kleines Hobbyprojekt haben und mit wenigen Besuchern rechnen, braucht Ihr

CMS meistens eine klassische SQL-Datenbank, in der Regel MySql. Fast alle Webhoster bieten eine MySql-Datenbank standardmäßig an. Wenn Sie an größeren Projekten arbeiten, bieten sich NoSQL-Datenbanken an.

Bekannte Beispiele dafür sind Google BigTable und Amazon Dynamo. Darüber hinaus gibt es eine Reihe von Open Source-Ansätzen wie CouchDB, Apache Cassandra, MongoDB und OrientDB. NoSQL-Datenbanken unterscheidet von SQL-Datenbanken, dass sie nicht in festen Tabellenformen vorgegeben sind und somit nicht nur in SQL angesprochen werden können. Hierbei sind gerade Dateiverzeichnisse üblich, in denen Daten abgelegt werden. Wirklich große Websites arbeiten meistens auf NoSQL-Datenbanken, zum Beispiel Facebook oder auch Google selbst.

Mit etwa 90-prozentiger Wahrscheinlichkeit werden Sie mit einer MySql-Datenbank arbeiten. Wir werden Ihnen im Folgenden ein paar wichtige Tipps dafür geben, wie Sie Ihre Datenbank schneller machen können. Weiterhin sollte Ihnen bewusst sein, dass die Hardware, die auf dem MySql-Server läuft, ebenfalls ein Flaschenhals in der Geschwindigkeitsoptimierung sein kann. Umstiege von alten Festplatten auf SSD-Festplatten können manchmal Wunder wirken.

Intelligenter Aufbau von Datenbank-Strukturen

Datenbank-Strukturen haben einen maßgeblichen Anteil an der Performance von Datenbanken. Wenn zum Beispiel die Daten innerhalb der Datenbank an verschiedenen Stellen und in mehreren unlogisch miteinander verknüpften Tabellen liegen, werden die SQL-Abfragen komplizierter und es dauert wesentlich länger, die gewünschten Daten zu liefern. Überlegen Sie sich deshalb genau, wie Sie die Tabellen aufbauen.

Versuchen Sie, die Tabellen möglichst klein zu halten und Schlüsselwerte zu speichern. Diese verweisen dann per ID auf die tatsächlichen Daten, zum Beispiel auf Textinformationen.

Diese Art der Normalisierung ist typisch für relationale Datenbanken wie MySQL. Indem man über einen Schlüssel- bzw. Key-Wert in einer Tabelle auf eine andere Tabelle zugreift, reduziert man die zu durchsuchenden Tabellen und es werden immer kurze und schnelle Suchvorgänge ausgelöst.

Nutzen sie Indizes intelligent

Indizes sind in einer Datenbank so etwas wie Inhaltsverzeichnisse in Büchern. Sie können Spalten in Tabellen mit Indizes ausstatten. Wichtig sind Indizes, die oft in einer Datenbank gesucht werden, weil Sie damit schneller gefunden werden können.

Ein typisches Beispiel ist eine Artikelseite. Bei der URL *http://www. trustagents.de/blog/index.php?id=55* wurde der Schlüsselwert mit dem Parameter *ID = 55* vergeben – unter dem könnte der Artikel in der Datenbank gespeichert werden. Unter einem Schlüsselwert versteht man also einen Parameter, unter dem in einer Datenbank weitere Informationen gespeichert werden. Wie zum Beispiel der Text oder Meta-Informationen des Autors.

Da sich hier im Laufe der Zeit sehr wahrscheinlich viele Artikel ansammeln, würde es sich lohnen, auf die ID-Spalte einen Index zu setzen, damit bei einer Datenbankabfrage die Spalte mit dem Inhaltsverzeichnis versehen ist und somit schneller gefunden werden kann. Sie finden einen bestimmten Artikel in einer Zeitschrift auch schneller, wenn Sie ihn vorn im Inhaltsverzeichnis nachschlagen können. Damit wird der entsprechende SQL-Befehl wesentlich schneller und die Webseite wird schneller geladen. SQL-Befehle können durch intelligent gesetzte Indizes wesentlich beschleunigt werden.

Tipp   Aktivieren Sie Slow-Queries in Ihrem MySql-Server. Damit werden alle SQL-Queries getrackt und Sie können herausfinden, welche SQL-Queries die Datenbank wirklich verlangsamen.

Sie müssen, um Slow-Querys zu aktivieren, Ihren MySQL-Server zusätzlich mit dem Befehl --log-slow-queries[=*file_name*] starten. Damit schreibt MySQL eine Logdatei mit allen SQL-Befehlen, deren Ausführung länger gedauert hat, in den Dateinamen, den Sie im Befehl oben angegeben haben. Dann können Sie sich die SQL-Befehle genauer anschauen und versuchen, mit Indizes oder einer Umstellung der SQL-Queries für schnellere SQLs sorgen. Damit sollten Sie schon mal die langsamsten Datenbankabfragen erwischen.

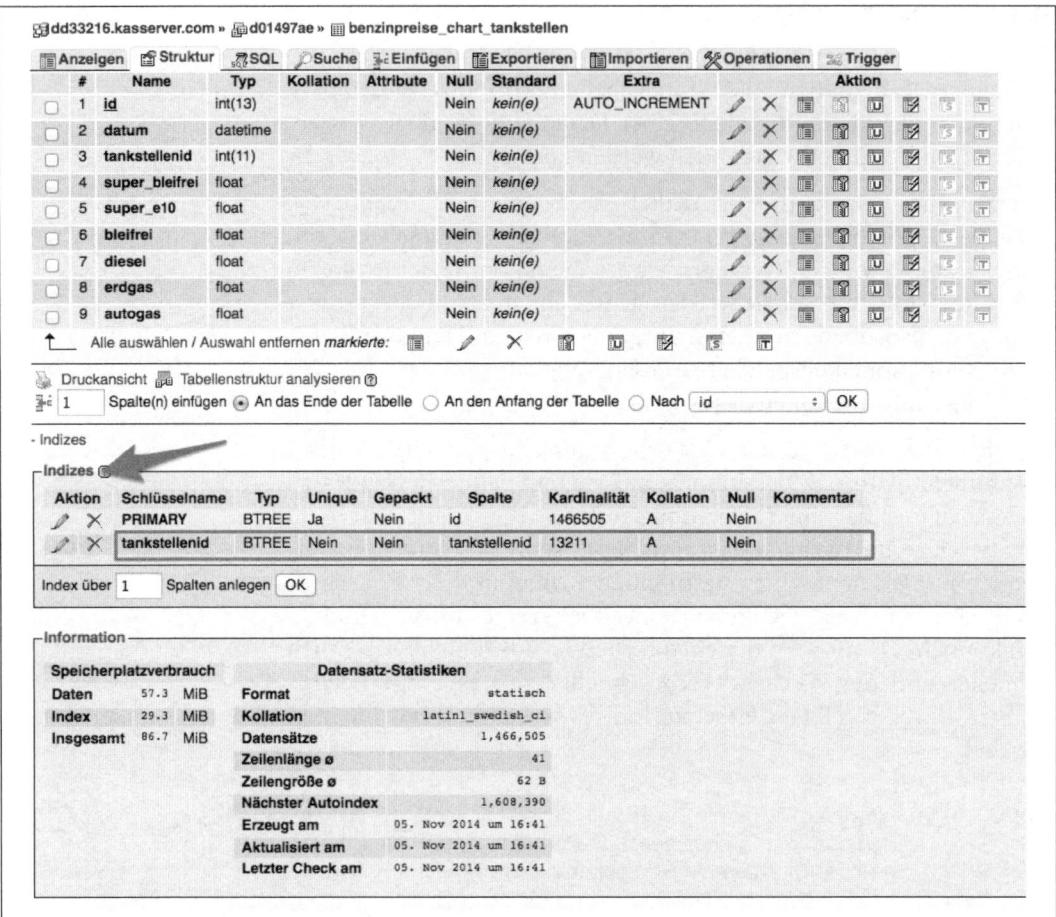

Abbildung 10-3 ▲
Die Datenbank besitzt einen zusätzlichen Index auf die Spalte »tank-
stellenid«.

DNS-Optimierungen

Der »Domain Name Service« ist praktisch das Telefonbuch des Internet. In ihm werden alle Webadressen jeweils einer IP-Adresse zugewiesen. Wenn wir zum Beispiel die Domain trustagents.de im Browser aufrufen, muss der Browser den Domainnamen auflösen und die Anfrage einer IP-Adresse zuweisen. Das geschieht in der Regel über einen sogenannten Nameserver. Dieser wird dem User von seinem Internetprovider zur Verfügung gestellt. Es gibt auch öffentliche Nameserver, die man selbst in seinen Internet- Einstellungen auf dem eigenen Heimrechner einrichten oder in seinen eigenen Router eintragen kann.

Sehr bekannt sind die Nameserver von OpenDNS und Google mit den IP-Adressen 8.8.8.8 und 8.8.4.4, die schon auf schnelle Auslieferungen von Domainnamen optimiert worden sind.

Da Sie selten die Nameserver der User bestimmen können, können Sie hier keinerlei Einfluss nehmen. Trotzdem haben Sie ein paar Möglichkeiten, Ihren Pagespeed per DNS zu beeinflussen:

1. Nutzen Sie DNS-Prefetch

```
<link rel="dns-prefetch" href="//ajax.googleapis.com" />
```

Mit diesem kleinen Linkattribut können Sie dem Browser des Users mitteilen, dass die gewünschte Domain, die Sie im Attribut *link href* angegeben haben, schon vorher aufgelöst werden soll. Im Beispiel oben wäre das *ajax.googleapis.com*.

Das ist bei internen Links nicht sinnvoll, sollten Sie aber Ihre Website auf mehrere Domains verteilt oder Ihre Bilder in ein Content-Delivery-Network ausgegliedert haben, kann so ein Prefetch Ihre Website durchaus beschleunigen. Auch wenn Sie zum Beispiel mehrere Domains aus Ihrem eigenen Netzwerk untereinander verlinken, kann DNS-Prefetch die Ladezeit beim User innerhalb Ihres Netzwerks beschleunigen.

2. Reduzieren Sie die Anzahl der DNS-Abfragen

Wenn Sie Ihre Website programmieren, sollten Sie darauf achten, dass Sie nicht zu viele fremde Ressourcen einbinden. Jede Ressource, die Sie von einer anderen Domain beziehen – das können zum Beispiel JavaScript-Bibliotheken sein oder auch Bilder, die woanders liegen –, erhöht die Anzahl der aufzulösenden Domainnamen. Ein ganz bekanntes Beispiel dafür ist die Integration von Sharing-Buttons wie denen von Google Plus, Twitter oder Facebook. Jeder Button, der nicht auf der eigenen Domain gehostet wird, sondern vom Anbieter selbst, erhöht die Anzahl der abzufragenden Domainnamen und damit auch die Ladezeit beim User.

Auch sollten Sie sich genau überlegen, wo Sie die Buttons im Quelltext positionieren. Leider funktionieren die meisten Browser bis heute noch nach der Top-to-Bottom-Logik und arbeiten den Quellcode von oben nach unten ab. Wenn Sie nun einen Button von einem Anbieter integrieren, der vielleicht nicht den stabilsten Webserver hat, kann das dazu führen, dass Ihre Webseiten nur bis zu diesem Punkt geladen werden, wenn der fremde Webserver gerade seinen Dienst quittiert hat. Gerade fremde Ressourcen sollten deswegen im Quelltext ganz unten positioniert werden.

Grundsätzlich sind DNS-Requests eine sehr schnelle Sache und auch die Auflösung von 10 oder mehr Domainnamen geht in der Regel in wenigen 100 Millisekunden vonstatten. Dennoch sollten Sie wissen, wo eventuell noch die eine oder andere Millisekunde versteckt sein könnte.

Wenn Sie herausfinden möchten, wie viele DNS-Requests von Ihren Besuchern ausgeführt werden, sollten Sie Ihre Seite zum Beispiel via *http://www.webpagetest.org* (*http://seobuch.net/521*) testen und genau zählen, wie viele Requests gemacht werden.

Quellcode-Optimierung

Der Quellcode (englisch *source code*) bietet mit die mächtigsten Möglichkeiten, die Seitenladezeit zu optimieren. In der Regel macht der reine HTML-Code nicht den größten Anteil an den heruntergeladenen Kilobytes aus, sondern die Dateien, die zusätzlich heruntergeladen werden. Trotzdem gibt es so einige Möglichkeiten, den HTML-Quellcode zu optimieren.

1. Zusammenlegung von CSS- und JavaScript-Dateien

   CSS- und JavaScript-Dateien können meistens in mehrere Unterdateien aufgeteilt werden. Das erhöht jedoch die Anfragen des Browsers. Nehmen wir zum Beispiel an, in einem Dokument werden drei verschiedene CSS-Dateien geladen: *basic.css, template.css* und *print.css*. Das sind drei typische CSS-Dateien, die in den meisten Fällen vorhanden sind. Der Browser muss nun drei Dateien laden, selbst wenn der Nutzer zum Beispiel gar nicht drucken möchte.

   In dem Fall könnte *print.css* schon einmal eingespart und der User auf eine spezielle Unterseite geleitet werden, wo der Druck nur dann gestartet wird, wenn es gewünscht ist. *basic. css* und *template.css* könnten nun in einer Datei zusammengeführt werden; das würde die Zugriffe des Browsers reduzieren und die Seite könnte schneller geladen werden.

2. CSS-Kompression

   CSS-Dateien lassen sich durch einen Kompressor minimieren, wodurch Zeilenumbrüche, Kommentare und unnötige Sonderzeichen wie Leerzeichen entfernt werden. Damit lassen sich noch ein paar Kilobyte sparen. Nicht viel, aber Kleinvieh macht auch Mist.

3. Verwendung von JavaScript

Gerade die Verwendung von mehreren JavaScript-Dateien ist ein bekanntes Problem im Zusammenhang mit der Seitenladezeit. Entwickler haben häufig das Bedürfnis, die Funktionsvielfalt einer Website über verschiedene JavaScript-Dateien zu verteilen.

Was für die Übersichtlichkeit sehr gut sein kann, ist für die Seitenladegeschwindigkeit von Nachteil. Jede einzelne referenzierte Datei muss vom Client explizit geladen werden, was zu einer erhöhten Ladezeit führen kann. Sie müssen sich das wie eine Warteschlange vorstellen, die nach und nach vom Browser abgearbeitet wird, da der Browser nur eine bestimmte Anzahl von Ressourcen gleichzeitig laden kann. Laut HTTP/1.1-Standard sind das nur zwei Ressourcen. Mittlerweile nutzen aber die meisten Browser zwischen 6 und 8 Slots für den Download vom selben Host.

4. JavaScript-Kompressor

Wenn Entwickler in ihrem Arbeitsprozess einen JavaScript-Kompressor nutzen, kann das die Ressourcen bündeln und im Idealfall auch noch minimieren, ähnlich wie bei den CSS-Dateien. Das spart unnötigen Traffic auf dem Webserver. Wenn man darüber hinaus Kommentare, Leerzeichen und Zeilenumbrüche entfernt, kann man durchaus ein paar Kilobytes sparen, und das sollte man auch nutzen.

Neben dem händischen, umständlichen Kopieren und Zusammenführen von JavaScript-Fragmenten gibt es noch weitere Möglichkeiten, eine zentrale JavaScript-Datei zu erstellen.

So gibt es zum Beispiel ein so genanntes *Loadscript* (*http://marcbuils.github.io/jquery.loadscript/* – *http://seobuch.net/224*), das allerdings zurzeit nur in PHP vorhanden ist. Das Skript empfängt die Dateinamen als Parameter und gibt die entsprechenden JavaScript-Dateien in kombinierter Form an den Browser zurück.

Weiterhin gibt es auch Lösungen direkt von Google. Hier lohnt sich ein Blick auf den Closure Compiler (*https://developers.google.com/closure/compiler/* – *http://seobuch.net/289*). Das ist ein kostenloses Tool mit der alleinigen Aufgabe, JavaScript-Input komprimiert zu bündeln. Mit diesem Online-Service von Google können Sie eigenen Code, externen Code sowie Frameworks zusammenfassen, und Google erstellt Ihnen dann eine einzige Datei mit dem zusammengefassten JavaScript-Quellcode.

Bilderoptimierung

Die Bilderoptimierung hat entscheidende Auswirkungen auf die Seitenladegeschwindigkeit, denn Bilder sind meistens die datenintensivsten Bestandteile einer Webseite und damit auch das, was am meisten Downloadzeit beansprucht. Denken Sie an die Nutzer, die nicht in Ballungszentren leben und immer noch mit ISDN oder nur langsamer DSL-Geschwindigkeit surfen – gerade die freuen sich über jede Sekunde Ladezeit, die sie sparen können.

Grundlegende Optimierungsmaßnahmen

Bilder zuschneiden

Haben Sie einen weißen Rand um Ihre Bilder herum, den Sie eigentlich nicht benötigen? Schneiden Sie ihn weg und arbeiten Sie lieber mit CSS, um Platz zwischen Bild und Text zu schaffen.

Farbtiefe reduzieren

Sie sollten ausprobieren, ob Sie die Farbtiefe reduzieren können und trotzdem noch brauchbare Bilder erhalten. Meistens reicht es schon, auf eine Farbtiefe von 16 Bit zu wechseln, um die Bildgröße wesentlich zu reduzieren.

Texte als Grafiken

Auf Texte, die als Grafik dargestellt werden, sollte man aus SEO-Sicht verzichten. Text, der in HTML eindeutig als Text ausgezeichnet ist, lädt wesentlich schneller und verbraucht auch wesentlich weniger Daten als eine Textgrafik. Zudem kann ein Crawler Ihren Text so lesen und verstehen. Denken Sie daran: Suchmaschinen-Bots können keine Bilder lesen.

Erstellen Sie Vorschaubilder

Ein echter Klassiker: Sie haben ein Produktfoto hochgeladen, möchten aber zunächst nur ein kleines Vorschaubild anzeigen lassen. Nutzen Sie dafür bitte nicht die Größenangaben im HTML! Der Browser lädt in diesem Fall die volle Größe des Bildes und verkleinert es dann. Sowas erkennt man meistens daran, dass sich die kleinen Bilder beim Laden der Seite von oben nach unten aufbauen.

Dazu sagt das W3C:

The height and width attributes give user agents an idea of the size of an image or object so that they may reserve space for it and continue rendering the document while waiting for the image data.

Im Klartext heißt das so viel wie: Ersparen Sie dem Browser die Arbeit des Herunterrechnens der Bildergröße und geben Sie sie ihm lieber vor, damit er mit dem Rendern des Dokumentes fortfahren kann.

Erstellen Sie also eigene Vorschaubilder. Das können Sie entweder in ihrem Standard-Grafikprogramm tun oder ein Tool aus dem Internet dafür benutzen. Ein kostenloses Tool, das unter Windows gut funktioniert, ist Irfan View. Es kann auch Stapelverarbeitung, so dass sich ganze Ordner direkt umwandeln lassen, was Zeit und Nerven spart.

Kleine Bilder als Sprites nutzen

Kleine Grafiken, die im Wesentlichen dafür da sind, Webseiten etwas lebendiger zu gestalten (zum Beispiel Icons, Pfeile oder Bulletpoints müssen nicht immer einzeln eingebunden werden. Über CSS gibt es die Möglichkeit, praktisch ein großes Bild in viele kleine Bilder zu teilen und mithilfe von CSS-Positionierung nur den gewünschten Teil anzuzeigen. Diese Technik nennt sich *CSS-Sprites*. Sie hat den Vorteil, dass Sie die Anzahl der erforderlichen Anfragen reduzieren und die Seite dadurch schneller lädt.

Sie können im Netz eine Menge CSS-Generatoren finden, die Sie dabei unterstützen, solche Sprites zu erstellen. Schauen Sie sich zum Beispiel einmal das *Spritepad* an (siehe *http://seobuch.net/881*).

Dateiformat

Auch die Wahl des richtigen Dateiformats für eine Grafik kann schon eine Menge KByte sparen. Die Vor- und Nachteile der Grafikformate *.gif*, *.jpeg* und *.png* werden im Folgenden behandelt.

GIF

Mit *.gif* haben Sie ein sehr gutes, effizientes Grafikformat. Beachten Sie jedoch, dass Sie mit dem *.gif*-Format maximal 256 Farben anzeigen können. Es eignet sich damit für weniger komplexe Grafiken, die große Anteile gleicher Farben nutzen, wie zum Beispiel Tabellen und Statistiken. Auch für kleine Grafiken, die mit einer reduzierten Anzahl an Farben gut aussehen, zum Beispiel kleine Icons, ist es ideal.

Abbildung 10-4 ▲
Mit Photoshop lässt sich auf Knopfdruck fast jedes Format testen.

JPEG (auch JPG genannt)

Mit *.jpeg* haben Sie ein Grafikformat, das bis zu 16,7 Millionen Farben anzeigen kann. Ein weiterer Vorteil ist, dass Sie die Grafiken komprimieren können – von zu 100 % verlustfrei bis zu theoretischen 0 %. Je stärker Sie eine Grafik komprimieren, desto stärker bilden sich Fragmente im Bild, und die Qualität lässt entschieden nach. Das .jpeg-Format sollten Sie bei komplizierten und farbenintensiven Grafiken wie Fotos nutzen. Hier lohnt es sich auch, mit der Komprimierung zu spielen und sie so einzustellen, dass das Bild zwar weniger ladeintensiv, aber immer noch ansehnlich und nicht zu stark fragmentiert ist.

PNG

.png ist eines der jüngeren Bilddateiformate im Web. Bei *.png* wurde versucht, die positiven Eigenschaften von *.gif* und *.jpeg* miteinander zu verbinden. Dazu wurde das PNG-8 entwickelt, das dem GIF sehr nahe kommt, während das PNG-24 dem JPEG sehr nahe kommt. PNG-24-Dateien sind bei komplexeren Bilder jedoch immer größer als JPEGs, und dafür deshalb schlechter geeignet. Bei PNG-8 wirken die Bilder leider immer etwas blasser als GIFs und verlieren an Leuchtkraft. Ein weiterer Nachteil bei .png ist, dass der Internet Explorer in älteren Versionen als 6.0 diese Bilder nicht richtig anzeigen kann. Das kann zu einer fehlerhaften Darstellung

im Browser führen. PNGs eignen sich aus diesen Gründen nur sehr selten, bieten aber die Möglichkeit der transparenten Darstellung, was bei detaillierten Bildern durchaus von Vorteil sein kann. Wir empfehlen Ihnen, die Formate zu testen und dann zu entscheiden, ob Sie mit dem Ergebnis eines PNG zufriedener sind als mit einem JPEG oder GIF.

Fazit zur Wahl des richtigen Dateiformats

Das primäre Ziel sollte sein, die goldene Mitte zwischen Qualität und Kompression zu finden. Sich stur nur auf ein Bilddateiformat festzulegen, ist wenig sinnvoll. Versuchen Sie einfach, für jedes Bild das geeignete Dateiformat zu finden, damit Sie Ihren Pagespeed weiterhin im Griff haben.

Zusammenfassung

- Der Pagespeed ist ein wichtiger Ranking-Faktor, der in einer vernünftigen Onpage-Optimierung nicht fehlen darf.
- Durch besseren Pagespeed steigert man die User-Interaktionen, was wiederum zu einer höheren Konversionsrate führt.
- Betreiben Sie serverseitige Optimierung durch Caching. Hierfür sollten Sie einen Reverse-Proxy einsetzen, zum Beispiel Varnish.
- Codeoptimierung durch sauberen und schnellen Code trägt dazu bei, die Serverlast zu reduzieren. Nutzen Sie die Möglichkeit, (PHP-)Code zwischenzuspeichern.
- Optimieren Sie ihre Datenbankabfragen und reduzieren Sie den Anteil an intensiver Datenabfragen. Versuchen Sie, häufige Datenbankabfragen zwischenzuspeichern.
- Machen Sie sich der Keep-Alive-Funktion vertraut und setzen Sie sie ein.
- Sie haben die Möglichkeit, auch clientseitige Optimierung zu betreiben. Gerade das Caching des Browsers über Funktionen wie Expires, Etag oder Expiry Date sind ideale Anknüpfpunkte, um Webressourcen dauerhaft im Browser zwischenzuspeichern.
- Der Domain Name Service bietet eine weitere Möglichkeit, die Seitenladegeschwindigkeit zu erhöhen. Hier lohnt sich ein Blick auf DNS-Prefetch.

- Optimieren Sie Ihre JavaScript- und CSS-Dateien. Hier kann man durch Kompressoren und Aggregation viel Datenvolumen sparen.

- Finden Sie die passende Größe für Ihre Bilder. Verkleinern Sie Ihr Bild auf die richtige Größe, die Sie auch online verwenden möchten. Entfernen Sie unnötige Ränder, um die Dateigröße zu minimieren.

- Text sollte nicht in ein Bild gepackt werden. Bots können so etwas nur schwer lesen und es kostet unnötig Speicherplatz.

- Fügen Sie mehrere kleine Bilder zu einem zusammen (Sprite), um Speicherplatz und Ressourcenabfragen im Browser zu sparen und schnellere Seitenladezeiten zu bekommen.

- Finden Sie für jedes Bild das richtige Dateiformat. Je nach Komprimierung eignen sich manche Formate für ihre Bilder besser als andere.

KAPITEL 11
Content-Delivery-Networks

Content-Delivery-Networks, kurz CDNs, haben in den letzten Jahren vermehrt Einzug in die Webwelt gefunden. Es gibt kaum eine große Website, die nicht die Cloud nutzt, um ihre Serverlast zu verteilen und die Ladegeschwindigkeit (Pagespeed) zu erhöhen. Besonders die Amazon Cloud hat vielen in den letzten Jahren den Einstieg in die Welt der CDNs geebnet. Bei CDNs gibt es aus SEO-Sicht jedoch ein paar Dinge, die man beachten sollte.

CDNs als Trust-Signal

Ähnlich wie die Verwendung von SSL könnte auch der Einsatz von CDNs ein Ranking-Faktor sein. Gerade wenn Sie CDNs verwenden, um Ihre Website schnell zu machen, und dabei auf Amazon oder Cloudflare zurückgreifen, kann das ein positives Ranking-Signal sein. Google sieht darin nämlich eine Optimierung, um Ihre Webseite für User schneller ladbar zu machen, und so etwas honoriert Google in der Regel. Leider hat Google bisher aber noch keine öffentliche Stellungnahme geliefert, ob das Zurückgreifen auf einen Cloud-Anbieter ein Ranking-Faktor ist. Schaden kann es aber nicht. Deswegen empfehlen wir hier durchaus, frühzeitig CDNs zu integrieren.

CDNs als Cache-Speicher

Mit CDNs können Sie die Website beschleunigen, indem Sie Ressourcen, die im Netz immer wieder angefragt werden, nicht lokal auf Ihrem Webserver speichern, sondern in der Cloud ablegen. Ein prominentes Beispiel dafür ist die jQuery-Klasse, die man aus der

Google Cloud auf seiner Website einbinden kann. Das hat den Vorteil, dass der Nutzer diese Klasse beim Besuch Ihrer Site nicht herunterladen muss, wenn er diese Klasse schon einmal woanders heruntergeladen und noch im lokalen Speicher (Cache) hat. Schauen Sie gerade bei solchen oft verwendeten Dateien, ob sie nicht auch in einer Cloud liegen – das gilt zum Beispiel auch für Schriftarten.

Subdomains per Cname

Nutzen Sie für Ihre CDNs eigene Subdomains per Cname (canonical name). Sie fragen sich, warum Sie extra ein Cname für die CDNs anlegen sollten und nicht die URL des Cloud-Dienstes nutzen? Nun, mit einem Cname wie etwa *cdn.beispiel.de* haben Sie die Möglichkeit, eine Validierung in den Webmaster Tools zu vollziehen und damit Ihre Bilder und Videos genau zu überwachen. Außerdem liegen Ihre Bilder und Videos unter Ihrem Hostnamen, was unter Umständen auch von dem Trust Ihres Domain-Namens profitieren kann.

CDNs als Bilder- und Videolieferant nutzen

CDNs haben einen großen Vorteil, gerade wenn Sie eine Menge internationalen Traffic haben: Sie können durch das Verteilen auf die lokalen Knotenpunkte in den einzelnen Datenzentren dem anfragenden User immer die Bilder und Videos aus dem nächstgelegenen Rechenzentrum bereitstellen. Zum Beispiel könnte ein Nutzer, der aus Amerika Ihre Webseite besucht, ein Video statt vom Webserver in Berlin von einem Rechenzentrum in den USA ausgeliefert bekommen. So kann das Video schneller geladen werden.

Ein weiterer Tipp: Validieren Sie Ihre CDN-Subdomain in den Google Webmaster Tools. Hier könnten Sie, wenn Sie möchten, bei generischen Top-Level-Domains das Land zuordnen, und Sie haben auch hier die Möglichkeit, individuelle Sitemaps einzuspielen. Zudem können Sie Bilder und Videos schneller aus den Suchergebnissen löschen, falls Sie einmal rechtliche Probleme bekommen sollten.

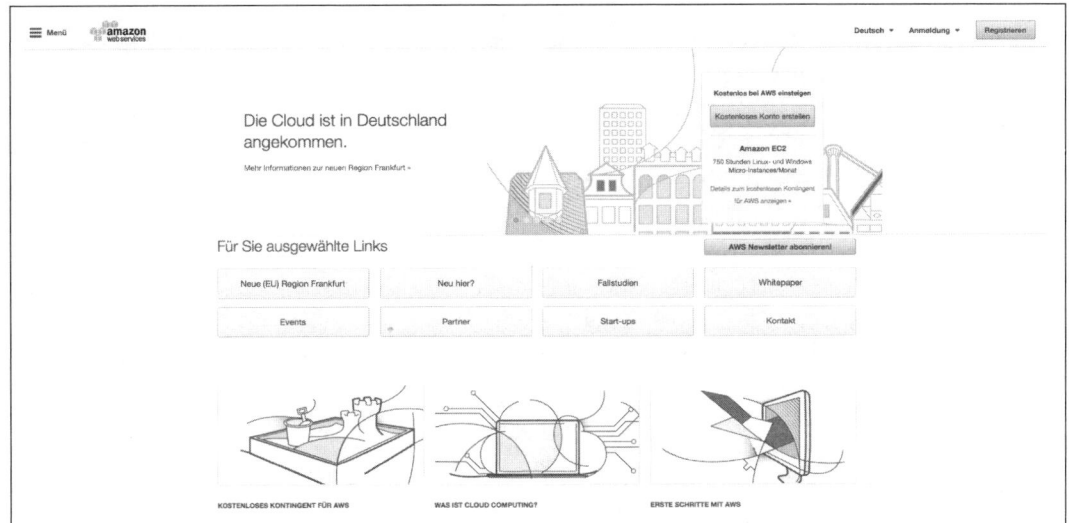

▲ Abbildung 11-1
Amazon ist einer der bekanntesten
Cloud-Anbieter.

Zusammenfassung

- CDNs könnten von Google als Trust-Signal gewertet werden.
- Nutzen Sie bekannte Ressourcen wie jQuery, die in CDNs gelagert werden, um zum Beispiel auf die gecachte Version im Browser zurückzugreifen.
- Sie können für Ihre CDNs auch eigene Cnames verwenden und damit unter einer eigenen Subdomain hosten.
- Nehmen Sie CDNs, um Ihre datenintensiven Bilder und Videos redundant zu speichern und die schnellstmögliche Bereitstellung zu gewährleisten.

KAPITEL 12
SSL-Optimierung

Bis vor gar nicht allzu langer Zeit war die Annahme, dass Google SSL-Verschlüsselung als positives Ranking-Signal wertet, nur eine vage Vermutung einiger Suchmaschinenoptimierer. Doch mittlerweile hat Google selbst bekannt gegeben, dass das der Wahrheit entspricht (siehe *http://seobuch.net/413*). Es ist wirklich bemerkenswert, dass Google das öffentlich mitteilt, da man sich dort zu Ranking-Signalen nur sehr selten äußert. Die Motivation dürfte darin liegen, das Netz insgesamt sicherer zu machen, weshalb Website-Betreiber dazu ermutigt werden sollen, komplett auf SSL umzusteigen. Das Thema ist für SEOs genauso spannend wie eine saubere Pagespeed-Optimierung. Man kann damit beim Ranking im Zweifel durchaus den einen oder anderen Prozentpunkt herausholen.

Was ist SSL-Verschlüsselung?

Vereinfacht gesagt, ist SSL eine verschlüsselte Kommunikation zwischen dem Server und dem Client. Enorm wichtig ist dies bei sehr sensiblen Daten, die ausgetauscht werden sollen, zum Beispiel Bank- und Zahlungsdaten oder sensible Dokumente. Dafür wird ein SSL-Zertifikat auf der Domain eingebunden. Doch damit ist es nicht getan, denn gerade aus SEO-Sicht müssen einige Dinge genau beachtet werden.

HTTPS ist nicht gleich HTTP

Google wertet bis heute *https://www.beispiel.de* und *http://www.beispiel.de* als zwei unterschiedliche URLs, so dass auch beide Seiten in den Google-Index aufgenommen werden können. Bisher haben sich viele SEOs gescheut, komplett auf HTTPS umzustellen, da das eine ganze Menge an Weiterleitungen nach sich zieht. SEOs versuchen in der Regel, Redirects zu vermeiden, da sie immer einen kleinen Signal-Verlust herbeiführen können. Auch dass Google zurzeit üblicherweise nur bis zu drei Redirects folgt, sollte man bedenken.

Folgendes Szenario: Angenommen, es gibt einen externen Link auf die URL http://www.beispiel.de/abc. Diese URL wird entfernt und auf http://www.beispiel.de/def weitergeleitet. Nun wird auch diese URL entfernt und auf die Startseite *www.beispiel.de* geleitet. Anschließend wird die Domain auf HTTPS umgestellt, und die URL wird auf *https://www.beispiel.de* geleitet. Damit haben wir drei Weiterleitungen beim Aufruf von http://ww.beispiel.de/abc, denen Google noch folgen würde. Jeder weitere Redirect würde von Google aber nicht mehr verfolgt, und der externe Link verlöre wahrscheinlich seine Wertigkeit. Deswegen ist gerade bei extern gesetzten Links auf die eigene Domain immer zu beachten, wie oft Redirects in Kette geschaltet werden. Und SSL bedeutet, dass wir für jede URL einen weiteren Redirect einführen müssen.

Da aber SSL ein Ranking-Faktor ist, empfehlen wir grundsätzlich, sich ein Zertifikat zuzulegen, das man bei unterschiedlichen Anbietern bekommt. Die erste Anlaufstelle sollte der eigene Webhoster sein.

Was sind SSL-Zertifikate?

Um sicherzustellen, dass die Kommunikation tatsächlich mit dem richtigen Server bzw. der richtigen Domain erfolgt, kann der Server durch eine vertrauenswürdige Institution zertifiziert werden. Solche Zertifikate werden unter anderem von *Geotrust, Twathe, Globalsign* oder auch der *Deutschen Telekom* ausgestellt. Gerade die Kommunikation mit einer Bank sollte immer mithilfe von zertifiziertem SSL getätigt werden.

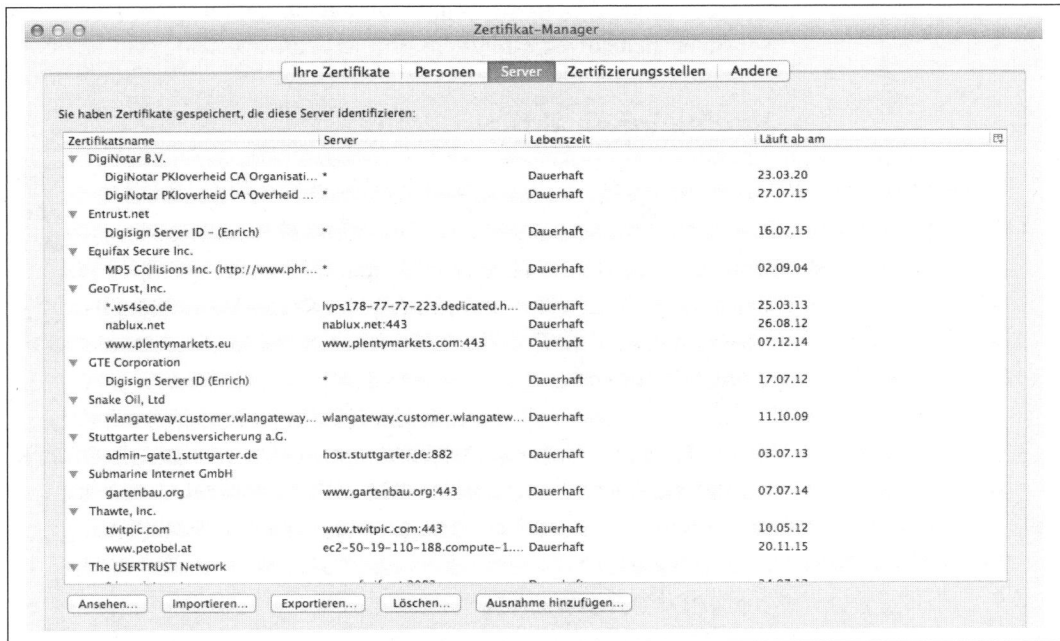

Grundregeln der Integration von SSL auf der eigenen Domain

Ressourcen über HTTPS ausliefern

Gerade dann, wenn man Bilder, CSS, JavaScript oder auch Fonts
(Schriftarten) in seinem Quellcode integriert hat, sollte man darauf
achten, dass alle Ressourcen über HTTPS ausgeliefert werden.
Werden externe Dateien integriert, sollten hier relative URLs ohne
Protokoll angegeben werden, da sonst das Mischen von HTTP und
HTTPS zu Fehlermeldungen im Browser führen kann. Im Idealfall
sollten auf HTTPS-Seiten externe Dateien ebenfalls über HTTPS
eingebunden werden. Andersherum spielt es keine Rolle, also bei
HTTP-Seiten, in die HTTPS-Dateien eingebunden werden.

Wildcard-SSL-Zertifikat nutzen

Wenn Sie mit Subdomains arbeiten, um den Pagespeed zu erhöhen,
sollten Sie darauf achten, dass das SSL-Zertifikat ein Wildcard-Zer-
tifikat ist. Dann sind alle URLs nach dem Muster *.beispiel.de* unter

der SSL valide und verursachen keine Fehlermeldungen. Die Browser-Sicherheitsanzeige zeigt ein grünes Schloss – also »sehr sicher«.

Verlinkungen aktualisieren

Einige CMS-Systeme verlinken nicht immer relative, sondern zum Teil auch absolute URLs. Hier sollten möglichst die internen Links angepasst werden, um unnötige Weiterleitungen zu vermeiden. Achten Sie auch auf die XML-Sitemap (Kapitel 9), ob dort noch die HTTP-Variante vorhanden ist oder das System schon eine HTTPS-Variante erstellt hat. Ansonsten müssten Sie auch noch die XML-Sitemap anpassen.

Außerdem sollten Sie nicht vergessen, einen Blick in die Datei *robots.txt* zu werfen, um zu prüfen, ob Sie für Google die HTTPS-Variante gesperrt haben. Ist das der Fall, sollten Sie diesen Eintrag entfernen.

Server-Performance

Eine SSL-Verschlüsselung fordert erhöhte Systemressourcen des Webservers. Hier sollte sehr genau beobachtet werden, ob der Webserver mit der zusätzlichen Last zurechtkommt.

Grundsätzlich ist die Belastung nicht exorbitant, und ein vernünftiger Server, der in den letzten zwei Jahren angeschafft wurde, sollte sie ohne Probleme stemmen können. Trotzdem sollten Sie ein Auge darauf haben, da ja auch die Ladegeschwindigkeit ein wichtiger Ranking-Faktor geworden ist.

Die Wahl des richtigen Zertifikats

Google hat in einem öffentlichen Blogbeitrag ganz klar definiert, dass die Verschlüsselung mindestens 2.048 Bit betragen muss. Das ist schon eine relativ tiefe, also weitgehende Verschlüsselung, die aber durchaus sinnvoll ist, da die Entschlüsselung für Angreifer sehr komplex und rechenintensiv ist. Sie sollten deshalb bei Ihrem Hosting-Anbieter auf eine 2.048-Bit-Verschlüsselung oder höher bestehen.

Weiterhin gibt es unterschiedliche SSL-Zertifikate mit unterschiedlichen Anmeldeverfahren. Hier sollte man danach entscheiden, wie viel man zu investieren bereit ist.

SSL-Zertifikate lassen sich in drei Varianten einteilen: Domain-validierte, organisationsvalidierte und Extended-validierte SSL-Zertifikate. Diese Varianten schauen wir uns im Folgenden etwas genauer an.

Domain-validierte SSL-Zertifikate

Am weitesten verbreitet sind die Domain-validierten SSL-Zertifikate. Dafür wird die Domain in einem E-Mail-Prozess verifiziert. Ein E-Mail-Robot schickt an die WHOIS-E-Mail-Adresse oder eine alternative administrative E-Mail-Adresse eine Nachricht, um die Bestellung eines SSL-Zertifikats zu bestätigen.

Die Zertifizierungsstelle prüft, ob der Auftraggeber tatsächlich der Inhaber der genannten Domain ist. Nach einer Bestätigung ist das Zertifikat innerhalb von Minuten ausgestellt.

Ein Klick auf das SSL-Schloss in der Browserzeile zeigt bei *Domain-Validation* nur den validierten Domainnamen an.

Domain-validierte SSL-Zertifikate eignen sich für

- private Websites und kleine geschäftliche Sites,
- Foren und private Blogs sowie
- Mailserver.

Organisationsvalidierte SSL-Zertifikate

Bei organisationsvalidierten SSL-Zertifikaten wird zusätzlich zur Domainprüfung eine Identitätsprüfung vorgenommen. Das Unternehmen muss Dokumente einreichen, die es als Inhaber der Domain bestätigen. Abhängig vom Anbieter der SSL-Zertifikate unterscheidet sich die Identitätsprüfung. Im Normalfall werden ein Handelsregisterauszug angefordert, die Kontodaten abgeglichen und noch telefonisch Kontakt aufgenommen. Ein Teil der gesammelten Informationen wird anschließend mit dem Domain-WHOIS-Eintrag verglichen.

Zusätzlich zum Domainnamen werden bei diesem Zertifikatstyp unter »Zertifikatsinhaber« Unternehmensname und Ort angezeigt.

Organisationsvalidierte SSL-Zertifikate eignen sich für

- große Unternehmensseiten,
- Webshops und
- Webmail-Anbieter.

Extended-validierte SSL-Zertifikate

Extended-validierte SSL-Zertifikate unterscheiden sich hauptsächlich durch eine grüne Adresszeile im Browser von den beiden anderen SSL-Varianten. Das ist sozusagen ein zusätzliches »optisches Signal« dafür, dass es sich um eine vertrauenswürdige Verbindung handelt.

◀ Abbildung 12-2 ▶
Banken sollten Extended-validierte SSL-Zertifikate nutzen, um maximale Sicherheit zu gewährleisten.

Deutsche Postbank AG (DE) | https://banking.**postbank.de**/rai/login

Beim Validierungsverfahren nimmt die Zertifizierungsstelle ebenfalls einen Domaincheck und eine Identitätsprüfung vor. Des Weiteren wird geprüft, ob der Antragsteller beim Unternehmen angestellt ist und über die Befugnis verfügt, ein Extended-SSL-Zertifikat zu erwerben.

Bei dieser Variante wird generell eine 256-Bit-Verschlüsselung verwendet und eine breitestmögliche Browserakzeptanz erzielt. Neben der grünen Adresszeile wird unter »*Zertifikatsinhaber*« zusätzlich Domainname, Unternehmensname und Ort angezeigt.

Extended-validierte SSL-Zertifikate eignen sich für

- Bank- und Kreditkarten-Websites,
- große Webshops und
- alle Websites, bei denen maximale Sicherheit nötig ist und sensible Daten zwischen Server und Computer ausgetauscht werden.

Gerade im E-Commerce- bzw. Shop-Bereich können sich teure SSL-Zertifikate mit hohem Vertrauensfaktor durchaus auch positiv als Konversionssignal auswirken. Hier empfehlen wir mindestens das organisationsvalidierte SSL-Zertifikat. Für eine kleine Informationswebsite kann dagegen ein einfaches SSL-Zertifkat (Domainvalidiert) mit 2.048-Bit-Verschlüsselung schon ausreichen.

 Tipp   Vergessen Sie nicht, Ihre Domain in den Webmaster Tools auch für HTTPS zu validieren, denn das wird nicht automatisch gemacht.

Zusammenfassung

- SSL ist ein bestätigter Ranking-Faktor von Google und sollte integriert werden.
- Bei der Umstellung sollten Sie alle HTTP-URLs per 301 auf HTTPS umleiten.

- Achten Sie darauf, alle Ressourcen über HTTPS auszuliefern, damit Sie Browser-Fehlermeldungen vermeiden.

- Nutzen Sie Wildcard-SSL-Zertifikate, die Ihnen mehr Freiheiten beim Pagespeed und beim Anlegen von Subdomains geben.

- Prüfen Sie, ob Sie interne Links absolut verlinkt haben, denn dann müssen Sie diese Links entsprechend für HTTPS anpassen.

- Eine SSL-Verschlüsselung verlangsamt die Internetverbindung heutzutage nicht mehr – aus Gründen der Seitenladegeschwindigkeit müssen Sie nicht darauf verzichten.

- Wählen Sie das richtige Zertifikat für sich. Nicht immer ist unbedingt die teuerste Lösung nötig.

KAPITEL 13
Mobile SEO

In diesem Kapitel:

- Responsive Design
- Dynamic Serving
- Separate Mobile-Website
- Hinweise zur Benutzerfreund-lichkeit auf Mobilgeräten
- App-Indexierung
- Worauf Sie bei Änderung der Mobile-Strategie achten müs-sen
- Zusammenfassung

Ein Blick in die Webanalyse-Software zeigt bei vielen Websites das gleiche Bild: Die Anzahl der Zugriffe über mobile Geräte hat in den letzten Jahren deutlich zugenommen und es ist aktuell nicht davon auszugehen, dass sich das Wachstum in diesem Bereich abschwä-chen wird. Die stark wachsende Verbreitung von Smartphones und günstigeren Datentarifen hat diesen Trend in den letzten Monaten deutlich beschleunigt.

Aus Sicht von Website-Betreibern führt das zu einer zusätzlichen Anforderung an einen Webauftritt: Die Inhalte sollten möglichst gut an die unterschiedlichen Display-Größen und Auflösungen der mobilen Geräte angepasst sein. Diese Anforderung wird unter dem Schlagwort »Mobile SEO« zusammengefasst — wobei nicht ganz trennscharf gesagt werden kann, welche Endgeräte als »mobil« zu klassifizieren sind.

Um die eigenen Inhalte bestmöglich anzuzeigen, gibt es drei Vorge-hensweisen:

- Responsive Design
- Dynamic Serving
- Separate Mobile-Websites

Seitdem Google im Oktober 2013 die Indexierung von Apps ange-kündigt und mittlerweile mit einigen Partnern umgesetzt hat, gibt es grundsätzlich noch eine weitere Möglichkeit, um Nutzer von der Google-Suche mit möglichst wenigen Zwischenschritten auf eine möglichst gut optimierte Darstellung zu leiten. Voraussetzung ist hierbei, dass der Nutzer die verknüpfte App installiert hat. Im Moment ist die Möglichkeit nur bei Android-Apps gegeben —

wobei Apps anderer Betriebssysteme mit Sicherheit früher oder später folgen werden.

Was kann Mobile SEO?

Bei Mobile SEO geht es hauptsächlich darum, für eine saubere Infrastruktur zu sorgen. Speziell im Fall von getrennten URL-Strukturen zur geräteoptimierten Darstellung sind dabei einige Aspekte zu beachten. Diese werden in diesem Kapitel vorgestellt.

Für das Ranking sind allerdings die Signale der Desktop-URLs relevant (sofern es solche gibt).

Um ein gutes Ranking bei Anfragen mobiler Endgeräte zu erzielen, ist es folglich notwendig, bei von Desktop-Geräten gestellten Anfragen gut positioniert zu sein. Eine gezielte Optimierung auf mobil gestellte Suchanfragen ist aktuell nicht möglich.

Responsive Design

Die Verwendung von *Responsive Design*, also der automatischen und dynamischen Anpassung der auf einer Website dargestellten Elemente auf die verfügbare Größe eines Displays, zählt aktuell zu den Themen, die im Zusammenhang mit der Gestaltung von Websites am meisten diskutiert werden. Angepasst werden bei dieser Technik alle auf der URL dargestellten Elemente, also neben dem eigentlichen Inhalt unter anderem auch die Navigation.

Aus SEO-Sicht hat die Verwendung von Responsive Design den entscheidenden Vorteil, dass zur endgerätoptimierten Darstellung keine zusätzlichen URLs erstellt werden. Dadurch steigt der Crawling-Aufwand nicht stark an. In aller Regel wird bei diesem technischen Setup exakt derselbe HTML-Quelltext für alle Geräteklassen ausgeliefert – einzig unterschiedliche CSS-Angaben führen dazu, dass die Inhalte auf die zur Verfügung stehende Auflösung angepasst werden. Aus Wartungssicht hat Responsive Design den Vorteil, dass alle Inhalte aus demselben System kommen und ausschließlich die CSS-Angaben für die optische Aufbereitung verantwortlich sind. Änderungen müssen daher nur an einem System durchgeführt werden.

Doch es gibt auch Gründe, sich gegen Responsive Design zu entscheiden: Besonders bei großen Websites ist es nicht so einfach, alle bestehenden Inhalte auf diese Technik zu übertragen. Zudem ist der Testaufwand durch die Vielzahl an möglichen Darstellungsgrößen nicht unerheblich.

Dynamic Serving

Mit Dynamic Serving (Deutsch: dynamische Bereitstellung) steht eine weitere Möglichkeit bereit, um eine optimale Darstellung von Inhalten zu erzielen. Wie beim Responsive Design findet die Darstellung auf denselben URLs für mobile und Desktop-Zugriffe statt. Das hat, wie gesagt, den Vorteil, dass Inhalte nicht unter mehreren Adressen erreichbar sind.

Im Gegensatz zum Responsive-Design-Ansatz ist bei dieser Methode der ausgelieferte HTML-Quelltext abhängig vom User-Agent, also der Nutzerkennung eines Endgeräts. Mit anderen Worten: Beim Zugriff über ein normal konfiguriertes Desktop-Endgerät wird ein anderer Quelltext auf der URL angezeigt als beim Zugriff mit einem Smartphone auf dieselbe Adresse.

Da dieses Setup für Suchmaschinen nicht direkt ersichtlich ist, sollten sie mit der über den HTTP-Header zu übertragenden Angabe Vary: User-Agent darüber informiert werden, dass sich der Seiteninhalt je nach User-Agent unterscheidet. Andernfalls kann nicht sichergestellt werden, dass Suchmaschinen umgehend von den mobiloptimierten Inhalten erfahren.

```
GET /page-1 HTTP/1.1
Host: www.example.com
User-Agent: Mozilla/5.0 (Linux; Android 4.0.4; Galaxy Nexus Build/
IMM76B) AppleWebKit/535.19 (KHTML, like Gecko) Chrome/18.0.1025.133
Mobile Safari/535.19
(... Rest des HTTP-Anfrage-Headers ...)

HTTP/1.1 200 OK
Content-Type: text/html
Vary: User-Agent
Content-Length: 5710
(... Rest des HTTP-Antwort-Headers ...)
```

Die Angabe *Vary* führt allerdings bei vielen Content-Delivery-Networks (CDN) zu Problemen, denn diese Angabe wird als Hinweis darauf gewertet, dass keine zwischengespeicherten (gecachten) Inhalte ausgeliefert werden sollen, sondern diese direkt vom Server angefragt werden müssen – wodurch eben nicht auf die Vorteile eines CDN zurückgegriffen wird.

Separate Mobile-Website

Da es besonders bei bereits bestehenden Webauftritten wesentlich einfacher ist, eine separate mobile Version einer Website zu erstellen, als die bestehenden Webseiten auf Responsive Design oder Dynamic Serving umzubauen, ist die Verwendung einer separaten Mobile-Website eine weiterhin häufig genutzte Variante im Mobile SEO. Dabei ist die Verwendung einer eigenen Domain wie *domain.mobi* oder der Rückgriff auf eine Subdomain wie *m.domain.tld* möglich.

Dadurch, dass die Inhalte aus unterschiedlichen Systemen kommen und vor allem unter unterschiedlichen URLs zur Verfügung stehen, steigt für Suchmaschinen der Crawling-Aufwand. Zusätzlich ist es für Suchmaschinen nicht direkt ersichtlich, welche der URLs als die Primärquelle angesehen werden und deshalb in der Google-Suche platziert werden soll. Doch dieses Problem lässt sich durch die Verwendung der von Suchmaschinen empfohlenen Annotationen lösen.

Wenn Sie sich für die Verwendung einer separaten (Sub-)Domain entscheiden, müssen Sie

- per Canonical-Tag von der mobilen Variante auf die Desktop-Version und
- andersherum über *rel="alternate"* von der Desktop- auf die mobile Version

verweisen.

Tipp   Wenn Sie bei der mobilen und der Desktop-Variante dieselbe URL-Struktur einsetzen, vereinfacht das die Integration der notwendigen Angaben sehr.

Indem Sie diese beiden Annotationen korrekt einsetzen, stellen Sie sicher, dass in der Websuche immer die am besten auf das anfragende Endgeräte angepasste URL angezeigt wird und zusätzlich die Gefahr von »Duplicate Content« gebannt ist. Zudem verkürzen Sie die Ladezeit, da eine Weiterleitung mobiler Nutzer von der Desktop- auf die mobile URL entfällt.

Desktop-URL: rel="alternate" einbauen

Durch die Verwendung des Linkelements *rel="alternate"* werden Suchmaschinen darüber informiert, dass der gerade dargestellte

Inhalt noch unter weiteren Adressen zu finden ist. Die Beziehung der auf diese Weise miteinander verknüpften Seiten kann unterschiedlich sein – neben der Annotation zwischen der Desktop- und der mobilen Version gibt es auch die Angabe *hreflang*, die Suchmaschinen dabei hilft, die geografische Ausrichtung von Website-Content besser zu verstehen (siehe Kapitel 3).

Die Verknüpfung der »alternativen« URLs findet dabei wahlweise statt über

- Definition im *<head>*-Bereich des HTML-Dokuments oder
- die XML-Sitemap.

Je nach gewählter Variante sieht die Integration anders aus. Beachten Sie aber unabhängig von der gewählten Integration, dass die Auszeichnung auf Seitenbasis zu erfolgen hat. Es müssen folglich die jeweils korrespondieren Webadressen verknüpft werden.

Auszeichnung im <head>-Bereich definieren

Bei der Integration im *<head>* muss die auf mobile Endgeräte optimierte URL von der Desktop-Variante über folgende Angabe referenziert werden:

```
<link rel="alternate" media="only screen and (max-width: 640px)"
href="http://m.example.com/page-1" >
```

Grundsätzlich ist es nicht notwendig, dass die URL-Struktur der mobilen Version exakt der der Desktop-Website entspricht – aber die Integration der Tags wird dadurch massiv vereinfacht. Wenn auf unterschiedliche URLs zurückgegriffen wird, ist es zudem schwieriger, Verweise zur Desktop- bzw. zur Mobile-Version auf einer Seite zu integrieren, um Nutzern den Wechsel zwischen den beiden Website-Versionen zu ermöglichen.

Auszeichnung über XML-Sitemap

Als weitere Variante kann die Annotation in XML-Sitemaps eingebettet werden.

Damit die Beziehung der Seiten von Suchmaschinen verstanden wird, muss die Sitemap folgenden Aufbau haben:

```
<?xml version="1.0" encoding="UTF-8"?>
<urlset xmlns="http://www.sitemaps.org/schemas/sitemap/0.9"
  xmlns:xhtml="http://www.w3.org/1999/xhtml">
<url>
<loc>http://www.example.com/page-1/</loc>
```

```
<xhtml:link
    rel="alternate"
    media="only screen and (max-width: 640px)"
    href="http://m.example.com/page-1" />
</url>
</urlset>
```

Beachten Sie in diesem Zusammenhang die Hinweise zu XML-Site-maps in Kapitel 9.

Die Annotation im Detail

`rel="alternate"`

Über dieses Attribut wird signalisiert, dass es eine alternative Version der aufgerufenen Web-site gibt.

`media="only screen and (max-width: 640px)"`

Der Wert dieses Attributs informiert Suchma-schinen darüber, dass die alternative Version für Display-Auflösungen bis 640 Pixel unter der angegebenen Adresse zu finden ist. Anstelle von 640px kann natürlich eine andere Angabe verwendet werden.

`href=""`

Innerhalb des href-Attributs wird die exakte URL inklusive Protokoll angegeben, unter der die alternative Version der Seite zu finden ist.

Mobile-URL: Integration des Canonical-Tags

Während die Desktop-URL die mobile Variante als alternative Darstellung ausweist, muss auf der mobilen URL die Referenzierung über den bekannten Canonical-Tag (siehe Kapitel 8) definiert werden.

Auch hierbei ist es notwendig, dass die Angabe der kanonischen URL für jede Seite getrennt stattfindet. Neben der gängigen Möglichkeit, die kanonische Adresse im *<head>*-Bereich zu definieren, kann diese Adresse auch über den HTTP-Header ausgewiesen werden.

Angenommen, die Desktop-Darstellung von *http://m.example.com/page-1* ist unter *http://www.example.com/page-1* zu finden, dann muss <link rel="canonical" href=" http://www.example.com/page-1"> im *<head>*-Bereich des Quelltexts der mobilen URL eingefügt werden. Reduzieren Sie die Canonical-URL dabei so weit wie möglich und lassen Sie unnötige URL-Parameter weg.

User-Agent Weiterleitung

Durch die gegenseitigen Verweise der Darstellungsversionen wird nur Suchmaschinen geholfen. Wenn ein Nutzer mit einem mobilen Endgerät direkt auf eine URL zugreift und keine auf dem User-Agent basierende Weiterleitung stattfindet, übermittelt der Webserver die Desktop-Variante. Deshalb ist es notwendig, User-Agent-abhängige Weiterleitungen zu konfigurieren. Solange dies nicht mit dem Zweck geschieht, Suchmaschinen-Crawlern andere Inhalte zu präsentieren als normalen Besuchern, ist daran nichts Verwerfliches. Behandeln Sie aus diesem Grund die User-Agents der Suchmaschinen zum Crawlen mobiler Inhalte genau wie mobile Endgeräte.

User-Agent des Googlebot-Mobile

Google verwendet momentan drei User-Agents für das Crawling mobil-optimierter Inhalte.

Für Smartphones wird

```
Mozilla/5.0 (iPhone; CPU iPhone OS 6_0 like
Mac OS X) AppleWebKit/536.26 (KHTML, like
Gecko) Version/6.0 Mobile/10A5376e Safari/
8536.25 (compatible; Googlebot/2.1; +http://
www.google.com/bot.html)
```

verwendet.

Um Inhalte für Feature-Phones zu analysieren, weist sich Googlebot als

```
SAMSUNG-SGH-E250/1.0 Profile/MIDP-2.0
Configuration/CLDC-1.1 UP.Browser/6.2.3.3.c.
```

```
1.101 (GUI) MMP/2.0 (compatible; Googlebot-
Mobile/2.1; +http://www.google.com/bot.html)
```

oder

```
DoCoMo/2.0 N905i(c100;TB;W24H16)
(compatible; Googlebot-Mobile/2.1; +http://
www.google.com/bot.html)
```

aus.

Unter der Adresse *https://developers.google.com/webmasters/smartphone-sites/googlebot-mobile* (*http://seobuch.net/116*) werden die derzeit verwendeten User-Agents von Google aufgelistet.

User-Agent-abhängige Weiterleitungen einzurichten, klingt erst einmal vergleichsweise trivial. Doch häufig sorgt die Vielfalt an User-Agents, besonders bei Android-Geräten, für Probleme.

Tipp	Im Idealfall finden die automatischen Weiterleitungen bidirektional, also sowohl zwischen Desktop- und Mobile-Version als auch andersherum statt. Schließlich können durch Verweise auch Desktop-Endgeräte auf für diese Gerätegruppe nicht optimalen mobilen Seiten landen.	

Es ist eine Überlegung wert, die Weiterleitung von Desktop-Geräten von der mobilen Darstellung auf die eigentliche Website erst nach Bestätigung durchzuführen.

Auch aus diesem Grund empfiehlt es sich, zusätzlich zu automatischen Weiterleitungen noch Verlinkungen zwischen der mobilen und der Desktop-Variante anzubieten.

Google empfiehlt zusätzlich, Suchmaschinen über die Angabe von *Vary: User-Agent* zu signalisieren, dass sich das Verhalten einer Website abhängig vom User-Agent ändern kann. Beachten Sie dabei die unter *Dynamic Serving* angesprochenen möglichen Probleme beim Einsatz eines Content-Delivery-Network.

Weiterleitung über den HTTP-Header

Wenn möglich, sollten Sie die Weiterleitungen auf gerätespezifische URLs über den HTTP-Header durchführen. Dabei ist es unerheblich, ob Sie den Statuscode 301 oder 302 verwenden. In diesem Zusammenhang entstehen Ihnen aus SEO-Sicht bei keinem der beiden Nachteile.

Weiterleitung über JavaScript

Alternativ sind Weiterleitungen über JavaScript möglich – beachten Sie dabei aber, dass dadurch der Seitenaufbau wesentlich verlangsamt werden kann.

Bi- und unidirektionale Weiterleitungen

Während es gängig ist, dass eine Weiterleitung von Desktop- zu Mobile-Version stattfindet, ist der umgekehrte Weg eher selten. In den meisten Fällen handelt es sich also um unidirektionale Weiterleitungen.

Unter einer bidirektionalen Weiterleitung ist zu verstehen, dass sowohl Desktop- als auch mobile Nutzer umgeleitet werden, wenn sie auf die nicht für ihr Gerät optimierte URL zugreifen.

 Tipp

Sie sollten Ihren Besuchern erlauben, unabhängig von der Weiterleitungslogik die gewünschte Darstellungsweise zu bestimmen, denn es kann gute Gründe dafür geben, dass ein Desktop-Nutzer doch die mobile Version angezeigt bekommen möchte oder umgekehrt.

Weiterleitung des Googlebot überprüfen

Über die Google Webmaster Tools können Sie überprüfen, welchen Statuscode die Googlebot-Mobile-Crawler bei Zugriff auf URLs Ihrer Desktop-Website erhalten. Umgekehrt ist das ebenfalls möglich. Verwenden Sie dazu die Funktion »*Abruf wie durch Google*«, die Sie unter »Crawling« finden. Über die Funktion können Crawling-Vorgänge gestartet werden, beispielsweise um Google über neue Inhalte zu informieren.

Vor dem Abruf müssen Sie definieren, mit welchem User-Agent auf die angegebene URL zugegriffen werden soll. Zur Wahl stehen folgende:

- Web
- Mobile: Smartphone
- Mobile: XHTML/WML
- Mobile: cHTML

▼ **Abbildung 13-1**
Neben der URL können Sie unterschiedliche User-Agents auswählen.

Abruf wie durch Google

http://www.trustagents.de/ [   ] Desktop / FEN / ABRUFEN UND RENDERN

Lassen Sie die URL leer, um die Startseite abzurufen. Die Verarbeitung von Anfragen kann einige Minuten dauern.

Mobile: Smartphone
Mobile: XHTML/WML
Mobile: cHTML

1 - 8 von 8 < >

Pfad   Googlebot-Typ   Rendern angefordert   Status   Datum

Während »Web« der User-Agent des normalen Googlebot ist, sind die Varianten Mobile: XHTML/WML und Mobile: cHTML die User-Agents der sogenannten Feature-Phones. Zur Erinnerung: Das sind Geräte, die normale Desktop-Webseiten im Gegensatz zu modernen Smartphones nicht darstellen können, beispielsweise Handys, die nur WAP-Seiten anzeigen können.

Wenn Ihre (HTTP-Header-)Weiterleitungen richtig konfiguriert sind, sollten die mobilen Googlebots beim Zugriff auf Desktop-URLs den definierten Statuscode zurückgeliefert bekommen und auf die gerätspezifische URL weitergeleitet werden.

Tipp   Damit Sie überprüfen können, wie Ihr Webserver mit Zugriffen des normalen Googlebot umgeht, müssen Sie den Hostnamen Ihrer mobilen Website getrennt bestätigen. Auch für sonstige Informationen über Ihre mobile Domain sollten Sie die Bestätigung durchführen.

Abruf wie durch Google

 http://www.domain.de/

  Googlebot-Typ: Mobile: Smartphone

⚠ Weitergeleitet am Mittwoch, 30. Juli 2014 12:29:40 GMT-7

  Diese URL leitete auf folgende Seite weiter: **http://m.domain.de/**

| Abrufen |

Heruntergeladene HTTP-Antwort:

```
HTTP/1.1 302 Found
Date: Wed, 30 Jul 2014 19:29:41 GMT
Server: Apache
Vary: Host
Set-Cookie: JSESSIONID=A9A530B5E60F63494617FAA16EEBBEC2.jvm_http51_p0121; Path=/; HttpOnly
Location: http://m.domain.de/
Content-Length: 0
Connection: close
Content-Type: text/plain
Set-Cookie: Serverdomain_http=857817098.20480.0000; path=/
```

Download-Zeit: 0.229 Sekunden

Abbildung 13-2 ▲
Anfragen mobiler User-Agents werden vom Server mit einer Weiterleitung beantwortet.

Was Sie vermeiden sollten

Wie zu Beginn des Kapitels beschrieben, geht es beim mobilen SEO darum, die eigenen Inhalte möglichst gerätespezifisch darzustellen. Für das Ranking der Mobile-optimierten Inhalte sind dabei die Signale der Desktop-URLs maßgeblich. Wenn Sie die technischen Anforderungen erfüllen, sollten Sie keine negativen Unterschiede im Ranking zwischen mobiler Website und Desktop-Website sehen.

Da es bislang regelmäßig der Fall ist, dass die User-Experience von mobilen Websites nicht optimal ist, hat Google angekündigt, deren Webseiten schlechter zu ranken. Dies betrifft vor allem Webseiten, die nicht auf die korrespondierenden gerätespezifischen URLs weiterleiten, sondern beispielsweise auf die Startseite. Dadurch findet der Nutzer den eigentlich gesuchten Inhalt erstmal nicht. Für diese »falschen« Weiterleitungen gibt es eine eigene Bezeichnung: Die sogenannten *Faulty redirects*.

Abbildung 13-3 ▼
Faulty redirects: Obwohl äquivalente URLs auf der mobilen Version existieren, wird auf die Startseite geleitet.

www.example.com/ ⟶ m.example.com

www.example.com/hello ⟶ m.example.com/hello

www.example.com/world ⟶ m.example.com/world

Zu vermeiden gilt es,

- angefragte Desktop- (oder mobile) URLs statt auf die entsprechend passende URL z. B. auf die Startseite zu leiten. Das gilt es auch bei Links wie »Zur mobilen Version« bzw. »Zur Desktop-Version« zu berücksichtigen, um Nutzern einen Wechsel von Hand zu ermöglichen. Sie wissen bereits, welchen Inhalt der Nutzer aufgerufen hat – also sollten Sie ihn nicht auf eine irrelevante Seite schicken.
- Videos in auf mobilen Geräten nicht abspielbaren Formaten einzubetten.
- Smartphone-spezifische 404-Fehler auszugeben.
- aggressive Werbung für Apps zu betreiben. Beschränken Sie automatisch angezeigte Werbung für Ihre App im Idealfall auf einfache Links.
- unnötige Weiterleitungen zu verwenden und dadurch die Ladezeit zu erhöhen.
- auf Techniken wie Flash zu setzen, obwohl diese nicht auf allen Geräten verfügbar sind.

Seit Juni 2014 werden bei von mobilen Geräten gestellten Suchanfragen im Falle von möglicherweise vorhandenen Faulty Redirects Hinweise innerhalb der Suchergebnisse angezeigt.

◀ **Abbildung 13-4**
Wenn (möglicherweise) eine irrelevante Weiterleitung stattfindet, zeigt Google einen Hinweis an.

In ähnlicher Weise weist Google Nutzer darauf hin, wenn eine Webseite eine vom Endgerät nicht unterstützte Technologie (wie eben Flash) einsetzt. Faulty Redirects werden in den Google Webmaster Tools mittlerweile unter *Crawling-Fehler* ausgegeben. Zudem werden in den Tools Smartphone- und Feature-Phone-spezifische Crawling-Fehler wie nicht vorhandene URLs getrennt aufgelistet.

Tipps beim Einsatz von separaten URLs

Da es für eine Mobile-URL nicht immer auch ein Pendant auf der Desktop-Version gibt (und andersrum), stellt sich die Frage, wie mit diesen URLs umgegangen werden soll. Grundsätzlich sollten Sie Verweise über *rel="canonical"* und *rel="alternate"* natürlich nur auf vorhandene URLs setzen, die zudem hinsichtlich des angezeigten Seiteninhalts der referenzierten Adresse entsprechen.

Besonders bei Onlineshops kommt es auf der separaten mobilen Version regelmäßig vor, dass es URLs gibt, die kein Pendant auf der Desktop-Website besitzen – beispielsweise dadurch, dass es bei der mobilen Version durch eine geringere Anzahl an pro Seite angezeigten Produkten mehr paginierte Seiten gibt. Diese URLs sollten Sie nach Möglichkeit durch die Angabe von *noindex* von der Indexierung ausschließen, da sie ansonsten mit anderen URLs in der Suche konkurrieren könnten. Alternativ stellt das Verhindern des Crawling eine Option dar.

Praxisbeispiel der Auszeichnung

Chefkoch.de verwendet eine separate Website für mobile Endgeräte. Dank dem Einsatz der von Google empfohlenen Annotationen wird bei einer über ein mobiles Gerät gestellten Suche nach »chefkoch« direkt die dafür optimierte Darstellung angezeigt.

240.000 Rezepte / Kochrezepte bei CHEFKOCH.DE
mobile.**chefkoch**.de/
Chefkoch.de ist mit über einer Million Mitgliedern Europas größte Koch-Community! Mehr als 240.000 Rezepte warten …

Kategorien
www.**chefkoch**.de/rezepte/**kategorien**/
Rezeptkategorien im Überblick – finden Sie Rezepte zu allen …

Was koche ich heute?
mobile.**chefkoch**.de/mobile/rezepte/…
Was koche ich heute? Hier findest du schnelle und gut bewertete …

Rezepte
mobile.**chefkoch**.de/ms/s0/**Rezepte**.h…
250.000 schmackhafte Rezepte auf Chefkoch.de - Deutschlands …

Rezept des Tages
www.**chefkoch**.de/**rezept-des-tages**.p…
New York Club Sandwich - Rezept des Tages - Februar - September

Ein genauer Blick auf die Sitelinks in Abbildung 13-5 offenbart, dass Google trotz richtiger Konfiguration auf der Website chefkoch.de einige Probleme hat, auch die Sitelinks entsprechend anzupassen. Sowohl der *www.*- als auch der *mobile.*-Hostname der Website werden als Sitelink angezeigt.

Werfen wir einen Blick auf die Konfiguration: Von mobilen URLs wird die entsprechende Desktop-URL per Canonical-Tag referenziert.

▼ **Abbildung 13-6**
Mobile URLs referenzieren die korrespondierende Desktop-URL per Canonical-Tag.

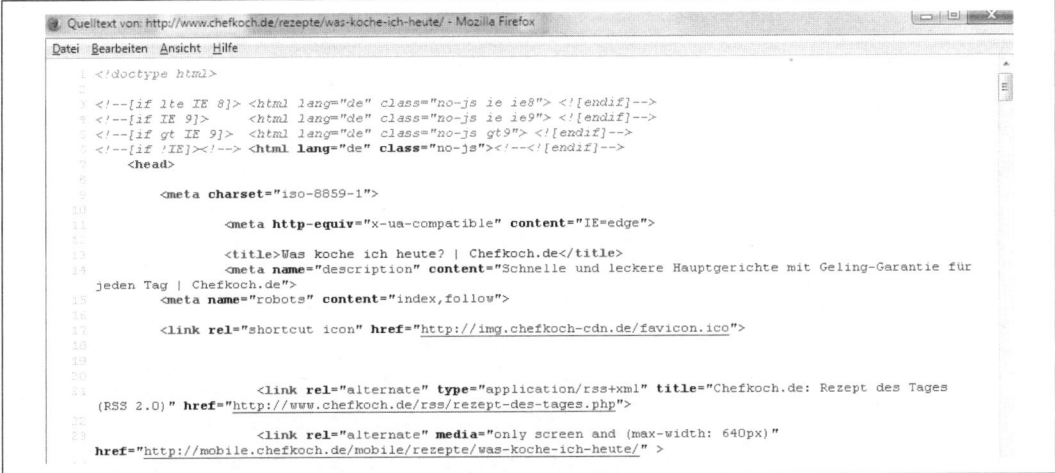

Mit dieser Konfiguration ist der erste Schritt getan. Um die Beziehung zwischen der Desktop- und der mobilen Darstellung ebenfalls zweifelsfrei zu kennzeichnen, verweist die Desktop-Adresse per *rel="alternate"* zurück.

▲ **Abbildung 13-7**
Über rel="alternate" wird auf die mobile Version verwiesen.

Hinweise zur Benutzerfreundlichkeit auf Mobilgeräten

Dem Thema Usability auf Mobilgeräten widmet sich seit Oktober 2014 der neue Bereich *Benutzerfreundlichkeit auf Mobilgeräten* der

Google Webmaster Tools. Der unter *Suchanfragen* gelistete Bereich weist auf Optimierungspotenziale bei der Darstellung von Inhalten auf mobilen Geräten hin.

Aktuell unterteilt Google die Fehler in die Kategorien:

- Flash-Nutzung
- Darstellungsbereich nicht konfiguriert
- Darstellungsbereich mit fester Breite
- Größe des Inhalts nicht an Darstellungsbereich angepasst
- Kleine Schriftgröße
- Touch-Elemente zu dicht beieinander

Die Daten werden kontinuierlich erhoben und aktualisiert. Oberhalb des Diagramms wird das Datum der letzten Aktualisierung angezeigt.

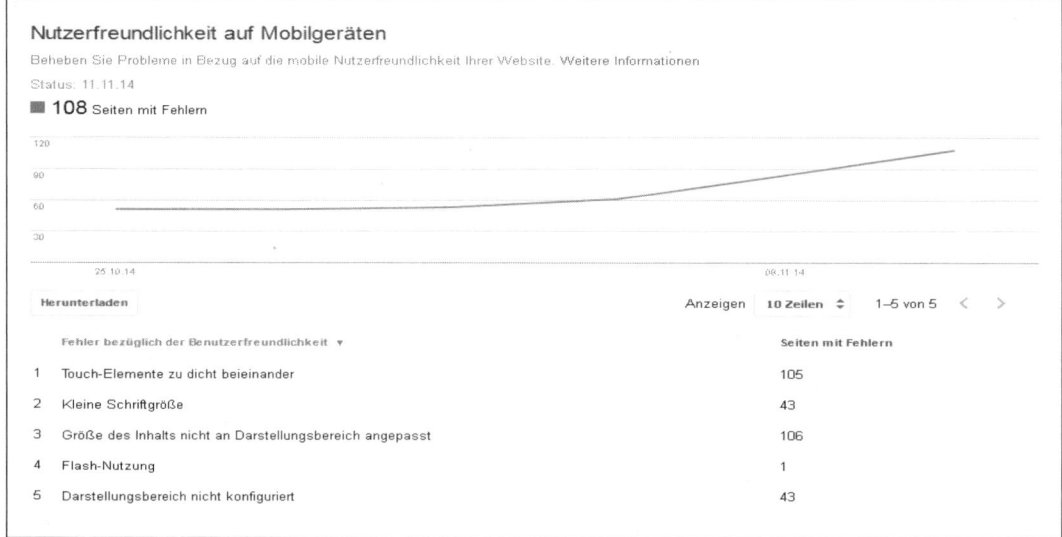

Zu jedem der Punkte zeigt Google an, auf wie vielen Adressen das Problem während der letzten Aktualisierung auftrat. Nach Auswahl einer Fehlergruppe, beispielsweise *Darstellungsbereich nicht konfiguriert*, zeigt Google die einzelnen URLs an, auf denen der Fehler festgestellt wurde. Der genannte Fehler bezieht sich darauf, dass die Angabe *meta viewport* nicht definiert wurde. Sie wird von Browsern verwendet, um festzustellen, ob die Größe und Skalierung der Seite für das verwendete Gerät angepasst werden muss oder nicht.

Weitere Informationen zu den Fehlern finden Sie unter der Adresse *https://support.google.com/webmasters/answer/6101188?hl=de* (*http://seobuch.net/186*).

In den Google-Suchergebnissen zeigt der Suchmaschinenkonzern seit Ende November 2014 einen Hinweis an, ob ein Suchtreffer für mobile Endgeräte optimiert ist. Eine Seite erhält dieses Label, wenn die gängigen »Best-Practices« richtig umgesetzt wurden.

Im Google-Webmasterblog erhalten Sie unter der Adresse *http://googlewebmastercentral-de.blogspot.de/2014/11/suche-nach-websites-fuer-mobilgeraete.html* (*http://seobuch.net/341*) weitere Unterstützung.

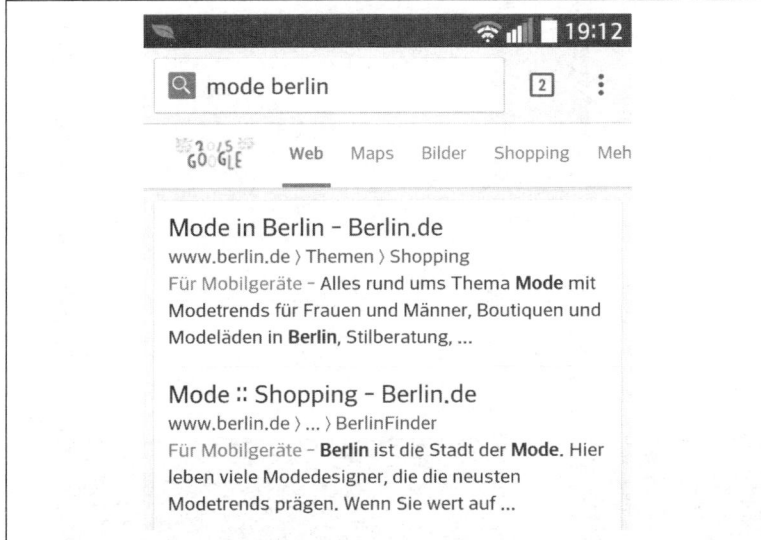

◀ **Abbildung 13-9**
Auf mobilen Geräten werden "mobile-friendly" Adressen gesondert gekennzeichnet

App-Indexierung

Anstatt gerätspezifische Darstellungsformen bereitzustellen, werden häufig auch Apps eingesetzt. Durch diese auf einzelne Betriebssysteme optimierten Anwendungen kann die Darstellung der Inhalte teilweise noch spezifischer stattfinden.

Seit Oktober 2013 erlaubt Google Verlinkungen auf die mit der rankenden Website korrespondierende Adresse innerhalb von Android-Apps. Eine zentrale Voraussetzung dafür ist, dass der anfragende Nutzer die entsprechende App auf seinem Endgerät installiert hat.

Neuigkeiten rund um das Thema finden Sie unter *https://developers.google.com/app-indexing/* (*http://seobuch.net/103*).

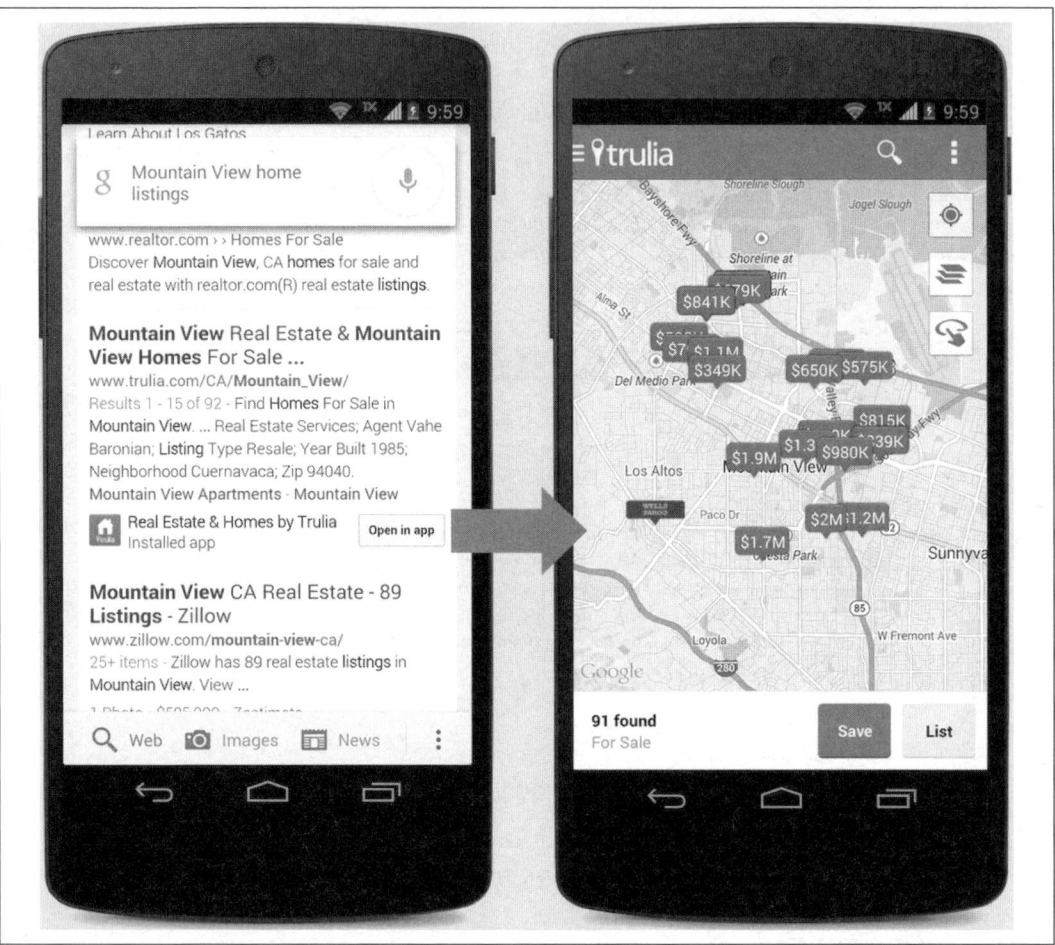

Abbildung 13-10 ▲
Bei installierter App und korrekter
Auszeichnung werden Links zum
Inhalt in der App angezeigt.

Technische Details

Damit Google dazu in der Lage ist, Nutzern anstelle von Links zur Website den Content innerhalb einer bereits installierten Android-App anzuzeigen, müssen

- innerhalb der App Deep-Links auf die korrespondierende Adresse der »normalen« Website gesetzt werden und
- von der Website oder alternativ in einer Sitemap Verweise zur Adresse des Inhalts innerhalb der App bestehen.

Ein Beispiel sowie weitere Informationen sind unter *https://developers.google.com/app-indexing/webmasters/details* (*http://seobuch.net/639*) zu finden.

Deep-Links in die App integrieren

Damit Google die äquivalente Adresse einer Webadresse in der App identifizieren kann, muss Folgendes getan werden:

1. Zur Datei *AndroidManifest.xml* müssen ein oder mehrere `<intent-filter>` hinzugefügt werden. Durch diese wird jeweils definiert, dass eine Aktion aufgrund eines Klicks in der Google-Suche erfolgen soll.

2. Die Aktion muss über den `<action>`-Tag genauer spezifiziert werden.

3. Über den `<data>`-Tag wird angegeben, für welche URL eine Aktivität akzeptiert wird.

Zusätzlich muss eine Kategorie für BROWSABLE (Pflichtangabe) und wahlweise auch DEFAULT definiert werden. Durch BROWSABLE wird definiert, dass die App auf eine Aktion im Webbrowser antwortet. Die optionale Angabe DEFAULT führt dazu, dass auch Klicks von anderen Websites auf in der App definierte URLs von der App anstelle des Webbrowsers angenommen werden. Ein Beispiel:

```
<activity android:name="com.example.android.GizmosActivity"
        android:label="@string/title_gizmos" >
    <intent-filter android:label="@string/filter_title_viewgizmos">
        <action android:name="android.intent.action.VIEW" />
        <!-- Accepts URIs that begin with "http://example.com/gizmos"
                                                          -->
        <data android:scheme="http"
            android:host="example.com"
            android:pathPrefix="/gizmos" />
        <category android:name="android.intent.category.DEFAULT" />
        <category android:name="android.intent.category.BROWSABLE" />
    </intent-filter>
</activity>
```

Google weist darauf hin, dass der angeforderte Seiteninhalt (bzw. App-Inhalt) beim ersten Klick kostenfrei erreichbar sein muss. Beim ersten Klick darf folglich keine Aktion ausgelöst werden, die dazu führt, dass der Inhalt nicht dargestellt wird.

Annotationen zur Website hinzufügen

Zusätzlich zur Auszeichnung akzeptierter URLs in der App muss auch die Website selbst Verweise auf die alternative Darstellung der

Seite innerhalb der App enthalten. Wenn diese Verweise nicht enthalten sind, ist eine Verlinkung von der Google-Suche in die App nicht möglich.

Um die über *rel="alternate"* zu definierenden Verweise auszuzeichnen, stehen Ihnen diese beiden Möglichkeiten zur Auswahl:

- Integration des Verweises im *<head>*-Bereich der Website
- Auszeichnung über die Sitemap

Beide Varianten stehen, wie weiter oben bereits beschrieben, auch bei der Verknüpfung von Desktop- und Mobile-Webseiten zur Verfügung. Beachten müssen Sie bei der Angabe der App-Adresse, dass sie in das richtige Format gesetzt wird, und zwar muss es so lauten: android-app://{package_id}/{scheme}/{host_path}.

package_id ist dabei die Identifikationsnummer der App, *scheme* das verwendete Schema (meist HTTP), und über *host_path* wird der jeweilige Inhalt identifiziert.

Auszeichnung im <head>-Bereich: Bei Auszeichnung im *<head>* der Adresse *http://exmaple.com/gizmos* wird mit folgender Angabe auf die Adresse in der App verwiesen:

```
<html>
<head>
  ...
  <link rel="alternate" href="android-app://com.example.android/http/
                                    example.com/gizmos" />

  ...
</head>
<body> … </body>
```

Auszeichnung in der Sitemap: Das beschriebene Schema wird bei Integration der Verweise in der Sitemap in der gleichen Form angegeben:

```
<?xml version="1.0" encoding="UTF-8" ?>
<urlset xmlns="http://www.sitemaps.org/schemas/sitemap/0.9"
 xmlns:xhtml="http://www.w3.org/1999/xhtml">
<url>
  <loc>http://example.com/gizmos</loc>
  <xhtml:link rel="alternate" href="android-app://com.example.android/
                                    example/gizmos" />
</url>
...
</urlset>
```

Tipps bei Verweisen zur App in der Sitemap : Google gibt noch einige Tipps zur App-Indexierung

- Links zum Inhalt der App sollten nur für kanonische URLs hinzugefügt werden.
- Auch für die Startseite der Website sollte eine Adresse innerhalb der App definiert werden.
- Deep Links zur App sollten nur für URLs definiert werden, die in der App vorhanden sind.
- Wenn Sie eine News-Website haben und eine News-Sitemap verwenden, sollten Sie die Annotationen in die normale und auch in die News-Sitemap integrieren.

Worauf Sie bei Änderung der Mobile-Strategie achten müssen

Die Entscheidung für die gewählte Mobile-Strategie ist häufig zeitpunktabhängig, und die Anforderungen an den Webauftritt können sich ändern. Zum Beispiel kommt es nicht selten vor, dass ein ehemals nicht responsiver Webauftritt eine umfassende Überarbeitung erfährt und die bisherige separate mobile Website abgeschaltet werden soll. Bei so einer Veränderung sollten die SEO-Anforderungen natürlich nicht außer Acht gelassen werden.

Umstellung von unterschiedlichen auf gleiche URLs

Wie in diesem Kapitel beschrieben, gibt es zwei technische Möglichkeiten, um Inhalte für mobile Endgeräte auf denselben URLs auszuspielen wie die für die Desktop-Website:

- Responsive Design
- Dynamic Serving

In den folgenden beiden Abschnitten erfahren Sie, wie Sie jeweils vorgehen sollten.

Umstellung auf Responsive-Webdesign

Wenn von einer separaten mobilen Website auf responsives Webdesign gewechselt wird, sollten folgende Anpassungen durchgeführt werden:

- Jegliche eingerichteten Weiterleitungen von Desktop- auf Mobile-URLs sollten entfernt werden. Das gilt auch für die

Angabe »Vary: User-Agent«, die über den HTTP-Header übertragen wird. Zur Erinnerung: Diese Angabe besagt, dass sich der Seiteninhalt basierend auf dem User-Agent (also der Kennung eines anfragenden Endgeräts, also eines »Client«) ändern kann.

- Die bidirektionalen Annotationen über rel="alternate" sollten entfernt werden.

- Da die Mobile-URLs nicht mehr erreichbar sind und nicht ins Leere zeigen sollen, sind Weiterleitungen der Mobile-URLs zu den Desktop-URLs einzurichten. Empfohlen werden die Verwendung von serverseitigen 302-Weiterleitungen sowie die Übertragung von »Cache-Control: private« über den HTTP-Header. Über die Funktion *Abruf wie durch Google* in den Google Webmaster Tools lässt sich sicherstellen, dass die Google-Crawler den Weiterleitungen folgen können.

- Es ist wichtig, darauf zu achten, dass Google wichtige Dateien wie CSS, JavaScript und Bilder der responsiven Website crawlen darf, also kein Crawling-Ausschluss über die Datei *robots. txt* definiert wird. Der Zugriff auf wichtige Ressourcen kann ebenfalls über *Abruf wie durch Google* überprüft werden; dazu sollte *Abrufen und Rendern* verwendet werden. Das Ergebnis wird durch einen Klick in die Zeile aufgerufen. Alternativ kann die Funktion *robots.txt-Tester* eingesetzt werden.

Umstellung auf Dynamic Serving

Im Gegensatz zu Responsive Webdesign wird beim Dynamic Serving (Deutsch: dynamische Bereitstellung) je nach Gerät unterschiedlicher HTML-Code bereitgestellt.

- Weiterleitungen von Desktop- zu Mobile-URLs für Smartphone-Nutzer sollten entfernt werden.

- Die bidirektionalen Annotationen zwischen den URL-Versionen über *rel="alternate"* müssen entfernt werden.

- Die nun nicht mehr benötigten Mobile-URLs sollten per 302-Weiterleitung auf die korrespondierenden Adressen weitergeleitet werden. Dazu muss die Angabe *Cache-Control: private* über den HTTP-Header übertragen werden.

- Um die Google-Crawler darüber zu informieren, dass sich der Quelltext der Seite für unterschiedliche Endgeräte ändern kann, muss die Angabe *Vary: User-Agent* über den HTTP-Header übertragen werden.

- Selbstverständlich sollte der Googlebot vom System wie normale Smartphone-Nutzer behandelt werden. User-Agent-basierende Weiterleitungen nur für den Googlebot widersprechen den Webmaster-Richtlinien und sollten nicht eingesetzt werden! Der Google-Crawler zur Erfassung mobiler Inhalte gibt sich als iPhone aus und sollte entsprechend wie ein iPhone behandelt werden (mehr zu User-Agents finden Sie in Kapitel 8).

Geänderte Konfiguration bei gleichbleibenden URLs

Selbstverständlich ist es möglich, von responsivem Webdesign auf Dynamic Serving oder umgekehrt umzusteigen.

Wechsel von Dynamic Serving zu Responsive Webdesign

- Jegliche Codes, die dazu führen, dass je nach User-Agent unterschiedliche Inhalte übertragen werden, müssen entfernt werden.
- Die Angabe *Vary: User-Agent* ist beim responsiven Webdesign nicht notwendig und sollte aus dem HTTP-Header entfernt werden.
- Wie gehabt, muss sichergestellt werden, dass wichtige Dateien wie CSS, JavaScript und Bilder gecrawlt werden können. Dadurch wird für Crawler erkennbar, dass es sich um eine Website mit responsivem Webdesign handelt. Zum Testen kann die Funktion *Abruf wie durch Google* der Google Webmaster Tools mit der Auswahl *Abrufen und Rendern* verwendet werden.

Wechsel von Responsive Webdesign zu Dynamic Serving

- Nachdem die zusätzlichen HTML-Codes eingerichtet sind, müssen die CSS-Medienabfragen (für Smartphones) entfernt werden.
- Da sich der Quelltext je nach User-Agent ändert, muss diese Besonderheit über die HTTP-Header-Angabe *Vary: User-Agent* kenntlich gemacht werden.

Umstellung von gleichen auf unterschiedliche URLs

Google verweist zwar immer wieder darauf, welche Vorteile die Bereitstellung von Inhalten unter denselben URLs hat, doch durch den Einsatz von getrennten URLs entsteht kein Nachteil.

Wechsel von Dynamic Serving zu separaten URLs

Damit Nutzer stets die bestmögliche Darstellung (möglichst ohne Umweg) erhalten, sollten

- ... serverseitige Weiterleitungen eingerichtet werden. Die Verwendung des HTTP-Statuscodes 302 ist empfehlenswert, gepaart mit der Angabe *Cache-Control: private* im HTTP-Header der Seite.

- ... bidirektionale Annotationen zwischen den Website-Versionen hinzugefügt werden. Dadurch wird sichergestellt, dass in der Google-Suche direkt die am besten aufbereitete Darstellung für das Endgerät als Ergebnis angezeigt wird. Um die Auszeichnung *rel="alternate"* zu übergeben, steht die Integration im Quelltext oder über XML-Sitemaps zur Verfügung.

Die in diesem Kapitel bereits mehrfach genannte Angabe *Vary: User-Agent* kann beibehalten werden.

Wechsel von Responsive Webdesign zu separaten URLs

Auch bei diesem Szenario soll für Suchmaschinen klar ersichtlich sein, welche Adresse für welche Endgeräte die beste Darstellung bietet.

- CSS-Medienabfragen für Geräte, für die die separate URL die bessere Darstellung gewährleistet, sollten entfernt werden.

- Damit die Konfiguration für Suchmaschinen erkennbar ist, muss entweder eine 302-Weiterleitung auf die neuen URLs und die HTTP-Header-Angabe *Cache-Control: private* eingerichtet oder neben der Weiterleitung die Angabe *Vary: User-Agent* samt der bidirektionalen Annotation über *rel="alternate"* definiert werden.

Zusammenfassung

- Das Ranking von auf mobile Endgeräte optimierten Inhalten ist vom Ranking der Desktop-Inhalte abhängig. Beim Mobile SEO geht es darum, Nutzer möglichst direkt auf die zum Gerät passende Darstellung zu leiten.

- Technisch gesehen, stehen als Varianten »Responsive Design«, »Dynamic Serving« und »separate Website« zur Verfügung. Bei den beiden erstgenannten Optionen entstehen für die »mobil-optimierten« Inhalte keine neuen URLs. Da die technischen

Anforderungen von Setup zu Setup unterschiedlich sind, muss sichergestellt werden, dass Suchmaschinen das Setup optimal erkennen.

- Wenn Sie separate mobile URLs verwenden, sind User-Agent-abhängige Weiterleitungen notwendig. Diese finden im Idealfall bidirektional statt.

- Usability-Fehler bei der Darstellung von Webseiten auf mobilen Endgeräten zeigt der Bereich *Benutzerfreundlichkeit auf Mobilgeräten* der Google Webmaster Tools auf. Die Daten werden regelmäßig aktualisiert.

- Über die Verknüpfung von Android-App und Website ist es möglich, Nutzern in der Google-Suche einen Einstieg in die App statt auf der Website anzubieten.

- Wenn die mobile Strategie angepasst wird, sind szenarioabhängige Besonderheiten zu beachten. Grundsätzlich ist ein Wechsel zwischen den einzelnen Möglichkeiten nicht problematisch.

- Beim Einsatz separater URL-Strukturen können Sie diese gegebenenfalls in den Google Webmaster Tools getrennt bestätigen.

KAPITEL 14
SEO-Tools

Suchmaschinenoptimierung hat sehr viel mit der Struktur der Website, einer sauberen Verwendung von HTML-Auszeichnungen und auf Nutzerbedürfnisse abgestimmten Inhalten zu tun.

Besonders bei Websites mit vielen Unterseiten ist es schwer, die auf den URLs angezeigten Inhalte vollständig zu überblicken und herauszufinden, welche URLs miteinander verknüpft sind. Hier helfen spezialisierte Tools. Auch das Aufspüren von Fehlern, beispielsweise von Verweisen auf nicht mehr verfügbare URLs, lässt sich mit entsprechender Software wesentlich schneller bewerkstelligen.

Aus diesem Grund stellen wir Ihnen nachfolgend kostenlose (und in einzelnen Fällen auch kostenpflichtige) Programme vor, die Ihnen bei der Analyse Ihrer Website behilflich sind.

Google Webmaster Tools

Immer wieder wurde in diesem Buch Bezug auf Funktionen der *Google Webmaster Tools* genommen. Aus unserer Sicht gehört diese kostenlose Toolsammlung zu den Werkzeugen, die Sie auf jeden Fall einsetzen sollten. Denn die Google Webmaster Tools sind die einzige Quelle, über die Ihnen Google tiefgreifende Informationen über Ihren Webauftritt bereitstellt. Während andere SEO-Tools einen Blick von außen auf Ihre Website zulassen oder diese nach eigenen Kriterien bewerten, erfahren Sie über die Google Webmaster Tools, welche Daten Google in Bezug auf Ihren Webauftritt erhoben hat und welche Probleme vorliegen. Die Google Webmaster Tools erreichen Sie unter *https://www.google.com/webmasters/tools/ (http://seobuch.net/069)*.

Um auf die Daten zu Ihrem Webauftritt zugreifen zu können, benötigen Sie ein Google-Konto, und Sie müssen Ihren Webauftritt über einen Schlüssel verifizieren. Neben einzelnen Hostnamen können Sie in den Google Webmaster Tools auch Verzeichnisse bestätigen. Ein Verzeichnis ist dabei eine URL, die mindestens eine weitere Seite enthält, die denselben Grundpfad verwendet. Durch die getrennte Bestätigung von Ordnern erhalten Sie für diese Ordner separate Statistiken, beispielsweise zu Suchanfragen und Crawling-Fehlern.

Zu den wichtigsten Funktionen der Google Webmaster Tools gehören folgende:

- Data Highlighter
- HTML-Verbesserungen
- Suchanfragen
- Links zu Ihrer Website
- interne Links
- manuelle Maßnahmen
- Indexierungsstatus
- Crawling-Fehler
- Crawling-Statistiken
- Abruf wie durch Google
- blockierte URLs
- Sitemaps
- URL-Parameter
- Disavow Tool

Beachten Sie zudem, dass über das Zahnrad einige Konfigurationsmöglichkeiten aufgerufen werden können. So ist es möglich, Google bei Erreichbarkeit eigener Inhalte mit und ohne www-Subdomain darüber zu informieren, unter welchen Hostnamen die Ergebnisse in der Google-Suche erscheinen sollen. Die Konfiguration stellt eine Alternative zur Einrichtung einer Weiterleitung von nicht-www auf www dar. Leider kann das Tool nur für diese beiden Hostnamenvarianten genutzt werden.

Bei der Verwendung einer generischen Top-Level-Domain (z. B. .com, .net oder .info) ist es möglich, eine geografische Ausrichtung von Hostnamen und Verzeichnissen oder eine Kombination aus Hostnamen und Verzeichnis durchzuführen (siehe auch Kapitel 3). Zudem erlaubt es das Tool, bei »großen« Domains, also solchen mit einem hohen Crawling-Aufkommen, die Crawling-Geschwindigkeit zu beeinflussen. Des Weiteren ist in der Konfiguration ein Tool integriert, über das Sie Google über einen Domain-Umzug informieren können.

HTML-Verbesserungen

Über die *HTML-Verbesserungen* – zu finden unter »Darstellung der Suche« – weist Sie Google auf Seiten hin, die

- sich dieselbe Metabeschreibung teilen,
- eine zu lange oder zu kurze Metabeschreibung verwenden,
- keinen Seitentitel verwenden,
- denselben Seitentitel wie andere URLs des Hostnamens verwenden,
- zu lange, zu kurze oder irrelevante Titel benutzen, sowie
- auf Inhalte, die nicht indexiert werden konnten (das kann dann der Fall sein, wenn z. B. innerhalb einer Flash-Datei ein Bild eingebettet ist).

Die HTML-Verbesserungen helfen Ihnen bei der klassischen Onpage-Optimierung. Da jede URL ein eigenes Thema behandeln sollte, sollten für die in der Google-Suche angezeigten Informationen »Seitentitel« und »Meta-Description« einzigartige Daten hinterlegt werden. Andernfalls ist es für Suchmaschinen und Nutzer schwierig, Seiten bzw. deren Inhalte voneinander zu unterscheiden.

▼ **Abbildung 14-1**
HTML-Verbesserungsvorschläge helfen Ihnen dabei, doppelte Seitentitel und Beschreibungstexte zu finden.

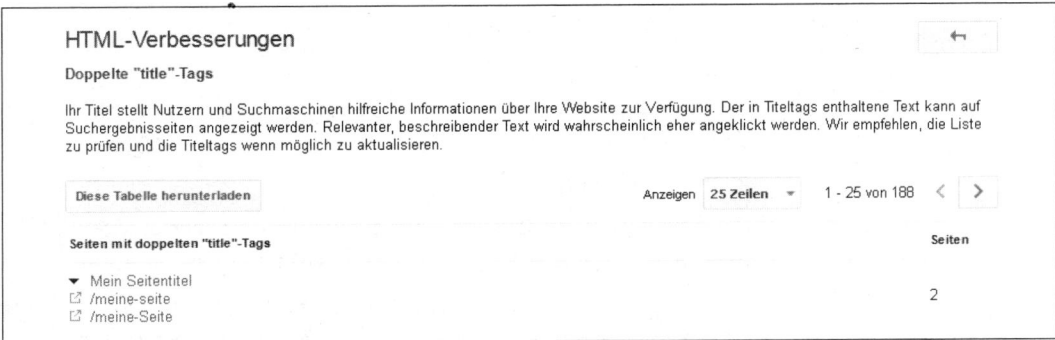

Doppelte Seitentitel oder Beschreibungstexte können ein Hinweis auf Duplicate Content sein, müssen es aber nicht. In erster Linie weist Google Sie auf URLs hin, die sich dieselben Informationen teilen.

Suchanfragen

Abbildung 14-2 ▼
Über die Suchanfragen-Funktion
erhalten Sie detaillierte Informationen zu Ihrer Website.

Im Suchanfragenbericht – zu finden unter »Suchanfragen« – sehen
Sie Begriffe, zu denen Ihre Website gefunden wurde. Als Datenzeit-
raum stehen die letzten 90 Tage zur Verfügung. Ältere Daten sind
folglich nicht aufrufbar.

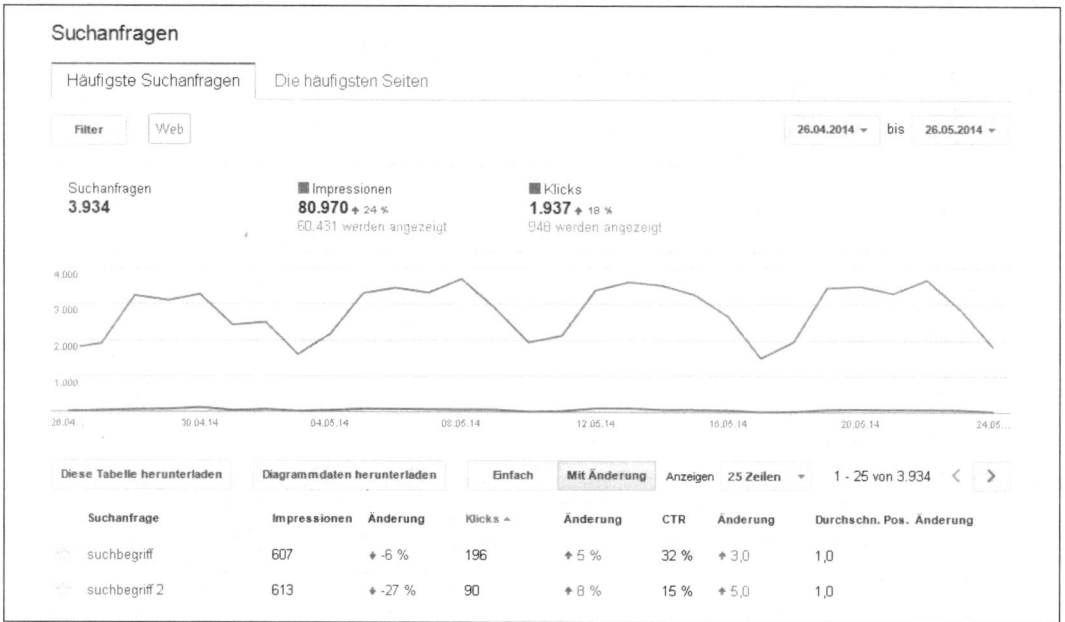

Pro Zeile listet Google Folgendes auf:

- die Suchanfrage,
- die Anzahl an Impressionen,
- die Anzahl an Klicks,
- die sich aus Klicks/Impressionen ergebende Klickrate (CTR)
  sowie
- die durchschnittliche Position.

Eine Impression ist dabei die Anzeige einer URL der eigenen Website auf der Ergebnisseite, die sich der Nutzer angeschaut hat.

Durch einen Klick auf den vor der Suchanfrage angezeigten Stern
können Sie einzelne Begriffe markieren. Mithilfe einer entsprechenden Filterung können Sie nur diejenigen Begriffe anzeigen lassen,
die auf diese Weise markiert worden sind.

Es ist außerdem möglich, die Datenansicht von Suchbegriffen auf
URLs umzustellen. Dadurch sehen Sie, welche URLs besonders

häufig in der Google-Suche als Ergebnis angezeigt wurden, sowie in vielen Fällen, zu welchen Begriffen eine URL gefunden wurde.

Innerhalb des besagten Zeitraums der letzten 90 Tage können Sie einen beliebig großen Zeitraum auswählen. Solange dieser innerhalb der letzten vier Wochen liegt, können Sie zudem Änderungen anzeigen lassen. Google zeigt Ihnen, wie sich die einzelnen zur Suchanfrage gehörenden KPIs (Key Performance Indicators, auf Deutsch Leistungskennzahlen) verändert haben. Beachten Sie zudem den Filter, der oberhalb des Diagramms angezeigt wird: Über diesen können Sie sich gegebenenfalls anzeigen lassen, zu welchen Suchanfragen Sie gefunden wurden, die über mobile Geräte gestellt wurden. Ausschlaggebend ist dabei, dass der analysierte Hostname bei mobil abgegebenen Suchanfragen angezeigt wurde. Das wäre nicht der Fall, wenn Sie einen anderen Hostnamen wie m.ihredomain.de zur Bereitstellung der mobilen Darstellung verwenden.

▼ **Abbildung 14-3**
Über die Filter können Sie die angezeigten Daten beeinflussen.

Alle blau eingefärbten Suchanfragen können Sie übrigens anklicken und anschließend in der Detailansicht genauer analysieren.

Links zu Ihrer Website

Informationen zum Backlink-Profil Ihrer Website erhalten Sie in der unter »Suchanfragen« zu findenden Funktion *Links zu Ihrer Website*. Google unterteilt die Daten folgendermaßen:

- Wer erstellt die meisten Links?
- Ihr am meisten verlinkter Content?
- Wie sind Ihre Daten verlinkt?

Während Ihnen die erstgenannte Funktion anzeigt, welche Domains sich auf Inhalte Ihrer Website beziehen, stehen bei »Ihr am meisten verlinkter Content« die Linkziele im Vordergrund. »So sind

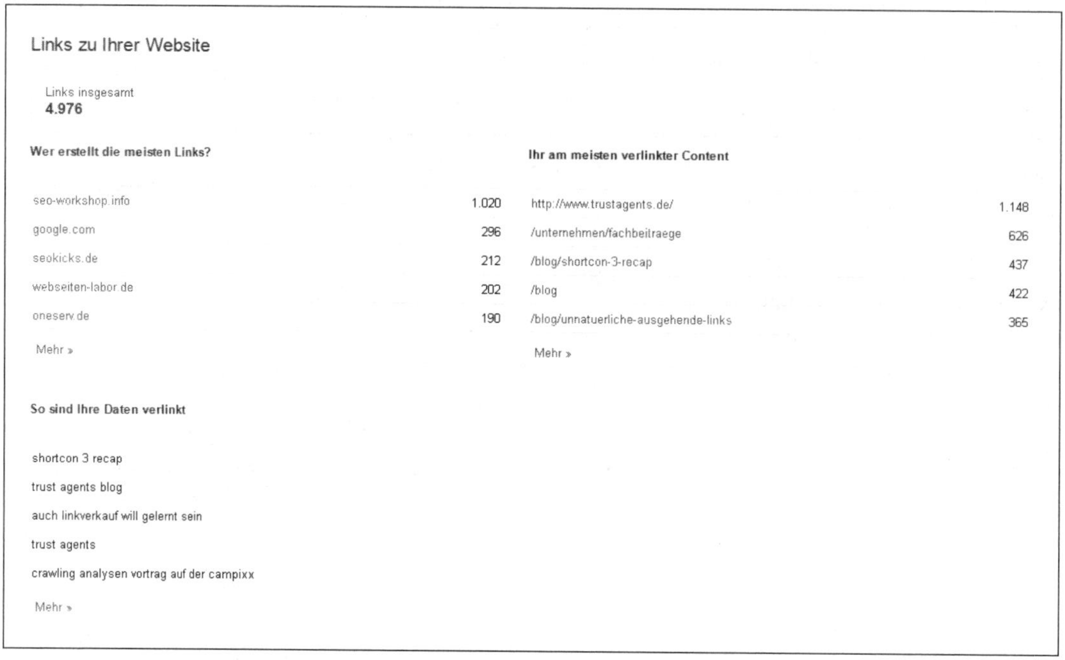

Abbildung 14-4 ▲
Links zur Website zeigt
Ihnen Webseiten an, die Ihre
Domain verlinken.

Ihre Daten verlinkt« stellt die Ankertexte dar. Die Daten basieren allerdings sowohl auf internen als auch auf externen Links. Im Interface listet Google beispielsweise pro Domain bis zu 1.000 einzelne Links auf.

Mit der Funktion »Aktuelle Links herunterladen« können Sie die Daten exportieren. In diesem Download sehen Sie neben der Linkquelle noch das Datum, an dem Google den Link erstmalig gefunden hat. Leider fehlen in den Link-Exporten immer die Informationen zu Linkziel und dem verwendeten Ankertext.

»Links zu Ihrer Website« listet Ihnen nicht alle Links auf, die zu Ihrer Website führen. Welche Links Google anzeigt, können Sie nicht beeinflussen. Im Interface steht dazu »Die x beliebtesten Seiten« – wonach sich Beliebtheit bemisst, ist nicht klar. Google spricht davon, im Export bis zu 100.000 Links anzuzeigen. Bei kleineren Websites ist diese Anzahl auch absolut ausreichend.

Interne Links

Über interne Links bestimmen Sie, über wie viele Wege es Nutzern und Suchmaschinen möglich ist, Ihre Inhalte innerhalb Ihres Webauftritts zu finden. Über die Anzahl an eingehenden Verlinkungen können Suchmaschinen analysieren, welche Dokumente besonders relevant zu sein scheinen. Über die Funktion *interne Links* erhalten Sie Einblicke darüber, wie die interne Verlinkung der Website gestaltet ist.

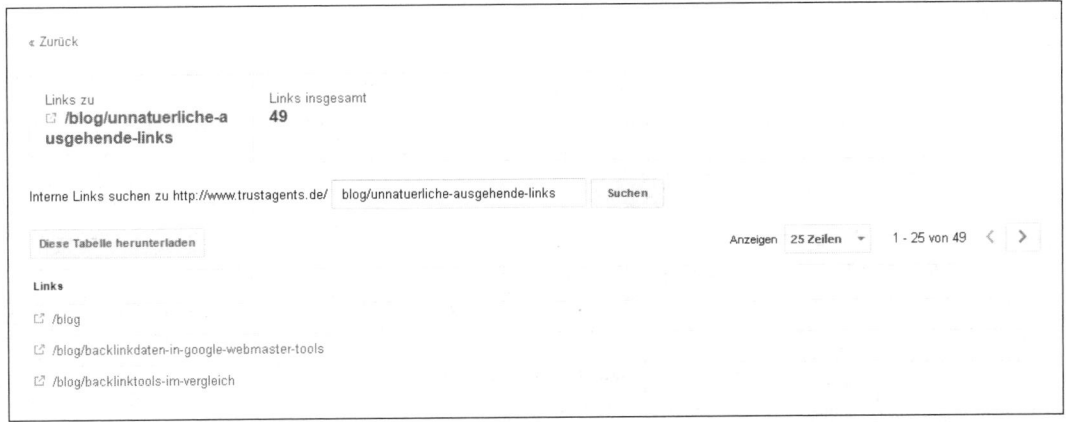

Es ist in Ihrem Interesse, dass die für Sie besonders wichtigen Seiten häufiger intern referenziert werden als weniger wichtige – ist das bei Ihrem Webauftritt laut den Google Webmaster Tools der Fall?

▲ **Abbildung 14-5**
Durch Auswahl oder Suche nach einer URL sehen Sie bis zu 1.000 interne Linkquellen der angegebenen Seite.

Manuelle Maßnahmen

Wenn Ihre Website gegen die Webmaster-Richtlinien (nachzulesen unter *https://support.google.com/webmasters/answer/35769?hl=de* (*http://seobuch.net/071*) verstößt und Google dieser Verstoß bekannt ist, kann eine *manuelle Maßnahme* die Folge sein. Eine solche Maßnahme kann einen erheblichen Einfluss auf die Besucheranzahl über die unbezahlte Websuche haben.

Ob eine Aktion des Suchmaschinenkonzerns gegen Ihre Website vorliegt, erfahren Sie unter der unter »Suchanfragen« aufgeführten gleichnamigen Funktion. Die meisten manuellen Maßnahmen werden von Google wegen unnatürlicher Links verhängt.

Google unterscheidet zwischen manuellen Maßnahmen, die die gesamte Website betreffen (»Übereinstimmungen auf der ganzen Website«), und solchen, die nur einen Teilbereich (»Teilübereinstimmungen«) betreffen. Wenn Sie von einer manuellen Maßnahme betroffen sind, sollten Sie die von Google gegebenen Hilfestellungen beachten und dafür sorgen, dass der Verstoß beseitigt wird. Stellen Sie im Anschluss einen *Reconsideration Request*.

Abbildung 14-6 ▲
Google ist der Ansicht, dass manipulative Links auf diese Website verweisen, und hat deshalb eine manuelle Maßnahme gegen einen Teilbereich der Website verhängt.

Ein Google-Mitarbeiter bearbeitet diesen dann und hebt die Aktion gegen Ihre Website auf, sofern der Verstoß aus seiner Sicht nicht mehr besteht. Das heißt aber nicht, dass sich das Zugriffsvolumen umgehend (oder auch langfristig!) auf die Werte vor der manuellen Maßnahme erholt.

Crawling-Fehler

Während des Crawling-Vorgangs stößt Google auf einem Webauftritt immer wieder auf Webadressen, die Fehler auf die Anfrage zurückliefern – wobei die Fehler ganz unterschiedlicher Art sein können. Diese listet Ihnen Google in der unter »Crawling« zu findenden Funktion *Crawling-Fehler* auf. Crawling-Fehler werden von Google in »Website-Fehler« und »URL-Fehler« unterteilt. Letztere beziehen sich auf einzelne Webadressen, Website-Fehler beziehen sich hingegen auf mehrere URLs – im Extremfall sogar auf den kompletten Webauftritt.

Google unterteilt die Fehler in verschiedene Fehlerklassen. Am häufigsten sind in der Regel »Nicht gefunden«-Fehler auf einer Website anzutreffen. In diesem Fall wurde eine nicht (mehr) vorhandene Webadresse aufgerufen und der Server hat die Anfrage mit dem HTTP-Statuscode 404 beantwortet. Durch einen Klick auf einen Fehler rufen Sie die Fehlerdetails auf und sehen dort diverse Informationen zum Fehler, unter anderem auf die URL zeigende Verweise.

Disavow-Tool

Nicht direkt über das Interface der Google Webmaster Tools ist das *Disavow-Tool* aufrufbar. Sie finden es entweder über eine Websu-

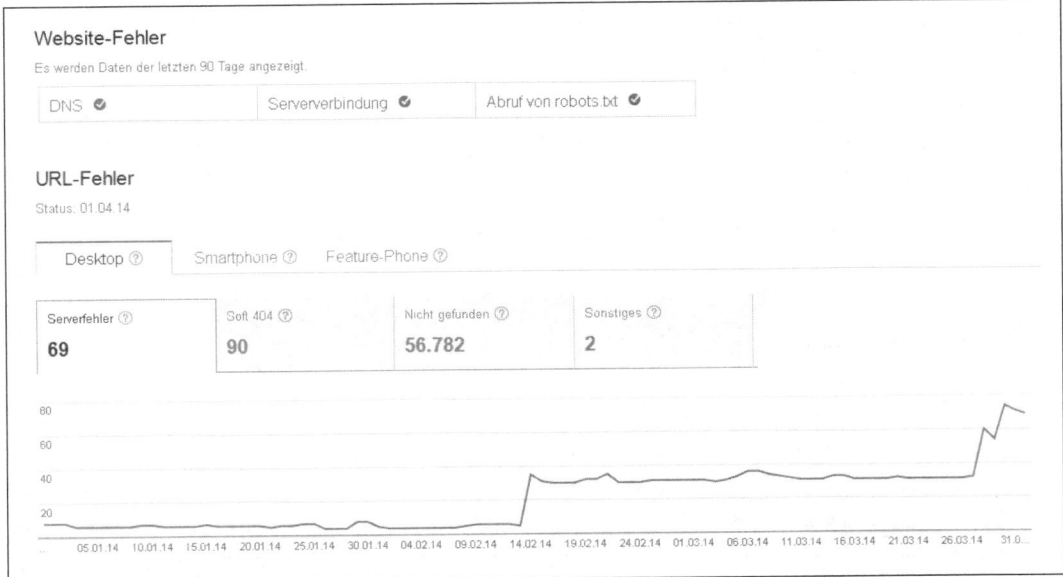

Website-Fehler

Es werden Daten der letzten 90 Tage angezeigt.

| DNS ✔ | Serververbindung ✔ | Abruf von robots.txt ✔ |

URL-Fehler

Status: 01.04.14

Desktop ⑦   Smartphone ⑦   Feature-Phone ⑦

Serverfehler ⑦	Soft 404 ⑦	Nicht gefunden ⑦	Sonstiges ⑦
69	**90**	**56.782**	**2**

che oder durch Aufruf der Adresse *https://www.google.com/web-masters/tools/disavow-links-main* (*http://seobuch.net/751*).

Da auf einen Webauftritt verweisende Links nicht immer positiven Einfluss auf das Ranking einer Website haben und es nicht immer möglich ist, einen auf die eigene Website verweisenden Link entfernen zu lassen, hat Google im Oktober 2012 dieses Tool vorgestellt.

Über das Tool können Sie eine .txt-Datei mit Links einreichen, die von Google nicht gewertet werden sollen. Neben der einzelnen Angabe von URLs ist es möglich, sich über den Befehl *domain: name-der-domain.tld* von allen auf dem Webauftritt zur eigenen Website gesetzten Links zu distanzieren. Pro Zeile ist dabei ein Eintrag möglich.

Bing Webmaster Tools

Der Marktanteil der Suchmaschine Bing von Microsoft ist in Deutschland überschaubar. Dennoch sind die *Bing Webmaster Tools* für die Suchmaschinenoptimierung nicht uninteressant, da sie den Funktionsumfang der Google Webmaster Tools ergänzen. Im Grunde macht Bing nichts anderes als Google: Die Crawler der Suchmaschine analysieren Inhalte und ranken Dokumente anhand eigener Algorithmen, deshalb sind viele Erkenntnisse aus den Bing Webmaster Tools auch für Ihre Google-Optimierung interessant.

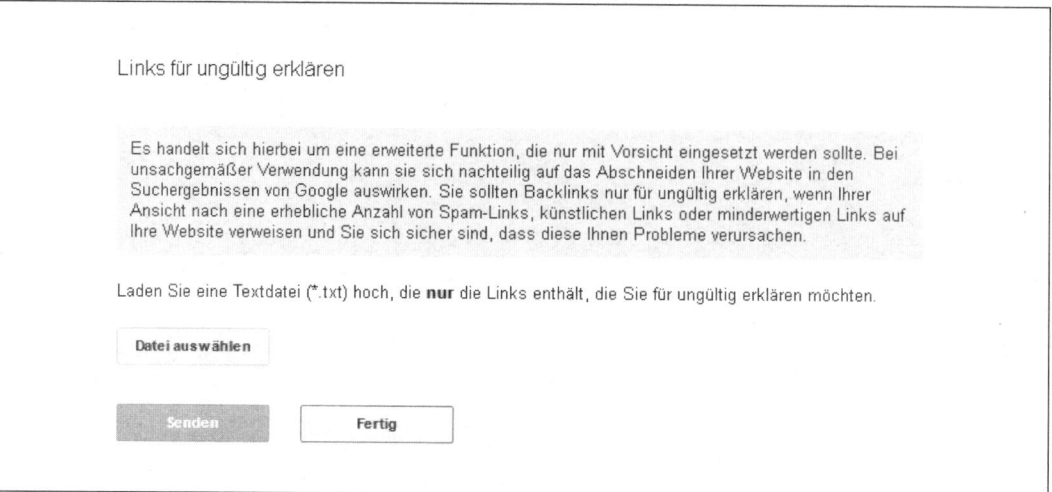

Links für ungültig erklären

Es handelt sich hierbei um eine erweiterte Funktion, die nur mit Vorsicht eingesetzt werden sollte. Bei unsachgemäßer Verwendung kann sie sich nachteilig auf das Abschneiden Ihrer Website in den Suchergebnissen von Google auswirken. Sie sollten Backlinks nur für ungültig erklären, wenn Ihrer Ansicht nach eine erhebliche Anzahl von Spam-Links, künstlichen Links oder minderwertigen Links auf Ihre Website verweisen und Sie sich sicher sind, dass diese Ihnen Probleme verursachen.

Laden Sie eine Textdatei (*.txt) hoch, die **nur** die Links enthält, die Sie für ungültig erklären möchten.

Datei auswählen

Senden   Fertig

Abbildung 14-8 ▲
Google warnt davor, dass sich ein falscher Gebrauch des Tools negativ auf das Ranking der Website auswirken kann.

Um auf die kostenlosen Bing Webmaster Tools zugreifen zu können, müssen Sie dort Ihre Website bestätigen – dazu benötigen Sie ein Microsoft-Konto. Unter *http://www.bing.com/toolbox/webmaster* (*http://seobuch.net/206*) loggen Sie sich in Ihr Konto ein. Bing liefert Ihnen wie Google Daten unter anderem zu

- Crawling-Fehlern (bei Bing heißt das: *Crawlinformation und Index-Explorer*),
- Suchanfragen (*Schlüsselwörter suchen*),
- Links zu Ihrer Website (*Eingehende Links und Link-Explorer*) und
- HTML-Verbesserungen (*SEO-Bericht*).

Im Folgenden stellen wir Ihnen die Funktionen vor, die die Google Webmaster Tools sinnvoll ergänzen und Ihnen bei allen Suchmaschinen zu einem besseren Ranking verhelfen können. Schauen Sie sich allerdings auch die anderen Funktionen der Tools an, denn auch diese liefern Ihnen Informationen zu Problemen, die in derselben Form für Google existieren.

SEO-Berichte

Verglichen mit den HTML-Verbesserungen der Google Webmaster Tools zeigt Bing Ihnen in der Funktion »SEO-Berichte« unter *Berichte & Daten* mehr konkrete Hinweise zur Onpage-Optimierung an. Bing analysiert alle zwei Wochen Ihre Website, um die benötigten Daten zu erheben, und listet im Bericht Verbesserungsvorschläge auf.

SEO-Berichte (Beta)

Ermitteln Sie, welche Bereiche Ihrer Website möglicherweise bearbeitet werden müssen, um den SEO-Best-Practices zu entsprechen.

SEO-VORSCHLÄGE	SCHWEREGRAD	FEHLERANZAHL	SEITEN
Der Titel im head-Bereich der Seite fehlt.	Hoch	21	21
Für das <img>-Tag wurde kein ALT-Attribut definiert.	Niedrig	280.373	22.109
Die Seite enthält mehrere Titel.	Hoch	4	2
Die geschätzte Größe des HTML-Codes ist größer als 125 KB und kann möglicherweise nicht vollständig zwischengespeichert werden.	Niedrig	38	38
Die Meta Language-Informationen für diese Seite fehlen.	Mittel	22.102	22.102
Der Titel ist zu kurz oder zu lang.	Hoch	252	252
Das <h1>-Tag fehlt.	Hoch	186	186
Es gibt mehrere <h1>-Tags auf der Seite.	Hoch	123	24
Im <head>-Bereich der Seite fehlt eine Beschreibung.	Hoch	101	101
Es wurden mehrere Beschreibungen auf der Seite gefunden.	Hoch	6	3
Die Beschreibung ist zu kurz oder zu lang.	Hoch	4.647	4.647

▲ Abbildung 14-9
Unter SEO-Berichte listet Bing konkrete Vorschläge zur Onpage-Optimierung auf.

Zu den von Bing angemahnten Problemen gehören die folgenden:

- Der Titel im <head>-Bereich der Seite fehlt.
- Die Seite enthält mehrere Titel.
- Der Titel ist zu kurz oder zu lang.
- Der <h1>-Tag fehlt.
- Es gibt mehrere <h1>-Tags auf der Seite.
- Es wurden mehrere Beschreibungen auf der Seite gefunden.
- Die Beschreibung ist zu kurz oder zu lang.
- Die URL enthält mehr als drei Parameter.
- Die Beschreibung im <head>-Bereich der Seite fehlt.
- Die Meta-Language-Informationen für diese Seite fehlen.
- Für den <img>-Tag wurde kein ALT-Attribut definiert.
- Die geschätzte Größe des HTML-Codes ist größer als 125 KByte und kann möglicherweise nicht vollständig zwischengespeichert werden.

Durch einen Klick auf einen der Vorschläge werden eine Erklärung, die empfohlene Aktion sowie URLs angezeigt, die gegen die von Bing als »Best-Practice« angesehenen Vorgehensweisen verstoßen.

SEO-Analysator

Der Funktionsumfang des *SEO-Analysator*, zu finden unter »Diagnose & Tools«, ist mit den SEO-Berichten deckungsgleich. Allerdings erlaubt der SEO-Analysator Ad-hoc-Analysen beliebiger URLs des eigenen Webauftritts, während die Berichtsfunktion die Website automatisch alle zwei Wochen untersucht.

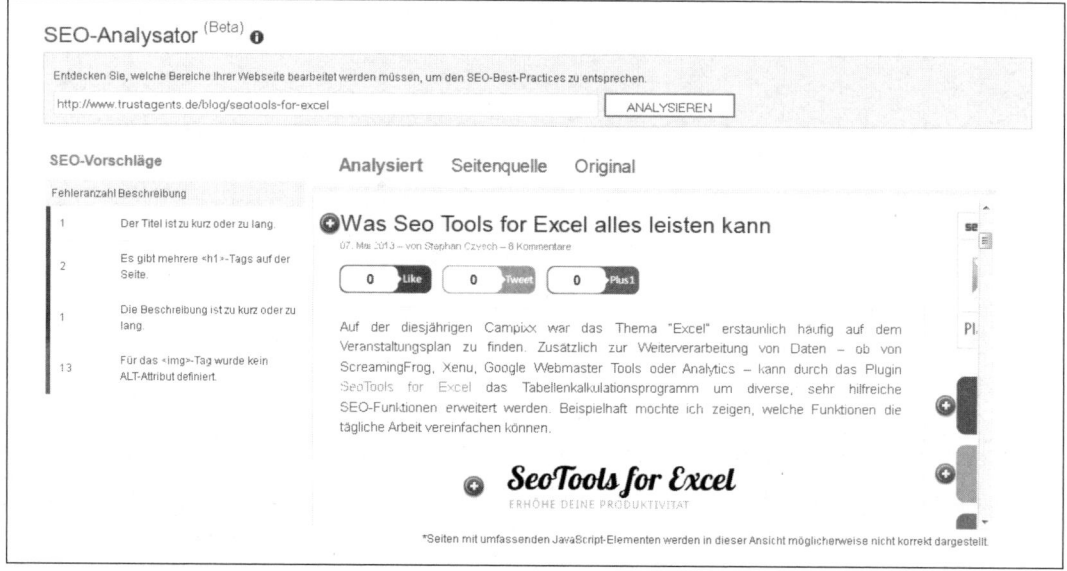

Abbildung 14-10 ▲
Der SEO-Analysator markiert Potenziale direkt auf der untersuchten Seite.
Die Funktion markiert Potenziale direkt in einem Overlay der Website oder wahlweise im Quelltext der Seite.

Link Explorer

Die Linkdaten der Google Webmaster Tools beschränken sich auf interne und externe Links des eigenen Webauftritts. Der *Link Explorer* der Bing Webmaster Tools dagegen erlaubt es, externe und interne Links beliebiger Domains zu analysieren. Sie sehen zwar mit dem Tool nicht alle Links, aber es stellt eine kostenlose Möglichkeit dar, um zum Beispiel das externe Linkprofil von Wettbewerbern zu untersuchen.

Um beispielsweise nur interne Links anzeigen zu lassen, müssen Sie die Filter entsprechend konfigurieren. Zur Auswahl stehen folgende Optionen:

Eine URL eingeben
> Hier geben Sie die URL an, die Sie analysieren möchten.

Filter je Seite
> Über diesen Filter können Sie definieren, dass nur Links angezeigt werden sollen, die von einer bestimmten Domain auf die

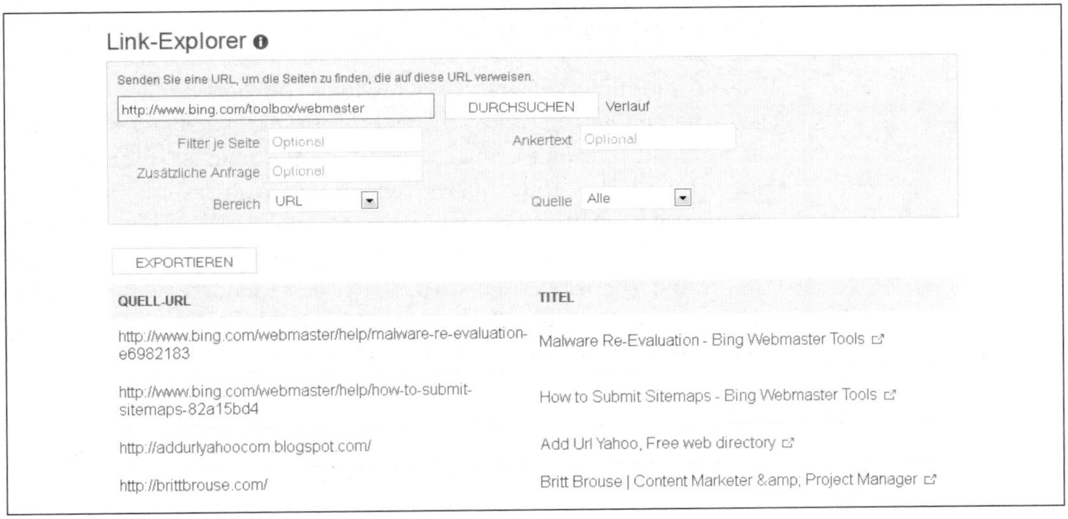

oben eingegebene URL zeigen. Wenn Sie hier zum Beispiel google.de eintragen, werden nur Links angezeigt, die von google.de auf die angegebene URL verweisen.

Zusätzliche Anfrage

Durch diese Eingabe können Sie die Anfrage einschränken und nur URLs anzeigen lassen, die für eine bestimmte Suchanfrage in der Bing-Suche gefunden werden. Wenn Sie zum Beispiel nur Links von Seiten sehen möchten, die für die Suchanfrage »Mode online kaufen« ranken, dann geben Sie diese Suchanfragen hier ein.

Bereich

Mit diesem Filter können Sie auswählen, ob sich Links exakt auf die gesuchte URL beziehen sollen oder auf die Domain insgesamt. Wählen Sie dazu entweder »URL« oder »Domäne« aus.

Ankertext

Mit *Ankertext* definieren Sie, dass nur Links angezeigt werden, die den gewünschten Ankertext enthalten.

Quelle

Den *Quelle*-Filter können Sie so konfigurieren, dass entweder nur interne Links oder nur externe Links angezeigt werden. Auch eine Kombination aus internen und externen Links ist möglich.

▲ **Abbildung 14-11**
Mithilfe der Filter zeigt der Link-Explorer Links an, die sich von internen bzw. externen URLs auf die Startseite der Bing Webmaster Tools beziehen.

Screaming Frog SEO Spider

Das kostenpflichtige Desktop-Crawling-Tool *Screaming Frog http://www.screamingfrog.co.uk/seo-spider/* (*http://seobuch.net/836*) eignet sich perfekt für alle technisch versierten Webmaster, die sich nicht auf bereits bestehende Auswertungen von Google und Co. verlassen möchten. Mit diesem Tool, das sowohl für Windows als auch für Mac OS erhältlich ist, haben Sie die Möglichkeit, nach Bedarf Statusanalysen Ihrer Website bzw. der bestehenden Website-Strukturen durchzuführen. Eine für ein Jahr gültige Lizenz des Tools kostet 99 Britische Pfund (ungefähr 120 Euro).

 Tipp Die kostenfreie Version des Tools erlaubt eine Analyse von bis zu 500 URLs. Sie steht unter derselben Adresse wie die durch einen Schlüssel freigeschaltete Vollversion zur Verfügung.

Diese Investition lohnt sich meist bereits mit dem ersten Crawling-Vorgang. Mit dem Tool können Sie nämlich beispielsweise nach einem Website- oder Shop-Update direkt einen Crawling-Vorgang starten, um etwaige Probleme im Bereich der URL-Struktur oder -Konsistenz zu überprüfen. Auch ein Test einer per Passwort geschützten Testumgebung lohnt sich in vielen Fällen. Er hilft Ihnen gerade beim Aufdecken von akuten Crawling-Fehlern, fehlerhaft ausgelieferten Statuscodes und nicht zielgerichteten internen Links. Darüber hinaus wertet der Screaming Frog auch alle erdenklichen HTML-Elemente einer URL aus, z. B. die HTML-Title oder verwendete Canonical-Tags.

Abbildung 14-12 ▼
Ausschnitt der Oberfläche des Tools
Screaming Frog nach Beendigung
eines Crawling-Vorgangs

Die Hauptfunktion des Tools besteht, wie bereits angedeutet, im Crawlen von Domains und URLs. Neben der vorrangigen Spider-Funktionalität, nämlich dem Durchcrawlen von gesamten Websites, können Sie auch eine eigene Liste mit URLs importieren, die dann auf Verfügbarkeit und Statuscodes überprüft wird.

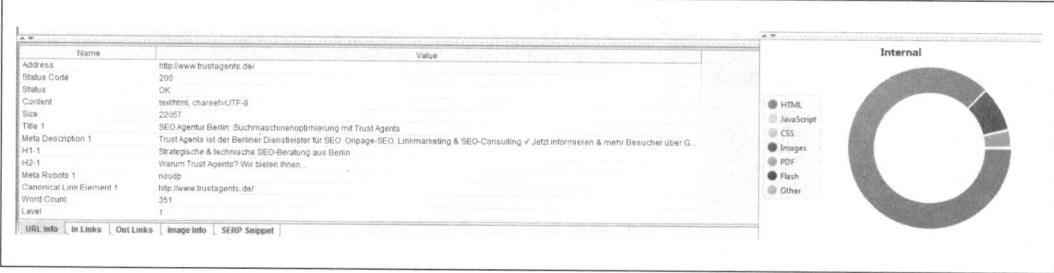

Eine Domain analysieren

Um eine Domain bzw. Website zu analysieren, genügt es, den Domain-Namen in das dafür vorgesehene URL-Feld im oberen Bereich des Tools einzutragen und auf »Start« zu klicken. Sie sollten zusätzlich jedoch vorab einen Blick auf die »Configuration« des Crawling-Vorgangs werfen. So haben Sie neben der Auswahl eines bestimmten User-Agent, also beispielsweise dem des Google-Bot (eignet sich vor allem, um die Website aus Sicht des Suchmaschinen-Crawlers zu überprüfen), weitere Einstellungsmöglichkeiten hinsichtlich der Crawling-Geschwindigkeit und des gesamten Crawling-Verhaltens (unter Configuration → Spider).

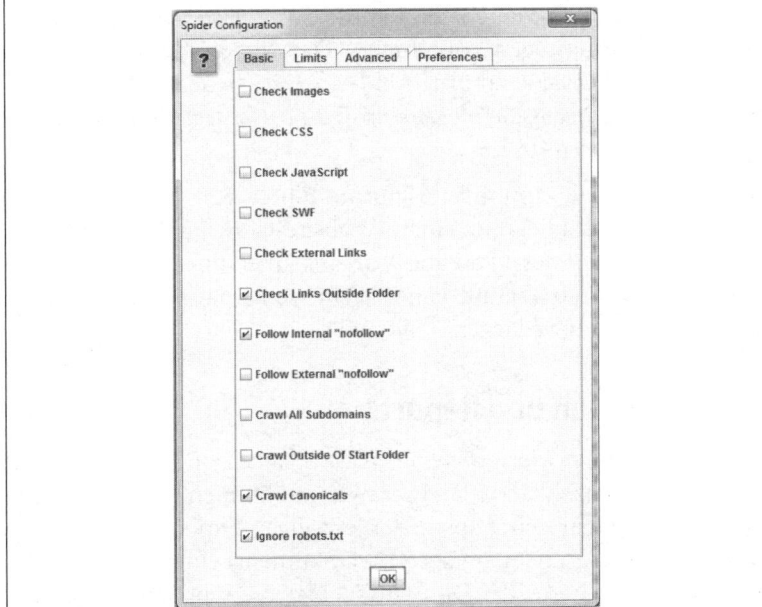

◀ **Abbildung 14-13**
Grundkonfiguration des Spider-Vorgangs

▼ **Abbildung 14-14**
Auswahl des gewünschten User-Agents, u.a. GoogleBot oder MobileBot. Auch die Eingabe eines eigene User-Agents-Strings ist möglich

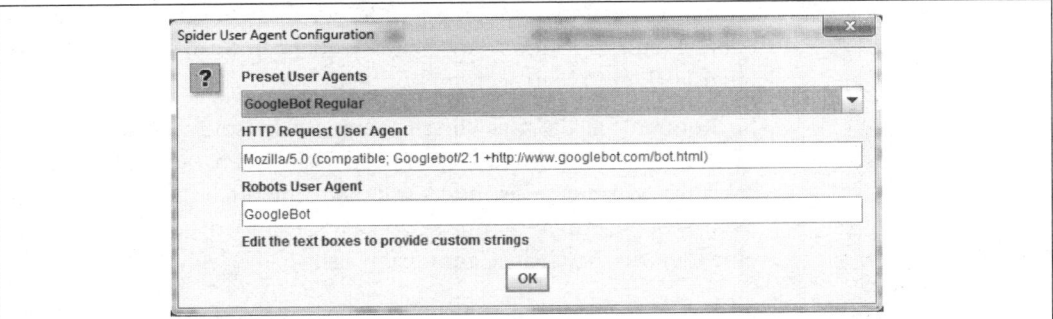

Hier können Sie einstellen, welche Dateien analysiert werden sollen, ob z. B. auch externen Links gefolgt werden darf und ob das Tool die *robots.txt*-Vorgaben ignorieren soll. Zudem haben Sie auf dem Tab »Limits« die Möglichkeit, mithilfe von »Limit Search Total« eine maximale Anzahl an crawlbaren Elementen anzugeben. Das empfiehlt sich zumeist bei sehr großen Websites, um mit einem Querschnitt mögliche übergeordnete Probleme aufzudecken.

Unter *Configuration → Speed* finden Sie die Optionen für die Einstellung der Crawling-Geschwindigkeit. Hier sollten Sie nur tätig werden, wenn Sie wissen, dass der Server bereits gut ausgelastet ist oder aktuell nicht viele Anfragen verarbeiten kann. Über Configuration → Custom können Sie für die zu erwartenden Ergebnisse bereits Vorsortierungen vornehmen. Das eignet sich z. B. für das Crawlen von URL-Listen über *Mode → List* (siehe dazu weiterführend *www.trustagents.de/blog/sponsored-posts-advertorials-erkennen (http://seobuch.net/469)*.

Nachdem Sie die Optionsbildschirme hinter sich gelassen haben, können Sie abschließend einen Website-Crawling-Vorgang starten. Wichtig: Da der Crawling-Vorgang über Ihre Internetleitung und nicht im Web abläuft, kann es ein wenig dauern, bis die endgültigen Resultate vorliegen.

Auswertungen und Reports

Nachdem der Crawler entweder alle oder die von Ihnen maximal vorgegebene Anzahl an URLs gecrawlt hat, können Sie sich mithilfe der verschiedenen Reiter sowie der jeweiligen Exportmöglichkeiten (mittlerweile auch bequem als XLS-Dokument) einen Gesamtüberblick über den Status der Domain/Website verschaffen. Neben der bereits angesprochenen Möglichkeit, URLs nach HTTP-Statuscodes aufzulisten, um unter anderem Crawling-Fehler auszumachen, bietet der »Internal«-Reiter jegliche Informationen, die von einer URL extrahiert werden können.

So können Sie die Crawling-Ergebnisse beispielsweise nach dem HTML-Title, der Meta-Description oder auch den HTML-Überschriften sortieren. Besonders nützlich sind auch die Auflistung der Meta-Robots-Angaben und – sofern vorhanden – der Verweis auf eine kanonische URL (Canonical-Tag).

	Internal	External	Response Codes	URI	Page Titles	Meta Description	Meta Keywords	H1	H2	Images	Directives	AJAX	Custom

Filter: All   Export

	Address ▲	Content	Status ...	Status	Title 1	T
1	http://trustagents.de/	text/html; charset=UTF-8	301	Moved...		
2	http://www.trustagents.de/	text/html; charset=UTF-8	200	OK	SEO Agentur Berlin: Suchmaschinen...	
3	http://www.trustagents.de/blog	text/html; charset=UTF-8	200	OK	SEO Blog	Online Marketing Blog	Tr...	
4	http://www.trustagents.de/blog/	text/html; charset=UTF-8	301	Moved...		
5	http://www.trustagents.de/blog/author/benedikt	text/html; charset=UTF-8	200	OK	Benedikt Illner - Trust Agents	
6	http://www.trustagents.de/blog/author/dominik	text/html; charset=UTF-8	200	OK	Artikel von Dominik Wojcik im Blog vo...	
7	http://www.trustagents.de/blog/author/dominik/	text/html; charset=UTF-8	301	Moved...		
8	http://www.trustagents.de/blog/author/dominik/page/2	text/html; charset=UTF-8	200	OK	Artikel von Dominik Wojcik im Blog vo...	
9	http://www.trustagents.de/blog/author/stephan	text/html; charset=UTF-8	200	OK	Artikel von Stephan Czysch im Blog v...	
10	http://www.trustagents.de/blog/author/stephan/	text/html; charset=UTF-8	301	Moved...		
11	http://www.trustagents.de/blog/author/stephan/page/2	text/html; charset=UTF-8	200	OK	Artikel von Stephan Czysch im Blog v...	
12	http://www.trustagents.de/blog/author/stephan/page/3	text/html; charset=UTF-8	200	OK	Artikel von Stephan Czysch im Blog v...	
13	http://www.trustagents.de/blog/author/stephan/page/4	text/html; charset=UTF-8	200	OK	Artikel von Stephan Czysch im Blog v...	

Erst seit einem der letzten Versions-Updates (diese sind in der Jahreslizenz enthalten) gibt es grafische Auswertungen zu den Bereichen »Response Times« und »URL-Ebenen«. Zudem werden Ihnen die am häufigsten intern verlinkten URLs in einer geordneten Liste angezeigt. Alle Auswertungen können Sie auch per Excel in Eigenregie generieren. Sie müssen dazu lediglich einen Gesamtreport exportieren bzw. eine Liste aller internen URLs über den Reiter »Internal« (*Export*-Button am oberen Rand des Reiters) herunterladen.

▲ **Abbildung 14-15**
Ausführliche Informationen zu den internen URLs des Webauftritts erhalten Sie auf dem »Internal Tab« - hier am Beispiel von trustagents.de

Fazit: Der Screaming Frog lohnt sich für alle technikaffinen Website-Betreiber und ITler, die die eigene Plattform auf Herz und Nieren testen möchten. Da Sie für den Kauf einer Jahreslizenz unzählig viele Crawling-Vorgänge starten können, um z. B. sofort nach einem Plattform-Update direkte Ergebnisse zu erhalten, ist das Tool eine gute Erweiterung zu den aufbereiteten Daten, die Ihnen Google über die Google Webmaster Tools (»interne Links« und »Crawling-Fehler«) liefert. Zudem können Sie die Domains Ihrer Wettbewerber crawlen und so ggf. wichtige Erkenntnisse sammeln, die Sie anschließend für Ihr eigenes Projekt sinnvoll einsetzen können.

Microsoft SEO Toolkit

Vielen gänzlich unbekannt ist das kostenlose SEO Toolkit von Microsoft (siehe *http://www.microsoft.com/web/seo/* (*http://seobuch. net/824*)), das ähnlich wie der Screaming Frog technische Onsite-Analysen von Websites erstellt. Das Tool ist ebenso wie der Screaming Frog eine Desktop-Variante, sollte aber aufgrund von Sicherheitsaspekten (IIS-Webserver muss aktiviert werden) nicht direkt auf Ihrem aktiv genutzten System, sondern z. B. auf einem eigens dafür aufgesetzten Spider-Rechner installiert werden. Der große

Unterschied zwischen beiden Anwendungen: Während Sie beim Screaming Frog größtenteils selbst die entsprechenden Handlungen und Aktionen ableiten müssen, bereitet Ihnen das Tool von Microsoft diese bereits in Form gezielter Empfehlungen auf.

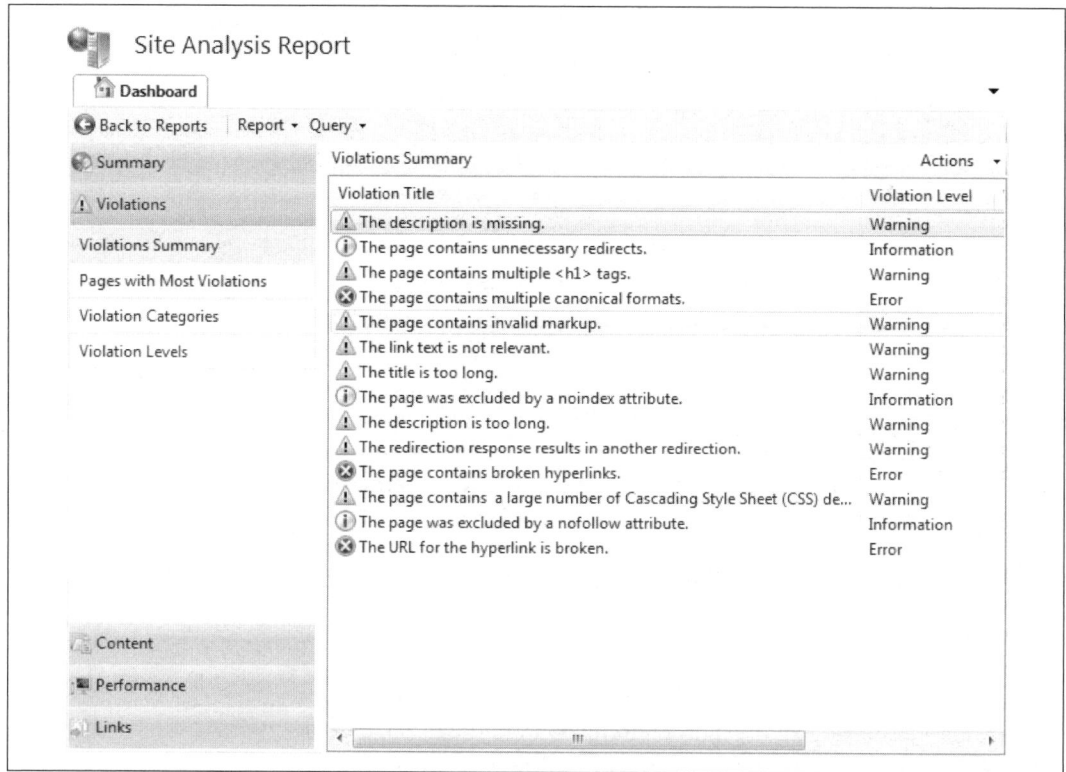

Einmal installiert bzw. aktiviert, können Sie mit dem Feature »Search Engine Optimization« direkt aus Ihrer Windows-Umgebung (direkt im IIS Manager) heraus eine »Site Analysis« starten. Geben Sie dazu die gewünschte Domain an und wählen Sie aus, ob die gesamten Daten der Website auch lokal gespeichert werden sollen. Der einzige Nachteil: Man kann den User-Agent-String nicht frei verändern (was beim Screaming Frog unproblematisch möglich ist), sondern spidert die Inhalte immer als IISBot.

Detaillierte Hilfestellungen

Sobald der Crawling-Vorgang abgeschlossen ist – auch hier haben Sie die Möglichkeit, Limits anzugeben, um die Maximalanzahl an zu crawlenden URLs zu begrenzen –, erhalten Sie eine detaillierte

Auswertung. Unter dem Punkt »Violations« und »Violations Summary« finden Sie eine Übersicht der gefundenen Probleme, sortiert nach der Häufigkeit ihres Auftretens. Unterteilt werden die »Violations« dabei in die Kategorien SEO, Performance und Content. Das SEO Toolkit weist Sie unter anderem auf nicht gesetzte H1-Überschriften sowie fehlende Meta-Descriptions hin. Auch fehlerhaft gesetzte interne Links sowie Probleme im Quelltext werden Ihnen einzeln aufgelistet. Möchten Sie wissen, auf welche URLs die jeweiligen Verbesserungspotenziale zutreffen, genügt ein Klick auf den »Violation Title«, und Sie erhalten tiefergehende Informationen. Interessant sind außerdem die Auswertungen der »Performance« sowie der gesamten internen Linkstruktur (Reiter *Links*).

Fazit: Da Microsofts SEO Toolkit jedem Windows-Nutzer kostenfrei zur Verfügung steht und die Anwendung zudem die Potenziale und Probleme einer Website gut und übersichtlich aufarbeitet, lohnt sich auf jeden Fall ein Test-Crawl. Wie bereits beschrieben, empfehlen wir, die Anwendung nicht auf Ihrem Hauptrechner auszuführen, sondern in einer Einzelinstanz (virtuell oder als eigener Rechner), um ggf. vorhandene Sicherheitsprobleme bei der Aktivierung des IIS-Servers zu umgehen.

Strucr.com

Das kostenpflichtige Analysetool Strucr (*https://strucr.com/ – http://seobuch.net/197*) ist im Gegensatz zum Screaming Frog und dem SEO Toolkit von Microsoft ein webbasiertes Crawling-Tool und verwendet daher nicht Ihre Ressourcen (Rechenleistung oder Internetverbindung), sondern eigene Server. Sie haben daher überall Zugriff auf die analysierten Daten.

Tipp   Strucr bietet eine kostenlose Version an, mit der 10.000 URLs untersucht werden.

Ähnlich wie die beiden bereits vorgestellten Tools hilft Ihnen Strucr bei der detaillierten Bewertung Ihrer Website unter technischen Gesichtspunkten. Das Hauptaugenmerk der Software liegt auf der Auswertung der gesamten Site-Architektur sowie der internen Linkjuice-Verteilung. Fragen wie »Welche URL ist intern am stärksten gewichtet?« oder »Welche technischen Probleme hat meine Plattform?« können mit Strucr bequem beantwortet werden. Sie bezahlen dafür je nach Crawling-Umfang und -Größe einen

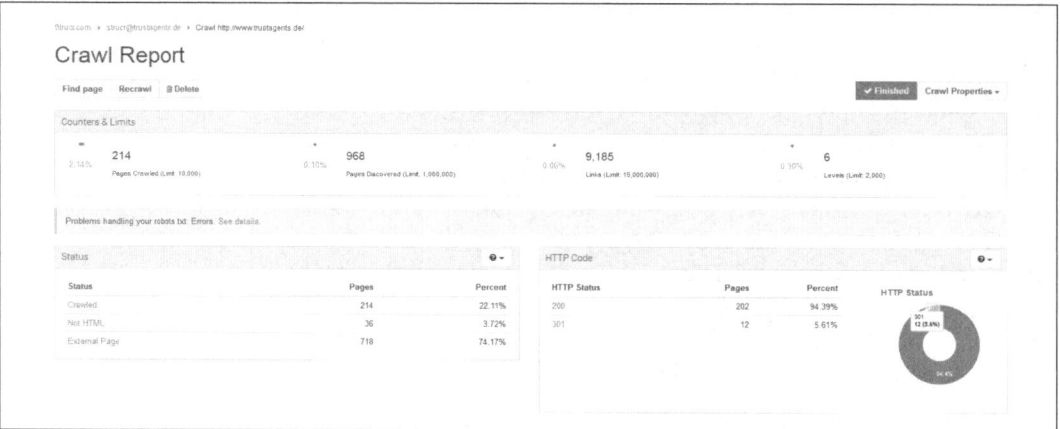

Abbildung 14-17 ▲
Ausschnitt des Crawling-Report-Dashboards für den Crawl von trustagents.de

(monatlichen) Betrag. Dafür können Sie über die zur Verfügung stehende API-Schnittstelle alle erdenklichen Daten zusammentragen und für eigene Folgeauswertungen aufbereiten.

Fazit: Da Strucr vom Entwicklerteam ständig weiterentwickelt und verbessert wird, lohnt sich ein Probe-Crawling mit dem kostenfreien Test-Account allemal. Sie sollten aber bedenken, dass sich die Applikation vorrangig an sehr technikaffine Anwender richtet und nicht unbedingt direkte Handlungsempfehlungen abgeleitet werden können. Für SEOs und ITler kann sich aber gerade die Auswertung bezüglich der internen Linkstrukturen als sehr lohnenswert erweisen. Tools mit einem ähnlichen Leistungsspektrum sind *seoratio.de* und *Onpage.org*.

SEO Tools for Excel

Tabellenkalkulationsprogramme sind grundsätzlich sehr hilfreich bei der Aufbereitung und Analyse von Daten. Für Excel gibt es sogar ein kostenloses Plugin namens *SEO Tools for Excel*. Es muss allerdings dazugesagt werden, dass das Plugin wirklich nur mit Microsoft Excel und da auch nur mit der PC-Version kompatibel ist. Mac- oder Linux-Nutzer schauen folglich in die Röhre.

Mit dem unter *http://nielsbosma.se/projects/seotools/* (*http://seobuch. net/408*) zum Download angebotenen Plugin können Sie unterschiedliche SEO-relevante Informationen von URLs abfragen oder eine Website crawlen lassen.

Eine Beispieldatei mit einigen Funktionen finden Sie unter *http:// www.trustagents.de/blog/seotools-for-excel* (*http://seobuch.net/451*).

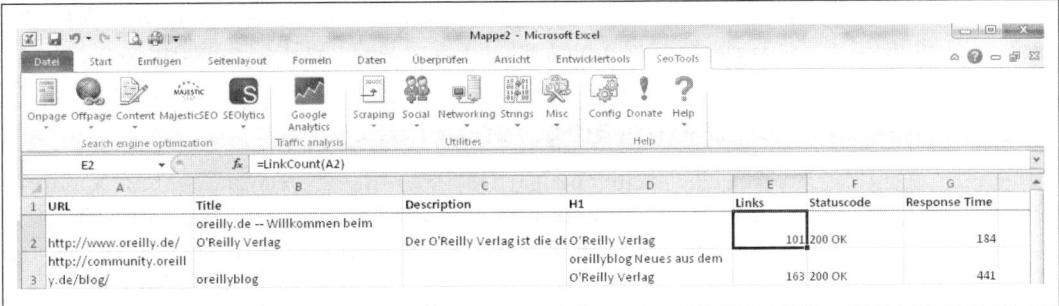

▲ Abbildung 14-18
SEO Tools for Excel prüft die ange-
gebenen URLs auf unterschiedliche
Informationen.

Webanalyse-Software

Auch Webanalyse-Software können Sie auf Ihrer Website einsetzen, um einige SEO-Metriken abzufragen. Dabei spielt es keine
Rolle, welche spezielle Software Sie einsetzen.

Interessant sind im Zusammenhang mit SEO unter anderem folgende Aspekte:

- aufgerufene Seiten,
- Seitentitel aufgerufener URLs,
- Seiten, die einen 404-Fehler ausgeben,
- Einstiegsseiten über die unbezahlte Websuche und
- Referrer-Analyse.

Wenn Sie mit Ihrer Webanalyse-Software (oder auf anderem Weg)
die internen Suchanfragen auswerten, haben Sie zudem eine weitere Datenquelle für Suchbegriffe an der Hand.

Nutzen Sie die Daten Ihrer Webanalyse außerdem dazu, Ihre
Inhalte auf Metriken wie Bounce-Rate, Ladegeschwindigkeit und
Besuchsdauer hin zu analysieren. Im Folgenden finden Sie einen
kurzen Überblick darüber, weshalb die aufgezählten Daten hilfreich sind und wo Sie diese finden können. In vielen Fällen gibt es
mehrere Möglichkeiten, unter denen sich dieselben Daten aufrufen
lassen.

Aufgerufene Seiten

Um eine Übersicht über die auf Ihrer Website vorhandenen URLs
zu generieren, können Sie sich die Daten auch aus Ihrer Webanalyse-Software holen. Bei Google Analytics gibt es die Funktion
unter *Verhalten → Website-Content → Alle Seiten*. In diesem Fall

geht es nicht darum, über welche Quelle ein Besucher auf Ihre Website gekommen ist, sondern welche URLs aufgerufen wurden.

Seitentitel aufgerufener URLs

Auf jeder Seite einzigartige Seitentitel zu verwenden, hilft Suchmaschinen und Nutzern dabei, das Thema einer Seite zu erschließen und die einzelnen Seiteninhalte voneinander zu unterscheiden. Doppelte Seitentitel können Sie bei Google Analytics unter *Verhalten → Website-Content → Alle Seiten* und dort durch Umstellung der primären Dimension auf »Seitentitel« anzeigen lassen. Bei anderen Webanalyse-Tools gibt es ähnliche Funktionen. Alternativ können Sie, z. B. basierend auf URL-Listen, die Seitentitel über Crawler wie Screaming Frog selbst zusammentragen lassen.

Seiten, die einen 404-Fehler ausgeben

Besonders von Nutzern aufgerufene URLs, die einen 404-Fehler ausgeben, sollten Sie schnellstmöglich korrigieren. Und wenn Nutzer eine Fehlerseite erhalten, wird das bei Suchmaschinen nicht anders sein. Diese Seiten können Sie zum Beispiel dann einfach identifizieren, wenn Sie für alle Fehlerseiten (automatisch) denselben Seitentitel verwenden oder sonst ein Muster hinterlegt haben, das auf eine Fehlerseite schließen lässt. Nehmen wir als Beispiel den O'Reilly Blog: Die beiden fiktiven Adressen *http://community. oreilly.de/blog/gibt-es-nicht* und http://*community.oreilly.de/blog/ gibt-es-auch-nicht* enthalten jeweils »Seite nicht gefunden« im Seitentitel. Diese Information kann vom O'Reilly Verlag zur Identifikation von aufgerufenen Fehlerseiten genutzt werden.

Eine solche Analyse stellt eine ausgezeichnete Ergänzung zu den in den Webmaster Tools aufgelisteten Crawling-Fehlern dar.

Einstiegsseiten über die unbezahlte Websuche

Eine sehr wichtige Analyse ist die der Einstiegsseiten Ihrer Besucher über die unbezahlte Websuche. Seitdem Google und andere Suchmaschinen damit begonnen haben, aus Datenschutzgründen die von den Nutzer gestellten Suchanfragen in den meisten Fällen nicht mehr an die Website-Betreiber zu übertragen, werden Sie häufig die Angabe »not provided« sehen.

Allerdings sehen Sie, wie gewohnt, die Einstiegsseiten der Nutzer. In Google Analytics finden Sie diesen Bericht beispielsweise unter

Akquisition → Keywords → Organisch; stellen Sie dort die primäre Datenquelle auf *Zielseite* um.

Referrer-Analyse

Verweise von anderen Websites helfen Ihnen – eine entsprechende Qualität und Natürlichkeit der Linkquelle vorausgesetzt – zum einen dabei, Ihr Ranking in der Websuche zu verbessern, und zum anderen stellen sie natürlich eine zusätzliche Besucherquelle dar. Schauen Sie sich regelmäßig an, über welche Verweise Sie Zugriffe erhalten haben – auf Wunsch auch, auf welche URLs Ihrer Website.

Bei Google Analytics finden Sie die Daten unter *Akquisition → Alle Verweise.*

SEO-Browser-Plugins

Für die Suchmaschinenoptimierung relevante Angaben sind meistens im Quelltext von Seiten enthalten – jedoch ist es umständlich, den Seitenquelltext aufzurufen und dort von Hand nach bestimmten Daten oder Konfigurationen zu suchen.

Mit unterschiedlichen Erweiterungen können Sie Ihren Browser dazu bringen, Ihnen relevante Informationen des Quelltexts übersichtlich darzustellen. Der Großteil der Browser-Plugins ist für Mozilla Firefox oder Google Chrome gedacht und kostenfrei erhältlich. Links zu den Plugins finden Sie unter *http://www.trust-agents.de/blog/die-besten-seo-browserplugins-2012* (*http://seobuch. net/140*). Dort sind auch Bookmarklets zu finden, über die Sie mit einem Klick eine Adresse an eine andere Seite übergeben können – beispielsweise an das Test-Tool für strukturierte Daten.

Seerobots

Das Plugin *Seerobots* zeigt Ihnen an, ob eine Seite zur Indexierung durch Suchmaschinen freigegeben ist. Auf Wunsch untersucht das Plugin neben dem Quelltext auch den HTTP-Header.

Searchstatus

Über dieses Plugin können Sie unter anderem kontrollieren, ob für die gerade aufgerufene URL ein anderes kanonisches Ziel definiert wurde.

roboxt!

Diese kleine Erweiterung prüft, ob eine aufgerufene URL durch Angaben in der Datei *robots.txt* blockiert ist.

Web Developer

Über die *Web Developer Toolbar* ist eine ganze Reihe von Analysemöglichkeiten gegeben. Das Plugin kann die Dateigröße von Bildern anzeigen, Alt-Texte darstellen oder HTML-Überschriften auf der Webseite hervorheben. Auch eine Auflistung der auf der Seite vorkommenden Links ist möglich.

HttpFox

Mit dem Plugin *HttpFox* können Sie die Kommunikation zwischen Webserver und Browser kontrollieren und z. B. Weiterleitungscodes kontrollieren.

UserAgent Switcher

Um zu überprüfen, ob unterschiedliche mobile Endgeräte korrekt weitergeleitet werden, kann das Plugin *UserAgent Switcher* verwendet werden. Mit dieser Erweiterung ist es einfach möglich, den eigenen User-Agent an den des Googlebot anzupassen.

Firebug

Besonders durch Erweiterung mit den Add-ons *Pagespeed* und *YSlow* wird Firebug enorm hilfreich. Das Plugin erlaubt es, den Quelltext einer Seite zu analysieren und die Inhalte (im eigenen Browser) zu modifizieren.

Linkparser

Diese Erweiterung zählt, wie viele Links auf einer Seite vorhanden sind, und markiert auf Wunsch zum Beispiel *nofollow* oder externe Links farbig.

Die richtigen Tools für den eigenen Bedarf

Die von uns vorgestellten Tools eignen sich allesamt für die technische und strukturelle Analyse der eigenen Website. Sie liefern Ihnen viele Hilfestellungen und mitunter auch detaillierte Auswertungen, die Ihnen direkte Rückschlüsse auf vorhandene SEO-Potenziale ermöglichen (Themenbereiche: interne Verlinkung, Crawling & Indexierung).

Es ist daher durchaus sinnvoll, zumindest auf die *kostenfreien Programme* – also Google Webmaster Tools, Bing Webmaster Tools, sowie SEO Tools for Excel – zurückzugreifen und sich so Zugriff auf die jeweiligen Auswertungen zu verschaffen. Auch das SEO Toolkit von Microsoft, mit dem Sie eigenständig Websites crawlen können, kann Ihnen kostenfrei Probleme aufzeigen und gibt Ihnen zudem auch vorgeclusterte Empfehlungen mit an die Hand.

Die kostenfreien Browser-Erweiterungen und Bookmarklets sollten Sie verwenden, um bei der täglichen (SEO-)Arbeit immer wiederkehrende Prozesse (z. B. »noindex«-Check, »nofollow«-Check etc.) bequem und einfach abhandeln zu können und somit Zeit zu sparen. Mithilfe der Developer-Erweiterungen können Sie zudem auf einfache Weise den Quelltext Ihrer Website untersuchen und etwaige Probleme erkennen und angehen oder sich beispielsweise auch die Struktur der HTML-Überschriften ausgeben lassen.

Für umfangreichere Websites und Onlineshops, die viele Unterseiten und eine komplexere Struktur besitzen, empfiehlt es sich, auf den Screaming Frog bzw. Strucr zurückzugreifen. Mit beiden Tools können Sie z. B. auch Beta- bzw. Entwicklerversionen Ihrer Website crawlen (lassen), die eventuell noch nicht im Web zur Verfügung stehen, um so Fehler noch vor dem eigentlichen Launch aufspüren und dann beseitigen zu können.

Zusammenfassung

- Auf einen regelmäßigen Blick in die Google Webmaster Tools sollten Sie auf keinen Fall verzichten. Die kostenlose Toolsammlung liefert direkte Hinweise von Google über Ihren Webauftritt.

- Besonders durch den SEO-Analysator liefern die Bing Webmaster Tools einen Mehrwert und stellen eine ausgezeichnete Ergänzung zu den Google Webmaster Tools dar. Der Link-Explorer erlaubt es, Links von beliebigen Domains (auszugsweise) zu analysieren.

- Daten der eigenen Webanalyse-Software können enorm hilfreiche Informationen über Ihre Website liefern. Schauen Sie sich unter anderem die von Nutzern aufgerufenen URLs und deren

Seitentitel an, um möglicherweise vorhandene mehrfach verwendete Titel zu identifizieren.

- Nutzen Sie die Crawling- bzw. Spider-Tools Screaming Frog und Microsoft SEO Toolkit für eigene Crawling-Vorgänge und Sofortanalysen Ihrer Website(s) und der Website(s) Ihrer Wettbewerber, um vorhandene Potenziale aufzudecken.

- Mit Strucr können Sie Crawling-Vorgänge auslagern und auf eine breite Masse von technischen Auswertungen zurückgreifen, die Ihnen dabei helfen, die bestehenden Website-Strukturen zu optimieren.

- *SEO Tools for Excel* kann eine Vielzahl von SEO-relevanten Informationen aus URLs extrahieren oder als Crawler verwendet werden. Auch dieses Tool steht kostenfrei zur Verfügung.

- Eine komfortable Anzeige von SEO-Informationen des Quelltexts kann durch die Installation von Browser-Plugins erzielt werden. Bookmarklets helfen Ihnen zudem dabei, Adressen an unterschiedliche Tools zu übergeben.

Fehlerbehebung

Der Weg an die Spitze der Suchergebnisse ist hart und gepflastert mit allerlei (technischen) Stolpersteinen. Mal ist eine Seite nicht indexiert, ein anderes Mal befinden sich Duplikate im Suchmaschinenindex. Lösungen für diese und weitere Probleme finden Sie hier.

Eine Seite ist nicht indexiert

Nur bekannte und indexierte Dokumente kommen als Suchtreffer infrage. Aus diesem Grund ist es ein großes Problem, wenn eine Seite von Ihnen für Suchmaschinen freigegeben ist, allerdings nicht indexiert wurde. Gehen Sie folgende Schritte durch, um den Grund des Problems zu identifizieren.

Wir gehen beim im Folgenden skizzierten Vorgehen davon aus, dass

- kein willentlicher Crawling- und Indexierungsausschluss vorliegt,
- die Inhalte von Ihnen selbst verfasst wurden und es sich folglich nicht um im Internet auf anderen Websites verfügbare Kopien handelt und
- keine manuelle Maßnahme von Seiten der Suchmaschinen gegen die Website oder einzelne URLs vorliegt.

Gehen Sie so vor:

1. Kontrollieren Sie mithilfe des Suchoperators `info:adresse-des-zu-prüfenden-Dokuments`, ob das fragliche Dokument wirklich nicht im Index erscheint. Wenn das der Fall ist, sehen Sie einen ähnlichen Hinweis wie in Abbildung 15-1.

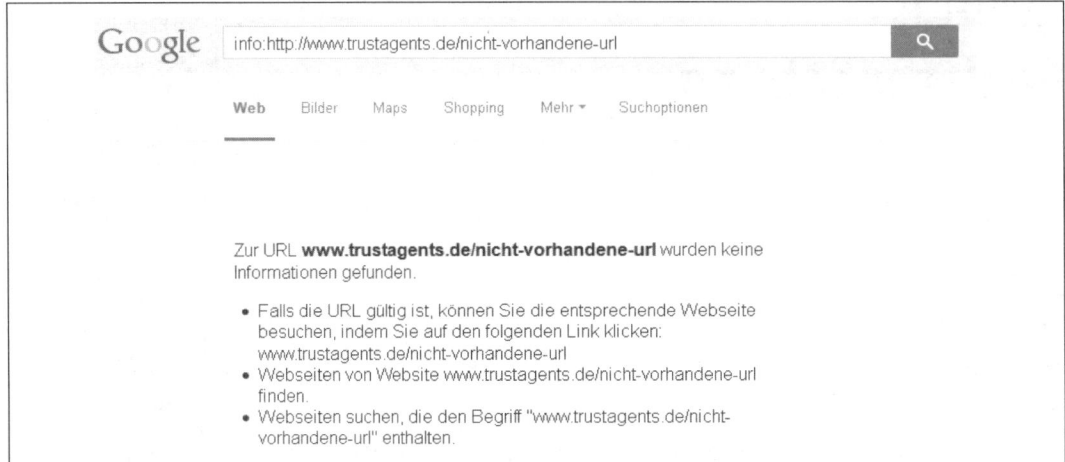

Abbildung 15-1 ▲
Die angegebene Adresse ist nicht
im Google-Index enthalten.

Um eine Adresse schnell in den Google-Index zu bekommen, ist die Funktion *Abruf wie durch Google* in den Google Webmaster Tools eine zuverlässige Möglichkeit.

2. Rufen Sie die zu prüfende URL mit der Funktion *Abruf wie durch Google* auf. Dadurch wird die Seite von Google gecrawlt. Die Funktion finden Sie nach Login und Auswahl der Domain in den Google Webmaster Tools unter dem Navigationspunkt *Crawling*.

Abbildung 15-2 ▼
Durch »Abruf wie durch Google«
können Sie überprüfen, welchen
Quelltext Google zurückgeliefert
bekommt.

Ob Sie die URL nur »Abrufen« oder »Abrufen und rendern« lassen, bleibt Ihnen überlassen. Google wird anschließend die URL aufzurufen versuchen.

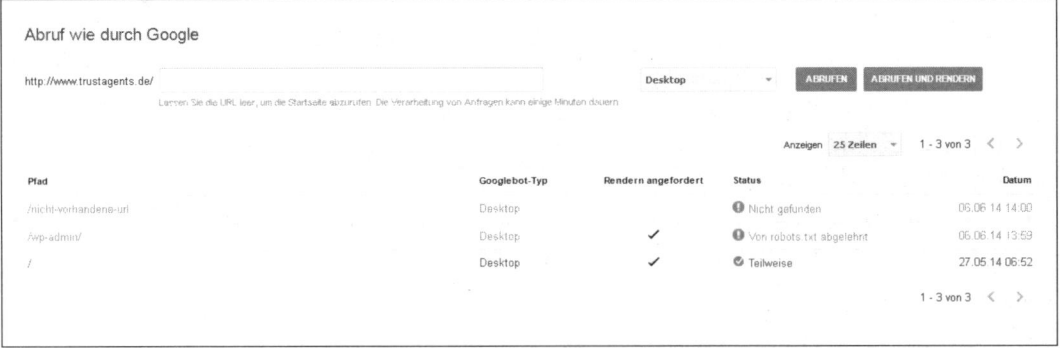

Wenn es sich um eine existierende und nicht über die Datei robots.txt vom Crawling ausgeschlossene URL handelt, können Sie durch einen Klick innerhalb der entsprechenden Zeile auf die Detailansicht wechseln; andernfalls ist das nicht möglich.

Suchen Sie innerhalb des Quelltexts nach »*Noindex*«, um auszuschließen, dass die Seite von der Indexierung ausgenommen wurde.
Analysieren Sie in diesem Schritt auch möglicherweise vorhandene
Canonical-Instruktionen. Wenn der Canonical-Tag verwendet
wird, sollte er nicht auf eine andere URL als die gerade überprüfte
verweisen. Wenn einer der genannten Hinweise vorliegt, sollten Sie
die Angabe aus dem Quelltext entfernen oder im Fall des Canonical-Tags entsprechend anpassen.

▼ **Abbildung 15-3**
Durchsuchen Sie den analysieren-
den Quelltext nach "Noindex", um
einen möglichen Indexierungsausschluss aufzuspüren.

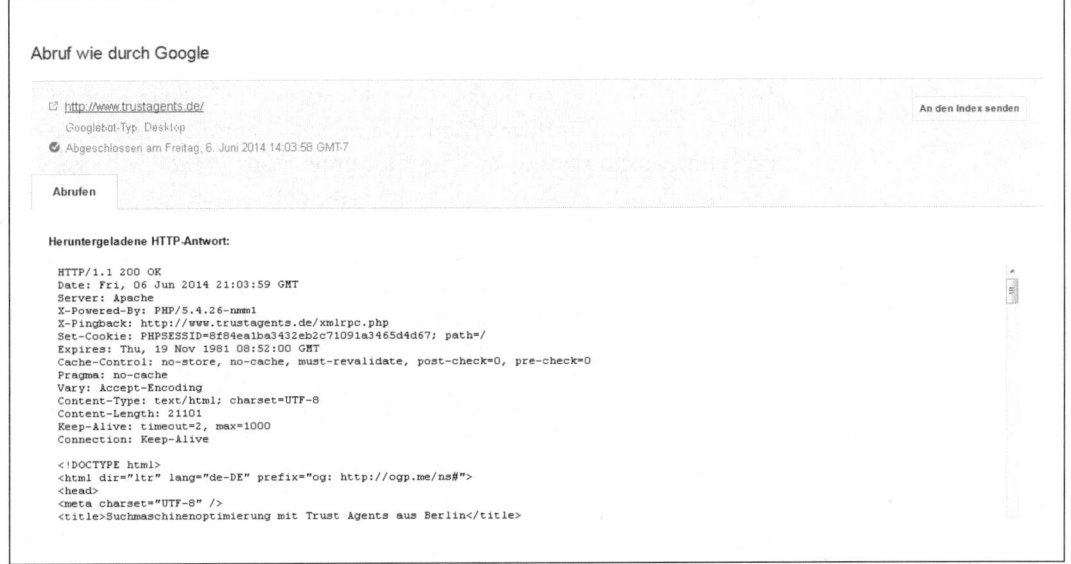

3. Wenn weder ein Indexierungsausschluss vorliegt noch per
   Canonical-Tag auf eine andere URL verwiesen wird, sollten Sie
   die URL über *Abruf wie durch Google* an den Index senden.
   Dadurch stellen Sie sicher, dass Google von der Existenz des
   Dokuments erfährt. Nach kurzer Zeit sollte das Dokument
   erscheinen und kann fortan über die Websuche gefunden werden.

Tipp   Wenn Sie auf Ihrem Webauftritt Sitemaps einsetzen und diese
in den Google Webmaster Tools einreichen, sehen Sie deren
Indexierungsstatus. Wichtige URLs können Sie in eine separate
Sitemap integrieren – dadurch wissen Sie sehr schnell, ob alle
in dieser Sitemap befindlichen Dokumente im Google-Index
enthalten sind.

Eine Kontrolle ist außer mit den genannten Methoden (`info:adresse-des-zu-prüfenden-Dokuments`, Sitemap-Indexierungsstatus) auch mit dem Suchanfragenbericht oder Webanalyse-Software möglich. Wenn Besucher über die organische Websuche auf Ihre Website gekommen sind, muss das nach dem Klick aufgerufene Dokument ja im Index enthalten sein.

Auch die Abfrage `site:name-ihrer-domain.tld` können Sie zum Zweck der Indexierungskontrolle einsetzen.

Doppelte Inhalte im Index

Wenn Inhalte unter mehreren Adressen (in vollem Umfang) erreichbar sind, wird von *Duplicate Content* gesprochen (siehe Kapitel 3). Solcher ist nicht in Ihrem Sinne, denn es soll zum Zweck der Suchmaschinenoptimierung nur ein Dokument (also eine URL) geben, das Signale hinsichtlich eines Themas sendet.

Tipp　Um doppelte Inhalte im Suchmaschinenindex zu identifizieren, sollten Sie nach einzelnen, in Anführungszeichen gesetzten Textfragmenten suchen. Auf Wunsch schränken Sie die Suche auf Ihre Domain ein.

Die Funktion *HTML-Verbesserungen* der Google Webmaster Tools kann Ihnen ebenfalls Hinweise auf mehrfach indexierte Inhalte geben, denn häufig verwenden die unterschiedlichen URLs denselben Seitentitel.

Im Idealfall können Sie die duplizierten Inhalte von Ihrer Website durch Löschung oder Weiterleitung entfernen. Andernfalls können Sie auf den Canonical-Tag oder einen Indexierungsausschluss der Duplikate zurückgreifen. Als Alternative bietet sich die Funktion *URL-Parameter* der Google Webmaster Tools an. Bedenken Sie dabei aber, dass die dort durchgeführten Konfigurationen ausschließlich Google zur Verfügung stehen.

Der Inhalt war unter mehreren Adressen verfügbar, ist es jetzt allerdings nicht mehr

Maßgeblich für die Indexierung eines Inhalts ist – neben den am Anfang des Kapitels genannten Bedingungen – natürlich auch, ob die Adresse erreichbar ist. Denn nicht (mehr) vorhandene URLs werden von Suchmaschinen bald nach dem Bemerken ihres Verschwindens aus dem Suchmaschinen-Index entfernt bzw. erst gar nicht aufgenommen.

Wenn Sie Inhalte unter mehreren URLs verfügbar gemacht haben, dieses Problem aber inzwischen durch

- Abschaltung der Duplikate (HTTP-Statuscode 4xx),
- Einrichtung von Weiterleitung (z. B. HTTP-Statuscode 30x) oder
- Änderung des Seiteninhalts

behoben haben, sollten Sie Suchmaschinen über diese Änderungen informieren.

Tipp　Beachten Sie: Wenn Sie eine URL vollständig abschalten, sollten Sie sicherstellen, dass keine (internen oder externen) Verweise mehr auf diese Adresse zeigen. Andernfalls werden dadurch Crawling-Fehler erzeugt.

Zwar analysieren Suchmaschinen regelmäßig bekannte Dokumente aufs Neue, aber zwischen den einzelnen Analysevorgängen kann je nach Umfang und Popularität der Website und ihrer einzelnen Dokumente einige Zeit vergehen.

Wenn Sie unter der oder den Adressen keine geänderten Inhalte anzeigen, sondern weiterhin Duplikate, können Sie sie durch die Funktion *URLs entfernen* der Google Webmaster Tools schnell aus dem Index löschen lassen.

Falls allerdings geänderte Inhalte auf der Adresse verfügbar sind, ist ein Rückgriff auf *Abruf wie durch Google* die bessere Option. Senden Sie die geänderten URLs dazu an den Suchmaschinenindex.

Der Inhalt ist auch weiterhin vollständig unter mehreren Adressen erreichbar

Wenn auch zukünftig der zu überwiegenden Teilen gleiche Inhalt unter verschiedenen URLs zur Verfügung steht und das nicht zu ändern ist, haben Sie folgende Optionen:

- Einrichtung eines Indexierungs- oder Crawling-Ausschlusses oder
- Verwendung des Canonial-Tags.

Der Einsatz des Canonical-Tags ist in diesem Fall die bessere Option, denn sein Einsatz verspricht, dass auf Duplikate eingehende Signale (vor allem Links) auf die im Canonical-Tag referenzierte Originalquelle übertragen werden.

Die anderen genannten Möglichkeiten halten die Duplikate zwar auch vom Suchmaschinenindex fern, allerdings weiß Google in diesem Fall nicht, ob und, wenn ja, wohin Signale übertragen werden sollen. Eine Ausnahme bildet hierbei der von Google nicht empfohlene Ausschluss der Indexierung (mit der Noindex-Anweisung) bei zeitgleichem Einsatz von *rel="canonical"* auf eine andere URL.

 Tipp Wenn Duplikate durch URL-Parameter entstehen, können Sie als Alternative zum Canonical-Tag auf die URL-Parameterbehandlung der Google Webmaster Tools zurückgreifen. Eine entsprechende Konfiguration vorausgesetzt, führt das dazu, dass unnötige Parameter nicht mehr gecrawlt und indexiert werden.

Ohne dass neue Inhalte zur Website hinzugefügt wurden, steigt der Indexierungsstatus

Ein eher selten anzutreffendes Phänomen ist das Ansteigen des Indexierungsstatus (einsehbar über die Funktion *Indexierungsstatus* in den Google Webmaster Tools oder durch die Suchanfrage site: name-ihrer-domain.tld), ohne dass dem Webauftritt wissentlich neue Inhalte hinzugefügt wurden.

Kontrollieren Sie in diesem Fall, ob Seitenbereiche über die Datei *robots.txt* blockiert werden und blockierte Dokumente dennoch in den Suchmaschinenindex gelangt sind. Dies ist eigentlich kein schwerwiegendes Problem, führt allerdings zu einem Anstieg der indexierten URLs. Über die Funktion *URLs entfernen* der Google Webmaster Tools können Sie die nicht zur Indexierung vorgesehenen Dokumente entfernen lassen. Beachten Sie dabei die in Kapitel 8 beschriebenen notwendigen Einstellungen.

Andere mögliche Fehlerursachen sind

- das Hinzufügen neuer URL-Parameter zu Ihrem Webauftritt,
- das Fehlen eines vorher definierten Canonical-Tags (beispielsweise infolge einer Änderung am Webauftritt),
- die Entfernung eines Indexierungsausschlusses oder
- die Auslieferung von Inhalten unter eigentlich fehlerhaften Adressen mit dem HTTP-Statuscode 200.

Die Funktion *HTML-Verbesserungen* in den Google Webmaster Tools kann Ihnen möglicherweise Hinweise auf Duplikate liefern.

Anstelle der Meta-Description wird eine andere Beschreibung angezeigt

Für eine Adresse können je nach Suchanfrage ganz unterschiedliche Beschreibungstexte (*Meta-Descriptions*) angezeigt werden. Ob die von Ihnen definierte Meta-Description in der Google-Suche dargestellt wird, hängt von vielen verschiedenen Faktoren ab. Hauptsächlich entscheidet die Relevanz des hinterlegten Beschreibungstextes für die Suchanfrage darüber, ob Google den Meta-Description-Text verwendet oder einen anderen Beschreibungstext (meist ein Auszug aus dem Seiteninhalt) auswählt. Versuchen Sie, die Description möglichst optimal auf die potenzielle zum Seiteninhalt passende Suchanfrage Ihrer Zielgruppe auszurichten und die Zeichenbeschränkungen (kalkulieren Sie mit ungefähr 155 Zeichen inklusive Leerzeichen) nicht zu überschreiten.

Wenn weder die von Ihnen hinterlegte Description noch ein Textausschnitt der Seite in der Google-Suche erscheint, kommt der Text wahrscheinlich aus dem Webverzeichnis *Open Directory Project* (auch bekannt als DMOZ). Über die Meta-Robots-Angabe noodp können Sie verhindern, dass die womöglich im Open-Directory-Projekt hinterlegte Beschreibung als Meta-Description übernommen wird.

Google ändert den Seitentitel des Suchtreffers automatisch

Ebenso kann es vorkommen, dass der Seitentitel in der Google-Suche nicht dem auf der Seite definierten entspricht. Das geschieht dann, wenn der Titel

- leer ist,
- nicht zum Seiteninhalt passt,
- zu lang ist oder
- in den Augen der Suchmaschine unseriös erscheint.

Letzteres ist der Fall, wenn Sie beispielsweise das zum Seiteninhalt passende Suchwort zu häufig im Titel verwenden.

Es gibt keine Möglichkeit, Google dazu zu zwingen, einen ganz bestimmten Seitentitel immer anzuzeigen. Durch die Verwendung inhaltsbeschreibender und nicht unseriös (»spammig«) wirkender Seitentitel können Sie grundsätzlich ziemlich zuverlässig dafür sorgen, dass Google den Titel (abhängig von der Suchanfrage) nicht automatisch umschreibt.

Im Allgemeinen findet eine Umschreibung des Seitentitels durch Google mit dem Zweck statt, dem Suchenden die Relevanz des Treffers zu verdeutlichen. Dies ist in der Regel zu Ihrem Vorteil.

In den Webmaster Tools sind keine Informationen zur Sitemap vorhanden

Damit in den Webmaster Tools von Google und Co. umfangreiche Informationen zu einer vorhandenen Sitemap angezeigt werden, reicht es nicht, diese nur über die Datei *robots.txt* zu referenzieren (zur Erinnerung: den Verweis setzen Sie über die Angabe `sitemap: Adresse-der-sitemap`).

Übermitteln Sie auf jeden Fall auch Ihre Sitemap(s) in den Webmaster Tools der für Sie wichtigsten Suchmaschinen.

Andere Webseiten werden für Inhalte gefunden, die ursprünglich von Ihnen erstellt wurden

Anhand unterschiedlicher Faktoren wie beispielsweise des erstmaligen Indexierungszeitpunkts (»Wann und wo wurde ein Artikel erstmalig von Google gefunden?« – das muss nicht zwingend das Veröffentlichungsdatum sein!) und der Autorität einer Website (»Ist die Website dafür bekannt, gute und einzigartige Inhalte zu erstellen?«) versuchen Suchmaschinen zu bestimmen, welcher Webadresse ein Inhalt zuzuordnen ist. Doch diese Bestimmung funktioniert nicht immer fehlerfrei. Somit ist es möglich, dass andere Seiten für Inhalte gefunden werden, die Sie als Erstes auf Ihrer Website veröffentlicht hatten.

Wenn Sie eigene Inhalte bewusst mit anderen Websites teilen (»syndizieren«), sollten Sie eine der folgenden Möglichkeiten nutzen, um Ihren Inhalt als Originalquelle auszuweisen:

- Veröffentlichen Sie den Inhalt zuerst auf Ihrer Website und stellen Sie sicher, dass Suchmaschinen diesen Inhalt kennenlernen (über Verweise, z. B. in einer aktuell gehaltenen Sitemap).

- Lassen Sie über den Canonical-Tag auf Ihren Artikel verweisen.

- Bitten Sie darum, dass die syndizierten Inhalte wahlweise von der Indexierung oder vom Crawling ausgeschlossen werden.

- Setzen Sie innerhalb des Artikels Verweise auf die Adresse des Inhalts auf Ihrer Website.

Neben der beabsichtigten Syndizierung von Inhalten kommt es allerdings auch vor, dass Dritte ungefragt Inhalte übernehmen. Über das unter *https://www.google.com/webmasters/tools/dmca-notice?pli=1 (http://seobuch.net/801)* angebotene Formular können Sie Google darauf hinweisen, dass andere Websites Inhalte Ihres Webauftritts unrechtmäßig verwenden. Als weiterer Meldungsweg bietet Google den »Scraper Report« an, den Sie unter *https://docs. google.com/forms/d/1Pw1KVOVRyr4a7ezj_6SHghnX1Y6bp1SOVm y60QjkF0Y/viewform (http://seobuch.net/085)* erreichen.

Besucher landen aus der Google-Suche kommend nicht auf der passenden Website-Version

Beim internationalen SEO kommt es besonders bei der Verwendung derselben Sprache mit unterschiedlichen Zielländern regelmäßig dazu, dass nicht die bestpassende Adresse in der Google-Suche angezeigt wird. Nehmen wir als Beispiele *ihredomain.de* und *ihredomain.at*, die beide auf Deutsch vorliegen. Häufig ist bei dieser Konstellation eine der beiden Websites hinsichtlich der für Suchmaschinen relevanten Signale (wie etwa eingehender Links) wesentlich stärker und wird dadurch sowohl deutschen als auch österreichischen Nutzern besonders häufig angezeigt.

Abhilfe schafft bei diesem Problem die Angabe *hreflang*. Darüber können Sie Suchmaschinen mitteilen, für welche Zielregion und -sprache welche Inhalte bevorzugt angezeigt werden sollen. Mehr zum Thema *hreflang* finden Sie in Kapitel 3.

Zusammenfassung

- Wenn ein Dokument nicht im Suchmaschinenindex enthalten ist, kann das an einem versehentlichen Crawling- oder Indexierungsausschluss oder einem falsch konfigurierten Canonical-Tag liegen. Über »Abruf wie durch Google« können Sie eine Adresse an den Suchmaschinenindex senden.

- Duplikate können Sie nach Abschaltung über eine der genannten Methoden aus dem Suchmaschinenindex entfernen. Zur Beschleunigung der De-Indexierung kann die Funktion »URLs entfernen« der Google Webmaster Tools eingesetzt werden. Alternativ ist auch in diesem Fall die Funktion »Abruf wie durch Google« eine gute Option.

- Mehr Seiten im Suchmaschinenindex zu haben, ist nicht immer in Ihrem Interesse – besonders dann nicht, wenn es sich nicht um neue relevante Zielseiten, sondern um Duplikate handelt. Kontrollieren Sie, ob eventuell vorgenommene Einstellungen (z. B. Indexierung, Canonical-Tag) versehentlich entfernt wurden.

- In manchen Fällen wird der Beschreibungstext automatisch generiert, unter anderem, wenn Google der Ansicht ist, dass eine im (Fließ-)Text der Seite vorkommende Zeichenfolge relevanter für die Suchanfrage ist als die hinterlegte Meta-Description. Durch gut auf potenzielle Suchanfragen ausgerichtete Descriptions (und bei Übernahme des Beschreibungstexts aus dem DMOZ-Verzeichnis durch Hinzufügen der Meta-Angabe »*noodp*« zum Quelltext der Seite) können Sie dafür sorgen, dass Google möglichst selten eigene Beschreibungstexte generiert.

- Auch Seitentitel können von Google automatisch umgeschrieben werden. Das passiert meistens mit dem Hintergrund, dass eine Anpassung besser zur Suchanfrage des Nutzers passt.

- Detaillierte Informationen zu Sitemaps erhalten Sie in den Webmaster Tools in der Regel erst, wenn Sie diese explizit in den Tools einreichen. Eine Referenzierung der Sitemap über die Datei robots.txt ist meistens nicht ausreichend.

- Wenn andere Websites an Ihrer Stelle für Ihre eigenen Inhalte gefunden werden, stehen Ihnen einige Tools zur Verfügung, um diesen Missstand zu beseitigen. Beachten Sie besonders bei syndizierten Inhalten, dass Sie eindeutige Signale hinsichtlich der Originalquelle senden.

- Mit der Annotation »hreflang« können Sie bei Verwendung mehrerer Websites (gleicher oder unterschiedlicher Sprache) dafür sorgen, dass bei der Google-Suche die jeweils am besten passende Domain als Suchtreffer in der unbezahlten Suche angezeigt wird.

KAPITEL 16
Wichtige Suchoperatoren

Durch die Verwendung von Suchoperatoren kann man die Suchtrefferliste verändern. Neben klassischen Suchoperatoren wie der Verknüpfung einzelner Suchbegriffe mit *AND* (deutsch: und), *OR* (deutsch: oder) und *NOT* (deutsch: nicht) gibt es weitere Suchoperatoren, die aus SEO-Sicht wesentlich spannender sind. Es ist Suchmaschinen nämlich nur dann möglich, z. B. eine Einschränkung der Suchanfrage mit dem Operator `Inurl:` zu beantworten, wenn die Suchmaschinen die Adresse eines Dokuments als eigene Angabe in der Datenbank erfassen. Folglich lässt sich aus Suchoperatoren zum Teil ableiten, welche Informationen Suchmaschinen als wichtig erachten.

Über die Kombinationen verschiedener Suchanfragen können Sie viel über Ihren eigenen Webauftritt erfahren. Wie viele Dokumente wurden indexiert, bei denen eine bestimmte Phrase verwendet wird? Wie viele Dokumente im PDF-Format kennt Google von Ihrer Website? Wann hat Google eine einzelne Adresse zuletzt gecacht, also auf den Google-Servern zwischengespeichert? Wie viele Dokumente sind insgesamt indexiert worden, die die Zeichenfolge »html« enthalten? Besonders durch die Kombination einzelner Suchoperatoren lässt sich die Ergebnismenge beeinflussen.

AND – Schnittmenge bilden

Die Verknüpfung einzelner Suchoperatoren mit AND ist der Standard vieler Suchmaschinen. Dadurch macht es keinen Unterschied aus, ob nach `Begriff1 Begriff2` oder explizit nach `Begriff1 AND Begriff2` gesucht wird. Durch die Verknüpfung mehrerer Suchanfragen mit AND wird eine Schnittmenge von Ergebnissen gebildet.

OR – Vereinigungsmenge bilden

Bei Verwendung von OR werden die Ergebnismengen der unterschiedlichen Anfragen vereinigt, wodurch mehr Dokumente der Suchanfrage entsprechen. Die Suchanfrage SEO OR Suchmaschinen-optimierung liefert als Ergebnis Dokumente, die mindestens eine der Anfragen enthält.

NOT (Minuszeichen) – Ausschluss von Suchbegriffen

Etwas anders funktioniert der Ausschluss einzelner Suchbegriffe. Denn während AND und OR in dieser Schreibweise als Suchoperatoren zum Einsatz kommen, wird für NOT in der Google-Suche ein Minuszeichen (-) verwendet. Die Verwendung von »NOT« führt gegenwärtig nicht zum selben Ergebnis wie die Verwendung des Minuszeichens. Ein dem Suchbegriff vorangestelltes Minuszeichen führt dazu, dass dieser Begriff nicht in der Trefferliste vorkommen soll. Folglich führt die Anfrage SEO -technisch dazu, dass nur solche Dokumente als Suchtreffer angezeigt werden, die die Buchstabenfolge »SEO« und nicht den Begriff »technisch« enthalten. So wird die Differenzmenge gebildet.

Weitere Google-Suchoperatoren in der Übersicht

Nach der kurzen Vorstellung der Standardoperatoren werden im Folgenden die fortgeschrittenen Operatoren behandeln. Die Syntax der folgenden Anfragen sieht etwas anders aus als bei den bereits vorgestellten Operatoren AND, OR und das - für NOT. Hinter dem Operator muss immer ein Doppelpunkt stehen, dann folgt die Anfrage, (meistens) ohne vorangehendes Leerzeichen.

site: – Abfrage auf einen Hostnamen eingrenzen

Über den Suchoperator site: lässt sich eine Suche auf eine Website bzw. einen Hostnamen eingrenzen (und durch entsprechende Erweiterung auch auf mehrere). Die Suchanfrage site:namedeshost-namens.tld liefert folglich nur Ergebnisse, die sich innerhalb des angegebenen Hostnamens befinden.

Den Operator *site:* können Sie zudem zur Analyse von Verzeichnissen einsetzen. Durch die Suchanfrage *site:trustagents.de/blog* werden z. B. nur solche Dokumente angezeigt, die sich innerhalb der angegebenen URL-Struktur befinden.

inurl: – Suchanfrage muss innerhalb der Adresse vorkommen

Über verschiedene Operatoren kann definiert werden, an welcher Stelle eines Dokuments die Suchanfrage vorkommen soll. Wenn der oder die gewünschten Begriffe in der Adresse (URL) des Dokuments enthalten sein sollen, ist `inurl:Suchbegriff` die richtige Wahl.

Beachten Sie bei der Verwendung von *inurl:*, dass auch nach Adressen (oder Adressfragmenten) gesucht werden kann. Bei der Suchanfrage `inurl:community.oreilly.de` muss diese Zeichenkette in der Adresse der potenziellen Suchtreffer enthalten sein.

Intitle: – Suchwort muss Teil des Seitentitels sein

Dem Seitentitel wird berechtigterweise eine hohe Relevanz für das Ranking beigemessen. Durch die Verwendung von `intitle:` wird definiert, dass die Suchanfrage im Seitentitel eines Dokuments enthalten sein muss.

intext: – Wörter müssen im Text enthalten sein

Um nur solche Dokumente angezeigt zu bekommen, bei denen die Suchanfrage im Text (und somit z. B. nicht zwingend im Seitentitel) enthalten sein muss, findet der Operator `intext:` Anwendung.

inanchor: – Suchanfrage muss im Linktext enthalten sein

Die Bedeutung von Ankertexten für SEO wurde in Kapitel 6 vorgestellt. Durch die Verwendung von `inanchor:` wird definiert, dass die infrage kommenden Suchergebnisse mit den entsprechend definierten Wörtern verlinkt worden sein müssen.

Tipp   Zu den Operatoren auf »in*« gibt es jeweils noch die Varianten »allin*«, beispielsweise »allintitle:« und »allinurl«. Bei Verwendung dieser Operatoren müssen alle angegebenen Begriffe im definierten Dokumentenbereich enthalten sein. Im Gegensatz zu den Suchoperatoren auf »in*« kann nach denen auf »allin*« ein Leerzeichen folgen.

Bei der Formulierung komplexer Suchanfragen ist die Verwendung der »erweiterten Suche« hilfreich. Diese ist auf der Google-Startseite unter »Einstellungen« verlinkt. Alternativ erreichen Sie die erweiterte Suche unter *https://www.google.de/ advanced_search?hl=de* (*http://seobuch.net/597*).

info: – Informationen zu einer Webadresse anfragen

Abbildung 16-1 ▼
Der Operator »info:« listet einige weiterführende Links zur abgefragten Adresse auf.

Mit der Suchanfrage info:adresse-des-angefragten-dokuments können Sie sich Informationen zu einem Webdokument anzeigen lassen. Neben den Standardinformationen der Webadresse (Seitentitel, Adresse und Beschreibungstext) werden unterhalb des Suchtreffers Verweise auf weitere Suchanfragen angezeigt.

Damit die info:-Abfrage erfolgreich gestellt werden kann, muss die abgefragte Adresse natürlich von Google indexiert worden sein.

cache: – Aufruf des Speicherabbilds einer Adresse

Der Aufruf des Speicherabbilds einer Adresse ist hilfreich, um zu sehen, welche Informationen Google auf der Adresse angezeigt bekommt. Die Cache-Ansicht ist in zwei Versionen aufrufbar. Einmal mit CSS-Informationen und einmal ohne. Um die Cache-Version aufzurufen, muss der Befehl `cache:adresse-des-angefragten-dokuments` verwendet werden.

▼ **Abbildung 16-2**
Cache-Version der Google-Start-seite mit aktivierten CSS

Dies ist der Cache von Google von http://www.google.de/. Es handelt sich dabei um ein Abbild der Seite, wie diese am 26. Juli 2014 18:06:19 GMT angezeigt wurde. Die aktuelle Seite sieht mittlerweile eventuell anders aus. Weitere Informationen
Tipp: Um Ihren Suchbegriff schnell auf dieser Seite zu finden, drücken Sie **Strg+F** bzw. **⌘-F** (Mac) und verwenden Sie die Suchleiste.

Nur-Text-Version

Oberhalb des Cache-Abbilds zeigt Google den Erstellungszeitpunkt des Abbilds an. Ein Klick auf »Nur Text« führt zur Ansicht ohne CSS (siehe Abbildung 16-3).

Bedenken Sie: Es kann nur von indexierten und nicht vom Crawling ausgeschlossenen Dokumenten ein Cache-Abbild geben. Als weitere Bedingung kommt hinzu, dass die Angabe *noarchive* nicht verwendet wird (siehe Kapitel 8), die Suchmaschinen ja anweist, eben kein Cache-Abbild der entsprechenden Adresse anzulegen.

related: – Ähnliche Dokumente finden

Google zeigt bei der Verwendung der Abfrage `related:` Webseiten an, die aus Suchmaschinensicht dem angegebenen Dokument (oder der Website) thematisch ähneln.

link: – Verweise auf ein Dokument finden

Vorneweg: Der *Link:*-Operator zeigt Ihnen definitiv nicht alle Links, die sich auf ein Dokument beziehen. Doch als kostenlose Recherchequelle für auf eine Webseite verweisende Dokumente kann `link:adresse-des-angefragten-dokuments` definitiv verwendet

1. Suche
2. Bilder
3. Maps
4. Play
5. YouTube
6. News
7. Gmail
8. Drive
9. Mehr
    1. Kalender
    2. Übersetzer
    3. Books
    4. Shopping
    5. Blogger
    6. Fotos
    7. Videos
    9. Noch mehr »

Account Options

1. Anmelden
2.
3.   1. Sucheinstellungen
      3. Webprotokoll

Google Deutschland

Erweiterte SucheSprachoptionen

Abbildung 16-3 ▲
Die Google-Startseite ohne CSS im
Google-Cache (Ausschnitt)

werden. Tools, die auf die Darstellung von Linkstrukturen speziali-siert sind (und im Fall Ihrer eigenen Website die Google Webmas-ter Tools), werden Ihnen deutlich mehr Verlinkungen anzeigen als dieser Suchbefehl.

filetype: – Nach Dateitypen suchen

Über den Operator filetype: steht die Möglichkeit zur Verfügung, nur bestimmte Dateiformate zu betrachten. Die Angabe filetype: pdf führt dazu, dass nur PDF-Dokumente als Suchtreffer angezeigt werden sollen.

Es lässt sich zwar nicht nach jedem beliebigen Dateityp suchen, aber für weit verbreitete Formate wie eben PDF, Word (.doc), Excel (.xls) oder PowerPoint (.ppt) ist es möglich.

Nach exakten Zeichenketten suchen

Durch die Eingabe von Suchanfragen zwischen Anführungszeichen (z. B. »*o'reilly blog*«) definieren Sie, dass die angegebenen Wörter in genau dieser Reihenfolge und Schreibweise an der gewünschten Stelle vorkommen müssen, beispielsweise innerhalb des Seitentitels. Standardmäßig ist es für Google unerheblich, an welcher Stelle die Übereinstimmung zwischen Suchanfrage und -treffer besteht.

Was Sie sonst noch über Suchoperatoren wissen müssen

Welche Suchoperatoren unterstützt werden, ist nicht statisch und unterscheidet sich von Suchmaschine zu Suchmaschine. So unterstützt Google nicht nur andere Suchbefehle als beispielsweise Yandex, sondern es kommt auch vor, dass einzelne Suchoperatoren nicht mehr zur Verfügung stehen – so geschehen mit dem Operator *imagesite:* in der Google-Suche.

Tipp

Früher diente der Suchoperator »imagesite:« der Abfrage aller einem Hostnamen zugeordneten Bilder in der Google-Bildersuche.

Aufgrund der Hotlink-Problematik – ein Hotlink ist eine direkte Einbindung einer (Bild-)Datei eines anderen Webauftritts in eine Webseite –, die dazu führen kann, dass eine fremde Domain für ein Bild einer anderen Website als Suchtreffer angezeigt wird, war der »imagesite:«-Befehl sehr hilfreich.

Heute können Sie sich durch die Verknüpfung der Operatoren »inurl:« und »-site:hostname.tld« eine ähnliche Suchdarstellung anzeigen lassen. Der Suchbefehl »inurl:http://www.trustagents. de/ -site:trustagents.de« zeigt so z. B. Seiten an, auf denen Bilder des Pfads http://www.trustagents.de genutzt werden, die allerdings nicht der genannten Domain zugeordnet sind.

Die fortgeschrittenen Suchoperatoren bei Google können Sie entweder selbst in das Suchfeld eingeben oder über die »Erweiterte Suche«, die Sie derzeit in den Einstellungen unter ebendiesem Stichwort finden.

Wie Sie in Abbildung 16-4 sehen können, wurden in dieser Liste ein paar Suchoperatoren ausgespart. Es ist unter anderem zusätzlich möglich, die Suchanfrage zeitlich oder geografisch einzugrenzen.

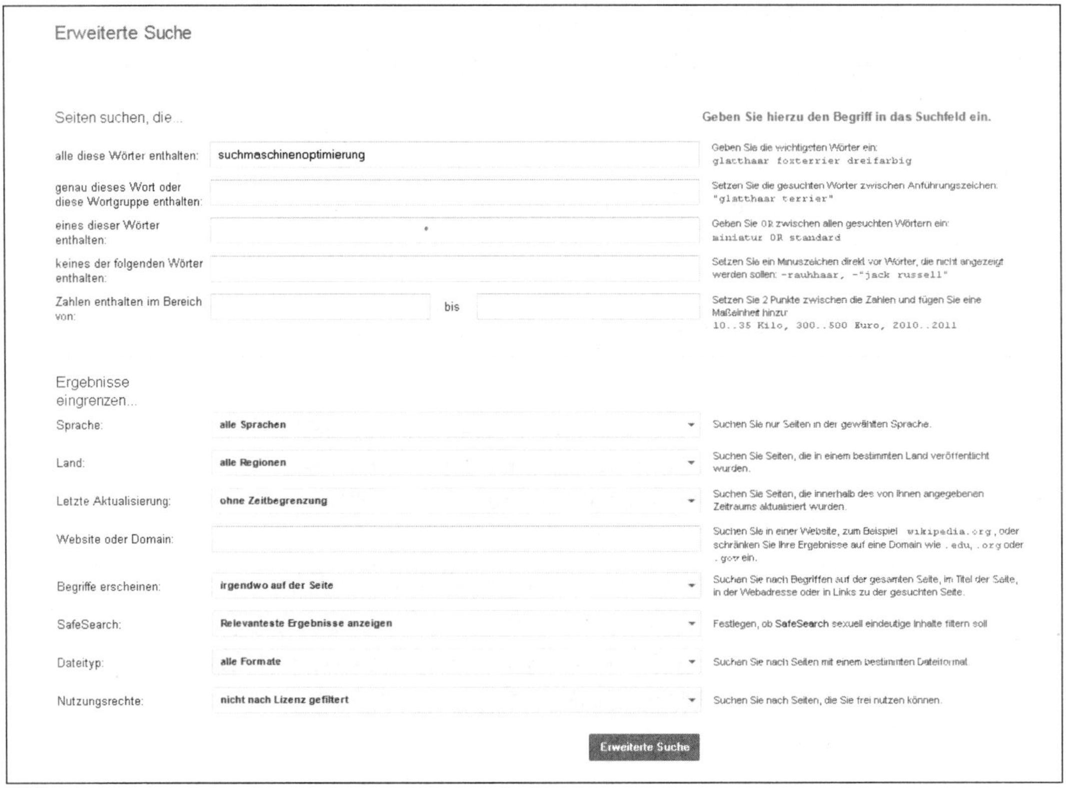

Erweiterte Suche

Seiten suchen, die .. | **Geben Sie hierzu den Begriff in das Suchfeld ein.**

Feld	Eingabe	Hinweis
alle diese Wörter enthalten:	suchmaschinenoptimierung	Geben Sie die wichtigsten Wörter ein: `glatthaar foxterrier dreifarbig`
genau dieses Wort oder diese Wortgruppe enthalten:		Setzen Sie die gesuchten Wörter zwischen Anführungszeichen: `"glatthaar terrier"`
eines dieser Wörter enthalten:		Geben Sie OR zwischen allen gesuchten Wörtern ein: `miniatur OR standard`
keines der folgenden Wörter enthalten:		Setzen Sie ein Minuszeichen direkt vor Wörter, die nicht angezeigt werden sollen: `-rauhhaar, -"jack russell"`
Zahlen enthalten im Bereich von:	___ bis ___	Setzen Sie 2 Punkte zwischen die Zahlen und fügen Sie eine Maßeinheit hinzu: `10..35 Kilo, 300..500 Euro, 2010..2011`

Ergebnisse eingrenzen...

Feld	Einstellung	Hinweis
Sprache:	alle Sprachen	Suchen Sie nur Seiten in der gewählten Sprache.
Land:	alle Regionen	Suchen Sie Seiten, die in einem bestimmten Land veröffentlicht wurden.
Letzte Aktualisierung:	ohne Zeitbegrenzung	Suchen Sie Seiten, die innerhalb des von Ihnen angegebenen Zeitraums aktualisiert wurden.
Website oder Domain:		Suchen Sie in einer Website, zum Beispiel `wikipedia.org`, oder schränken Sie Ihre Ergebnisse auf eine Domain wie `.edu`, `.org` oder `.gov` ein.
Begriffe erscheinen:	irgendwo auf der Seite	Suchen Sie nach Begriffen auf der gesamten Seite, im Titel der Seite, in der Webadresse oder in Links zu der gesuchten Seite.
SafeSearch:	Relevanteste Ergebnisse anzeigen	Festlegen, ob SafeSearch sexuell eindeutige Inhalte filtern soll.
Dateityp:	alle Formate	Suchen Sie nach Seiten mit einem bestimmten Dateiformat.
Nutzungsrechte:	nicht nach Lizenz gefiltert	Suchen Sie nach Seiten, die Sie frei nutzen können.

[Erweiterte Suche]

Abbildung 16-4 ▲
Die "Erweiterte Suche" hilft Ihnen bei der Formulierung komplexer Suchanfragen.

Zusammenfassung

- Suchoperatoren helfen Ihnen dabei, die Ergebnisse möglichst genau an Ihre Bedürfnisse anzupassen. Neben Standardoperatoren (AND, OR, NOT) gibt es spezielle Suchanfragen wie *site:* oder *inurl:*.

- Spezielle Suchoperatoren werden durch einen Doppelpunkt von der eigentlichen Anfrage abgetrennt. Nach dem Doppelpunkt darf kein Leerzeichen folgen.

- Die zur Verfügung stehenden Suchoperatoren geben Hinweise darauf, was Suchmaschinen (anscheinend) als wichtig erachten. Es ist schließlich nur dann möglich, im Seitentitel zu suchen, wenn sich Suchmaschinen explizit merken, was im Seitentitel enthalten ist.

- Die »Erweiterte Suche« vereinfacht die Eingabe komplexer Suchanfragen deutlich.

KAPITEL 17
Eine SEO-Analyse durchführen

In diesem Kapitel:

- Den eigenen Browser vorbereiten
- Mit der Analyse beginnen
- Mit einem Crawler die Website untersuchen
- Zusammenfassung

Zusammenfassend gesagt, hat die Suchmaschinenoptimierung das Ziel, eigene Inhalte für Suchmaschinen und Nutzer so aufzubereiten, dass

- sie das eigene Inventar möglichst vollständig abbilden.
- der Seiteninhalt der (Nutzer)-Erwartung entspricht.
- die Zielseiten über inhaltsbeschreibende Seitentitel & Meta-Descriptions verfügen.
- die Inhalte unter jeweils exakt einer (indexierbaren) URL zur Verfügung stehen.
- die einzelnen Seiten gut über (interne und hochwertige externe) Links auffindbar sind.
- HTML sinnvoll eingesetzt wird.
- dem Nutzer ein Mehrwert geboten wird.
- die Webseiten effizient für Suchmaschinen crawlbar sind.
- die einzelnen Seiten wenige Informationen wiederholen.
- so viele URLs wie nötig, aber so wenig wie möglich entstehen.
- wichtige Seiten mehr interne Links bekommen als unwichtige.

Ob diese Ziele auf der eigenen Website eingehalten werden, kann eine SEO-Analyse zeigen. Das Ziel einer solchen Analyse ist es, den Status Quo der Website unter SEO-Gesichtspunkten zu erfassen und Optimierungspotenziale zur weiteren Steigerung der Sichtbarkeit in der unbezahlten Websuche zu identifizieren.

Zum Einsatz kommt dabei der eigene Browser und idealerweise ein Crawler Ihrer Wahl, wie beispielsweise Screaming Frog, um wichtige Seitenelemente für eine Vielzahl von URLs zu sammeln und gleichzeitig ein Gespür für die Struktur der Website zu erhalten.

Vor Beginn der Analyse sollte man den eigenen Browser vorbereiten, so dass er einem die Website möglichst so zeigt, wie sie ein Suchmaschinencrawler sieht.

Den eigenen Browser vorbereiten

Nicht immer sieht eine Suchmaschine das an Inhalten, was Sie als Nutzer sehen. Das kann an JavaScript-Funktionen liegen, die Seiteninhalte verändern (trotz der Anstrengungen, die Google und Co. in diesem Bereich unternehmen), oder an einer (böswilligen) Manipulation des Webservers, um Suchmaschinen absichtlich andere Inhalte zu zeigen als Nutzern (»Cloaking«).

 Tipp Schauen Sie sich das Abbild wichtiger Seiten im Google-Cache an und verwenden Sie auch die Funktion »Abruf wie durch Google« der Google Webmaster Tools, um zweifelsfrei die Inhalte zu sehen, die Google sieht.

Aus diesem Grund empfiehlt es sich,

- JavaScript im Browser zu deaktivieren (z.B. über die Webdeveloper Toolbar, einem Browser-Plugin).
- den User-Agent umzustellen und sich als »Googlebot« auszugeben. Dazu können Sie Plugins wie »User-Agent Switcher« verwenden.
- zudem die Browser-Cookies (für die untersuchte Domain) zu löschen. Auch das lässt sich einfach mit der Webdeveloper Toolbar umsetzen.

Die hier angesprochenen Plugins finden Sie in unserer Zusammenstellung von Browserplugin unter *http://seobuch.net/140*.

Mit der Analyse beginnen

Rufen Sie anschließend die zu untersuchende Website auf. Gerne können Sie parallel bereits einen Crawlingvorgang starten, um im größeren Maßstab die Website zu erfassen.

Für jede von Ihnen untersuchte URL, ob im Browser oder beim Analysieren der vom Crawler erfassten Daten, sollten Sie besonderes Augenmerk auf folgende Seitenelemente legen:

- den Seitentitel
- den Beschreibungstext (Meta-Description)
- die HTML-Überschriften
- den eigentlichen Seiteninhalt
- die ALT-Texte von Bildern
- die Canonical-Angabe
- sowie die Indexierungsangabe.

Gleich zu Beginn sollte zudem die Frage geklärt werden, welche Angaben in der robots.txt zu finden sind. Für einzelne URLs können Sie mit dem robots.txt-Tester der Google Webmaster Tools oder durch die Suche nach der gesamten URL kontrollieren, ob diese für Suchmaschinen zum Crawling freigegeben wurde. Das ist allerdings nur dann erforderlich, wenn in der robots.txt Crawlingausschlüsse definiert wurden.

Der Seitentitel

Aufgabe des Seitentitels ist es, den Seiteninhalt möglichst prägnant und in den Worten des Nutzers zusammenzufassen. Das Seitenkeyword sollte dabei möglichst weit links im Titel stehen, damit es zum einen Nutzern möglich ist, bei mehreren geöffneten Tabs oder Fenstern die Seiten zu unterscheiden, und zum anderen sichergestellt wird, dass das Suchwort im Seitentitel der Suchmaschinenergebnisse dargestellt wird und Klickanreize schafft.

Der Beschreibungstext

Mit der Meta-Description können Sie den Nutzer davon überzeugen, auf Ihre Website und nicht auf eine andere zu klicken (siehe auch Kapitel 4 zum Thema Snippet Optimierung). Der Beschreibungstext sollte möglichst so gestaltet werden, dass er vollständig in der Websuche angezeigt wird.

Die HTML-Überschriften

Sinnvoll ist auch eine gezielte Betrachtung der HTML-Überschriften. Wird aus der Überschriften bereits klar, worum es auf der Seite geht? Wenn ja, dann ist das ideal.

Eine schöne Auflistung aller auf einer Seite verwendeten HTML-Überschriften kann Ihnen die Webdeveloper Toolbar erstellen.

http://www.trustagents.de/blog/natuerliche-ankertexte-linkaufbau

▾ 8 überschriften

▭ Was sind eigentlich "natürliche Ankertexte"?

  ▭ **Was ist ein Ankertext und warum werten ihn Suchmaschinen aus?**

  ▭ **Ankertextarten in der Übersicht**

  ▭ **Darauf schlagen Pinguine an**

  ▭ **Was macht denn ein natürliches Ankertextportfolio jetzt aus?**

  ▭ **Sind Linktexte wie "hier", "da" oder "domainname" ein Freibrief für meinen Linkaufbau?**

Der eigentliche Seiteninhalt

Hochwertiger Inhalt wird von Google zu Recht immer wieder gefordert. Doch nicht immer ist der Seiteninhalt so geschrieben, dass er einem Nutzer wirklich weiterhilft. Lesen Sie sich den Text von zufällig ausgewählten Seiten durch und überlegen Sie für sich, ob Ihnen das Thema der Seite klar wurde und ob der Inhalt hilfreich war.

Zudem ist es hilfreich, einfach mal ein Textfragment zu nehmen und nach diesem zu suchen (gerne auch in Anführungszeichen, um nur exakte Übereinstimmungen zu finden).

Die ALT-Texte von Bildern

ALT-Texte helfen Suchmaschinen (und Screenreadern) dabei, den Inhalt von Bildern zu erfassen. Aus diesem Grund sollten die ALT-Texte »bildbeschreibend« gestaltet und möglichst nicht leer sein. Die bereits mehrfach erwähnte Webdeveloper Toolbar kann Ihnen dabei helfen, beispielsweise Bilder ohne definierten ALT-Text hervorzuheben.

Das Canonical-Tag

So unscheinbar und doch so mächtig: Falsch gesetzte Canonical-Tags können dazu führen, dass die Sichtbarkeit einer Website massiv sinkt. Aus diesem Grund ist auch die Kontrolle dieser kleinen Angabe wichtig. Rufen Sie entweder den Quelltext auf (z.B. mit STRG + U im Firefox oder Chrome Browser sowie häufig durch einen Rechtsklick) oder werfen Sie einen Blick auf ein möglicherweise installiertes Canonical-Browserplugin, das Ihnen anzeigt, ob die aktuell aufgerufene Adresse eine andere URL im Canonical-Tag referenziert.

Tipp Wenn Sie schon im Quelltext sind, können Sie gleich kontrollieren, ob HTML-Fehler auf der Seite gefunden wurden. Häufig
werden Tags nicht richtig geschlossen oder Angaben mehrfach
hinterlegt.

Die Indexierungsangabe

Damit eine Seite für die auf der Adresse verfügbaren Inhalte in der
Websuche gefunden werden kann, muss die Seite natürlich auch
zur Indexierung freigegeben sein. Kontrollieren Sie deshalb, ob für
die Adresse eine Noindex-Angabe gesetzt wurde. Schauen Sie dafür
entweder in den Quelltext (oder beim Einsatz von X-Robots in den
HTTP-Header, hier hilft das Browser-Plugin Seerobots), oder
suchen Sie einfach nach der gesamten Adresse oder einem Seiteninhalt in der Websuche. Wenn die URL auftaucht, dann ist sie Suchmaschinen auch bekannt.

Tipp Insgesamt ist es wichtig zu überlegen, wie viele Dokumente im
Suchmaschinenindex enthalten sein sollten und wie viele es
wirklich sind. Letztere Frage können Sie unter anderem durch
die `site:`-Suchabfrage klären.

Mit einem Crawler die Website untersuchen

Im Kapitel über SEO-Tools (Kapitel 14) haben wir Ihnen einige
Crawler vorgestellt, mit denen Sie einen Webauftritt untersuchen
können. Nach Eingabe einer Startadresse, normalerweise ist das die
Startseite des Webauftritts, folgt der Crawler den auf den einzelnen
Seiten vorhandenen Links und extrahiert dabei pro Seite Informationen wie den Seitentitel, den Beschreibungstext, HTML-Überschriften und ALT-Texte.

Viele Crawler weisen Sie auf Probleme hin, die während der Analyse aufgetreten sind. Achten Sie vor allem auf Dokumente, die sich
dieselben Seitentitel teilen oder dieselben Hauptüberschriften (`<h1>`)
verwenden.

Denken Sie immer daran: Jede Adresse sollte ein innerhalb des
Webauftritt einzigartiges Thema behandeln. Von daher sind mehrfach verwendete, entweder vollständig identische oder sehr ähnliche Seitentitel und Überschriften nicht zielführend. Das gilt
natürlich auch für andere, mehrfach auf der Website genutzte
Texte oder Textfragmente.

Tipp

Achten Sie bei Duplikaten darauf, ob gegebenenfalls per Canonical-Tag auf eine andere URL verweisen oder aufgrund eines Indexierungsausschlusses (»Meta Robots«) nicht in den Suchmaschinen-Index aufgenommen werden. Damit liefern Sie Suchmaschinen starke Hinweise, welche Adresse für den Inhalt in der Websuche als Suchtreffer in Frage kommt.

Da Crawler innerhalb kurzer Zeit viele Seiten erfassen können (achten Sie allerdings darauf, dass Sie den Webserver nicht durch zu viele Anfragen außer Gefecht setzen!), erhalten Sie zudem einen guten Überblick über die URL-Struktur. Durch eine Sortierung der gefundenen Adressen von A bis Z erhalten Sie ein gutes Gespür für den Webauftritt. Ähnlich lautenden Adressen sollten Sie Ihre besondere Aufmerksamkeit schenken – denn womöglich wird auf unterschiedlichen, aber doch ähnlichen Adressen dasselbe Thema behandelt – unter Umständen haben Sie also mit Duplicate Content zu tun.

Viele Crawler sagen Ihnen, wie viele Verweise sie auf einer Seite gefunden haben (sind es vielleicht zu viele?) und wie viele Verweise auf eine einzelne Seite zeigen. Achten Sie darauf, ob das die Adressen sind, auf denen die besonders wichtigen Inhalte der Website zu finden sind. Ist das nicht der Fall, dann sollten Sie sich Gedanken darüber machen, wie Sie die Informationsarchitektur der Website optimieren können.

Zusammenfassung

- Mit einer SEO-Analyse können Sie überprüfen, ob die einzelnen Dokumente möglichst ideal mittels HTML ausgezeichnet sind, um klare inhaltliche Signale an Nutzer und Suchmaschinen zu senden.

- Bereiten Sie Ihren Browser auf die Analyse vor und achten Sie auf die Elemente des Seitenquelltexts, die (wahrscheinlich) von Suchmaschinen zur Relevanzberechnung besonders in Augenschein genommen werden.

- Zu den wichtigen Elementen zählen neben der Verlinkung der Seite der Seitentitel, die HTML-Überschriften, ALT-Texte von Bildern sowie die Canonical- und Indexierungsangabe.

- Ein Crawler kann Ihnen dabei helfen, einen Webauftritt schneller zu erfassen. Neben der Sammlung von Daten hilft er Ihnen dabei, Probleme zu identifizieren (wie mehrfach verwendete Seitentitel und ähnliches).

KAPITEL 18

Worauf Sie beim Domainumzug achten sollten

In diesem Kapitel:

- Websiteverschiebung durch-führen

Zu einer der größten Herausforderungen im SEO-Leben zählt es, einen *Domainumzug* ohne (größere) Rankingverluste durchzuführen. Konzepte werden geschrieben, Weiterleitungen eingerichtet, und man geht frohen Mutes ans Werk – um anschließend festzustellen, dass Google die eigentlich nur von Domain A auf Domain B verschobenen Inhalte nicht mehr so sehr mag wie vorher. Doch woran liegt das? Selbst wenn man es hinbekommt, Weiterleitungen mit dem richtigen Statuscode durchzuführen (was bei einem permanenten Umzug der Statuscode 301 ist, siehe Kapitel 7), dauert es immer ein wenig, bis die von Google gesammelten Signale vollständig von Seite A auf Seite B umgezogen sind.

Ein Google-Mitarbeiter sagte zu diesem Thema in einer Webmaster-Fragestunde das Folgende: »Grundsätzlich dauert es immer eine Weile, bis alle Signale weitergeleitet werden. Die meisten können wir nach einem Redirect übernehmen, aber es gibt einfach Sachen, die eine Weile brauchen, bis sie wirklich gleich oder ähnlich stark bei der neuen Domain vertreten sind. Selbst wenn das vom Crawling her ein bisschen schneller ginge, denke ich, dass man immer etwa ein paar Wochen lang irgendwelche Unterschiede sieht, bis sich alles eingependelt hat.«

Tipp   Wenn möglich, sollten Sie einen Domainumzug und umfassende Änderungen am Webauftritt wie Redesigns nicht gleichzeitig durchführen. Denn je stärker sich die alten Webseiten von den neuen unterscheiden, desto größer werden tendenziell die feststellbaren Rankingveränderungen.

Doch lassen Sie uns zusammen durchgehen, was Sie bei einem Website-Umzug beachten sollten. Sie wollen es Google ja schließ-

lich so leicht wie möglich zu machen, die neuen Adressen kennen-
zulernen und diese Prozedur möglichst frei von Rankingverlusten
durchzuführen.

Websiteverschiebung durchführen

Bevor Sie mit dem eigentlichen Domainumzug beginnen, sollten Sie
Ihren Webauftritt unter der neuen Domain bereits auf Herz und
Nieren geprüft haben. Sind alle Seiten fehlerfrei erreichbar? Wie
sieht es mit den Seitentiteln aus? Sind Canonical-Tags, robots-
Angaben etc. weiterhin so, wie sie es auf der alten Website waren?
Hierfür kann der Einsatz eines Crawlers sehr sinnvoll sein (siehe
Kapitel 14).

 Tipp   Sie sollten Ihre Testumgebung übrigens nicht für Suchmaschinen zum Crawling freigeben. Sie möchten ja schließlich nicht,
dass auf Ihrer womöglich nicht ganz fehlerfreien Testseite SEO-
Traffic eingeht und Sie Duplikate zu Ihrem aktuellen Webauftritt
erzeugen.

Sperren Sie auf der Testumgebung die Suchmaschinencrawler
über die robots.txt aus, oder legen Sie den Webauftritt hinter
einen Passwortschutz, z.B. mit .htpasswd. Sie sollten später
natürlich nicht vergessen, die eingestellten Zugriffsbeschrän-
kungen bei der Übertragung auf das Live-System zu entfernen.

Um einen Domainumzug mit möglichst geringen Rankingfluktuati-
onen durchzuführen, müssen Sie nicht nur den richtigen Statuscode (in diesem Fall 301 für »Moved Permanently«) wählen,
sondern auch der Suchmaschine exakt sagen, unter welcher
Adresse der bisher gekannte Inhalt jetzt zu finden ist. Es bringt
Ihnen wenig, wenn Sie alle URLs der alten Website auf die Startseite des neuen Webauftritts leiten – denn auf der Startseite wird
mit Sicherheit nicht derselbe Inhalt zu finden sein, den Google auf
den bisherigen Seiten kannte. Wenn Sie das machen, dann sind
Rankingverluste die unausweichliche Folge.

Erstellen Sie deshalb eine Übersicht, beispielsweise in Excel, in der
Sie die aktuelle und zukünftige URL einander gegenüberstellen.
Vergleichsweise einfach wird dieses Unterfangen, wenn sich außer
dem Domainnamen im Zuge des Umzugs nichts ändert. Denn dann
können Sie einfach den Domainnamen austauschen. Die hier
zusammengestellten Daten verwenden Sie, um die Weiterleitungen
einzurichten.

Idealerweise führen Sie die Weiterleitung über den bereits angesprochenen Statuscode 301 durch. Wenn das aus welchen Gründen auch immer nicht möglich sein sollte, dann ist die Verwendung des Canonical-Tags eine Option. Denn dieses kann »crossdomain«, also über verschiedene Domains hinweg, gesetzt werden. Denken Sie hierbei daran, dass das Tag im Vergleich zur »richtigen« Weiterleitung ein softeres Signal ist, das Suchmaschinen nur als Empfehlung werten.

Bei der Einrichtung von Weiterleitung/Canonical-Tags sollten Sie Ihre Bilder, PDFs und andere Dateiformate nicht vergessen. Auch diese Inhalte werden aller Wahrscheinlichkeit nicht mehr auf den Adressen zu finden sein, unter denen sie es vorher waren.

Tipp Besonders Bilder werden bei einem Domainumzug häufig vergessen. Über Ihre Webanalyse-Software können Sie sehen, in welchem Umfang aktuell Besucher über Bilder auf Ihre Website kommen. Wenn es nur wenige Zugriffe pro Monat sind, dann lässt sich eine fehlerhafte oder nicht-durchgeführte Weiterleitung von Bildern (oder auch anderen Medientypen) noch verschmerzen – aber Sie möchten ja sicher möglichst reibungsfrei durch den Prozess kommen.

Beachten Sie beim Umzug von Bildern, dass eine Änderung des Dateinamens oder des Bildes (z.B. der Abmessungen) dazu führt, dass das Bild von Suchmaschinen (speziell Google) als gänzlich neu angesehen wird und das vorherige Ranking mit hoher Wahrscheinlichkeit verloren geht.

Denken Sie auch daran, nicht nur interne Links auf die neuen URL-Strukturen zeigen zu lassen, sondern auch die Verweise in der XML-Sitemap zu aktualisieren und diese über die Webmaster Tools neu einzureichen. Wenn Sie schon in den Google Webmaster Tools sind: Über die Funktion »Adressänderung« sollten Sie die Suchmaschine über den Domainwechsel informieren. Dazu müssen Sie bestätigter Inhaber sowohl der alten als auch der neuen Domain sein.

Vereinfacht gesagt sind die durchzuführenden Schritte:

- Bringen Sie die Website unter der neuen Domain online und testen Sie sie. Idealerweise schließen Sie zu diesem Zweck den Zugriff von Crawlern auf die Website aus.
- Erstellen Sie eine Übersicht mit den aktuellen und neuen URLs, um jede Seite richtig weiterzuleiten.

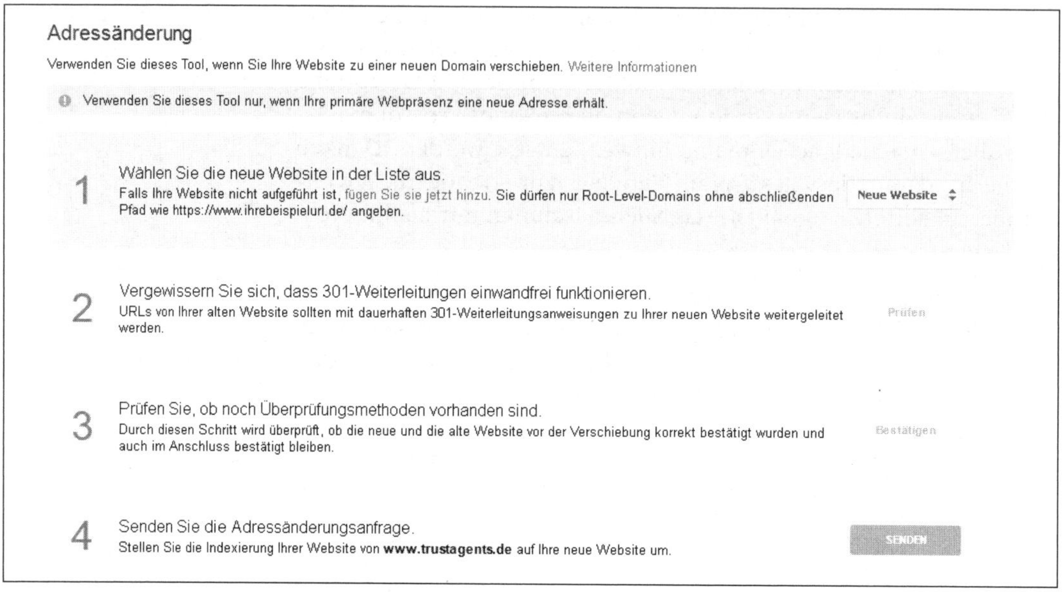

Adressänderung

Verwenden Sie dieses Tool, wenn Sie Ihre Website zu einer neuen Domain verschieben. Weitere Informationen

ⓘ Verwenden Sie dieses Tool nur, wenn Ihre primäre Webpräsenz eine neue Adresse erhält.

1 Wählen Sie die neue Website in der Liste aus.
Falls Ihre Website nicht aufgeführt ist, fügen Sie sie jetzt hinzu. Sie dürfen nur Root-Level-Domains ohne abschließenden Pfad wie https://www.ihrebeispielurl.de/ angeben. `Neue Website ⇕`

2 Vergewissern Sie sich, dass 301-Weiterleitungen einwandfrei funktionieren.
URLs von Ihrer alten Website sollten mit dauerhaften 301-Weiterleitungsanweisungen zu Ihrer neuen Website weitergeleitet werden. `Prüfen`

3 Prüfen Sie, ob noch Überprüfungsmethoden vorhanden sind.
Durch diesen Schritt wird überprüft, ob die neue und die alte Website vor der Verschiebung korrekt bestätigt wurden und auch im Anschluss bestätigt bleiben. `Bestätigen`

4 Senden Sie die Adressänderungsanfrage.
Stellen Sie die Indexierung Ihrer Website von **www.trustagents.de** auf Ihre neue Website um. `SENDEN`

Abbildung 18-1 ▲
Über die Funktion »Adressänderung« können Sie Google ein
zusätzliches Signal senden.

- Legen Sie Weiterleitungen mit Statuscode 301 an (Alternativ: Canonical-Tag) und testen Sie sie.

- Passen Sie intern gesetzte Links nach Möglichkeit vollständig auf die neuen Strukturen an.

- Benachrichtigen Sie Google über die Webmaster Tools von der URL-Änderung.

- Behalten Sie die Entwicklung des SEO-Traffics im Blick und achten Sie besonders auf Crawling-Fehler.

Apropos Google Webmaster Tools: Denken Sie daran, dass Sie Konfigurationen der alten Domain, z.B. beim URL-Parameter oder der geografischen Ausrichtung, auch auf der neuen Domain übernehmen. Zudem sollten Sie bei Einsatz des Disavow-Tools diese Datei ebenfalls mit der neuen Domain hochladen.

Eine regelmäßig auftretende Frage ist die nach dem Umgang mit Seiten, die vom aktuellen Webauftritt nicht auf den neuen übernommen werden. Diese sollten Sie nach Aussage von Google mit einem Statuscode 404 oder 410 versehen und nicht auf eine irrelevante Seite (wie z.B. die Startseite) leiten. In einem solchen Fall könnte es nämlich passieren, dass Google die Weiterleitung als Soft 404 wertet, da der Seiteninhalt der alten Seite nicht mit dem des Weiterleitungsziels übereinstimmt.

Anders sieht es aus, wenn Sie einzelne Seiten auf dem neuen Webauftritt zusammenfassen. In diesem Fall macht es natürlich Sinn, eine Weiterleitung einzurichten.

Tipp   Achten Sie darauf, dass sich keine Weiterleitungsketten ergeben. Das kommt besonders dann häufig vor, wenn Sie bereits vorher Webseiten umgezogen haben.

Auch eine Analyse externer Linkziele ist hilfreich. Sie wollen ja nach Möglichkeit keine externen Signale verlieren. Leiten Sie also jede Seite mit (hochwertigen) externen Links auf die URL weiter, die dem Seiteninhalt am ehesten entspricht.

Übrigens: Google empfiehlt in der Webmaster-Hilfe zum Thema (siehe http://seobuch.net/477), dass Sie möglichst viele externe Verweise anpassen, diese also direkt auf die neue Domain zeigen lassen.

ANHANG A
Weiterführende Links

- Google Inside Search

http://www.google.de/intl/de/insidesearch/
http://seobuch.net/352

Unter »Inside Search« finden Sie allerlei Informationen über neue Features der Google-Suche, Tipps und Tricks sowie andere Themen. Zu den Highlights zählt sicherlich der Text »So funktioniert die Suche«, in dem Google Einblicke in die Funktionsweise des Suchdienstes gibt.

- Google Developers (hauptsächlich Englisch)

https://developers.google.com/webmasters/
http://seobuch.net/281

Wichtige Informationen rund um die technische Optimierung von Webauftritten hat Google unter »Developers« gebündelt. Die Seite richtet sich an Webmaster jeglichen Kenntnislevels.

- Google Webmaster Central (Englisch)

http://googlewebmastercentral.blogspot.de/
http://seobuch.net/143

Im Webmaster Central-Blog verkündet Google Neuerungen rund um die Themen Indexierung und Crawling. Den RSS-Feed des Blogs sollten Sie auf jeden Fall abonnieren.

- Google Webmaster Zentrale

http://googlewebmastercentral-de.blogspot.de/
http://seobuch.net/657

Die Webmaster Zentrale ist das deutschsprachige Gegenstück der Webmaster Central. Hier werden (häufig mit zeitlicher Verzögerung) die in der Webmaster Central veröffentlichten Neuerungen übersetzt publiziert.

- Inside Search Blog

http://insidesearch.blogspot.de
http://seobuch.net/613

Inside Search Blog ist der offizielle Google Blog für die Suche. Hier erscheinen im Gegensatz zur Webmaster Central auch weniger technisch fokussierte Neuerungen, die allerdings auch für SEO interessant sind.

- Webmaster Tools Hilfe

https://support.google.com/webmasters/?hl=de
http://seobuch.net/568

In der Webmaster Tools Hilfe finden Sie allerlei Informationen zur inhaltlichen und technischen Gestaltung von Webauftritten. Eine wirklich sehr hilfreiche Quelle für die Suchmaschinenoptimierung.

- Google Webmaster Academy

https://support.google.com/webmasters/answer/6001102
http://seobuch.net/208

Die Webmaster Academy ist eine Lernplattform, die sich vor allem an Webmaster-Neulinge richtet. In kurzen Trainingskursen werden diverse Themen wie »Vorstellung der Webmaster Richtlinien« oder »Website-Struktur« behandelt.

- Google Webmaster Help, YouTube-Kanal (englisch)

https://www.youtube.com/user/GoogleWebmasterHelp
http://seobuch.net/548

Im YouTube-Kanal des Webmaster-Teams von Google werden regelmäßig neue Videos zu unterschiedlichen Themen veröffentlicht. Spannend sind auch die in verschiedenen Sprachen stattfindenden »Hangout on Air«-Sendungen, in denen Fragen behandelt werden, die im Vorfeld von Webmastern gestellt wurden.

- Google Webmaster Forum

https://productforums.google.com/forum/#!forum/webmaster-de
http://seobuch.net/650

Hilfestellungen zur eigenen Website bei unterschiedlichen Problemen werden von engagierten Nutzern und Google-Mitarbeitern im Webmaster Forum geleistet. Gegebenenfalls hilft auch ein Blick in die englische Version unter https://productforums.google.com/forum/#!forum/webmasters.

- Google Webmasters bei Google+

https://plus.google.com/+GoogleWebmasters
http://seobuch.net/918

Im sozialen Netzwerk von Google verkündet der Suchmaschinenkonzern regelmäßig Neuerungen zur Suche und weist auf diverse Veranstaltungen hin.

- Bing Webmaster Blog

http://blogs.bing.com/webmaster
http://seobuch.net/348

In unseren Breiten hält sich der Marktanteil von Bing sehr in Grenzen, dennoch kann auch Bing ein wichtiger Traffic-Kanal sein. Neuerungen zur Bing-Suche werden in diesem Blog veröffentlicht.

- Schema.org

http://schema.org
http://seobuch.net/426

Informationen und Anleitungen zum Einbau von strukturierten Datenauszeichnungen mit schema.org finden Sie auf der offiziellen Website.

- Freebase

https://www.freebase.com/
http://seobuch.net/965

Freebase ist eine der wichtigen Datenquellen für den sogenannten Knowledge Graph von und für Google. Wenn Sie in die Welt der Entitäten eintauchen wollen, dann ist Freebase eine exzellente Quelle.

Glossar

A

Ajax

Als Ajax bezeichnet man die Möglichkeit der asynchronen Übertragung von Daten im Web, also der Kommunikation zwischen einem Server und einem Client, z. B. Ihrem Browser, ohne dass das für Sie direkt ersichtlich ist. So können Webseiteninhalte verändert werden, ohne dass die eigentliche Seite neu geladen werden muss.

Ankertext

Als Ankertext (oder auch Linktext) werden die Wörter bezeichnet, die den klickbaren Teil eines Links ausmachen. In aller Regel wird der Ankertext unterstrichen dargestellt.

Attribut

Ein Attribut stellt zusätzliche Informationen innerhalb eines HTML-Tags dar. Innerhalb des *<img>*-Tags ist die Angabe *src=" "* ein Attribut, also die Definition der Bildquelle.

Backlink

Unter einem Backlink (deutsch: eingehender Link) ist ein Verweis von einem auf ein anderes Dokument zu verstehen. Ein Backlink, häufig als »Link« bezeichnet, kann dabei auf eine Seite innerhalb eines Webauftritts (interner Link) oder auf eine Adresse einer anderen Website zeigen (externer Link). Links sind für Suchmaschinen ein wichtiges Relevanzkriterium.

Bezahlter Index

Suchergebnisseiten (siehe SERP) bestehen häufig aus organischen und bezahlten Ergebnissen. Innerhalb des bezahlten Index werden Positionen in der Regel versteigert. Höhere Gebote führen, häufig in Kombination mit weiteren Faktoren wie dem Qualitätsfaktor bei Google, zu einer besseren Position. Das Google Werbesystem des bezahlten Index heißt Google AdWords.

B

Broken Link

Wenn ein Link auf eine nicht (mehr) vorhandene Adresse zeigt, wird dieser als Broken Link (deutsch: defekter Link) bezeichnet. Broken Links werden beispielsweise in den Google Webmaster Tools als Crawling-Fehler angezeigt.

C

Cache

Im Zusammenhang mit Suchmaschinen stellt der Cache ein Abbild eines indexierten Webdokuments dar. In der Google-Suche kann das Cache-Abbild durch den Suchoperator *cache: Adresse-der-Seite* oder alternativ über den aktuell neben der URL angezeigten Pfeil aufgerufen werden. Durch die Meta-Angabe *<meta*

name="robots" content="noarchive"> kann die Erstellung eines Cache-Abbilds unterbunden werden.

Canonical-Tag

Wenn gleiche Inhalte unter verschiedenen Adressen zur Verfügung stehen (siehe Duplicate Content), kann über den sogenannten Canonical-Tag eine der Adressen als Primäradresse ausgezeichnet werden. Suchmaschinen versuchen dann, Signale von »nicht kanonischen« auf die »kanonische« Adresse zu übertragen.

Cascading Style Sheets (CSS)

Über Cascading Style Sheets kann die Darstellung von HTML-Inhalten beeinflusst werden. »Cascading« (deutsch: kaskadierend) bedeutet, dass stets die spezifischste Angabe – in diesem Fall vom Browser – Anwendung findet. Wird beispielsweise definiert, dass alle <h1>-Überschriften in der Schriftgröße 18 Pixel dargestellt werden sollen, allerdings innerhalb einer Überschrift eine andere Schriftgröße definiert wird, wird die allgemeine Regel zugunsten der spezifischen Angabe überschrieben.

Charset

Das Charset ist die Zeichenkodierung eines HTML-Dokuments. Es definiert, für welchen Sprachraum das Dokument geschrieben worden ist.

Content-Delivery-Network (CDN)

Mithilfe eines CDN können Dateien, Bilder und Videos für Nutzer schnell verfügbar gemacht werden, ohne dass Sie dazu zwingend eigene Server-Ressourcen verbrauchen müssen. CDNs kommen zumeist zum Einsatz, wenn es um das Thema PageSpeed- und Performance-Optimierung geht, da Inhalte je nach Bedarf angefordert und ausgespielt werden.

Cloaking

Als Cloaking (deutsch: Verhüllen) wird eine Technik bezeichnet, bei der Suchmaschinen beim Zugriff auf eine URL andere Inhalte angezeigt bekommen als Nutzer. Cloaking stellt einen Verstoß gegen die Richtlinien von Suchmaschinen dar.

CNAME

Als CNAME-Record bezeichnet man Einträge im DNS-Zonefile für eine Domain, mit deren Hilfe man z. B. weitere Domains mit der eigentlichen Domain verbinden kann. Vorteil: Beim IP-Wechsel der Hauptdomain müssen die weiteren, als CNAME eingetragenen Domains nicht angepasst werden.

Crawling

Als Crawling wird der Vorgang bezeichnet, den Suchmaschinen durchführen, um Inhalte von Webdokumenten zu erschließen. Dieser Vorgang läuft automatisiert über sogenannte Crawler, Spider oder Robots ab.

CTR

CTR ist das Akronym für Click-Through-Rate (deutsch: Klickrate). Diese Rate stellt das Verhältnis zwischen Klicks und Impressionen dar. Wenn eine URL 100 Mal angezeigt und dabei 3 Mal angeklickt wurde, beträgt die Klickrate 3 %.

D

Deeplinks

Unter einem Deeplink (deutsch: tiefe Verlinkung) wird ein Verweis auf eine Unterseite eines Webauftritts verstanden. Das Gegenteil sind Startseitenlinks.

Duplicate Content

Wenn Inhalte unter mehreren Webadressen in sehr ähnlicher oder exakt gleicher Form zur Verfügung stehen, wird von Duplicate Content (deutsch: doppeltem bzw. mehrfach vorhandenem Inhalt) gesprochen. Aus Sicht von Suchmaschinen stellen Duplikate keinen Mehrwert dar und sollten nach Möglichkeit verhindert werden.

E

Entität

Als Entität wird in der Informatik ein Objekt bezeichnet, über das Informationen gespeichert und verarbeitet werden. Der Begriff wird im Zusammenhang mit der Suchmaschinenoptimierung verstärkt mit der Vorstellung des Knowledge Graph durch Google im Mai 2012 diskutiert.

F

Frames
Über ein aus einzelnen Frames (deutsch: Rahmen) bestehendes Frameset können vom Browser darzustellende Bereiche einer Website frei definiert werden. Da diese Technik nicht sonderlich nutzer- und suchmaschinenfreundlich ist, wird von der Verwendung von Frames abgeraten.

G

Google AdSense
Werbeprogramm von Google, über das auf teilnehmenden Websites in einem themenrelevanten Umfeld Bild- bzw. Textanzeigen angezeigt werden. Diese können vom Werbetreibenden über Google AdWords erstellt und ausgerichtet werden. Google vergütet die Bereitstellung der Werbefläche pro Klick (*http://adsense.google.de/*).

Google AdWords
Name des Werbeprogramms von Google, mit dem kostenpflichtige Anzeigen in der Google-Suche (siehe auch: bezahlter Index) platziert werden können. Werbetreibende geben über Google AdWords Gebote auf Suchanfragen ab. Neben dem Gebot ist der Qualitätsfaktor dafür entscheidend, ob eine Anzeige erscheint. Die Positionierung ist von diesen beiden Faktoren abhängig. Über Google AdWords können Anzeigen so konfiguriert werden, dass sie über Google AdSense auf themenrelevanten Seiten erscheinen (*https://adwords.google.com/*).

H

.htaccess
Die *.htaccess*-Datei ist eine Server-Konfigurationsdatei (z. B. bei Apache-Webservern), die es unkompliziert ermöglicht, beispielsweise Weiterleitungen oder Verzeichnissperrungen festzusetzen, ohne dass der Server dafür neu gestartet werden muss.

Hostname
Ein Hostname setzt sich aus einem Domainnamen (z. B. google.de) und einer möglicherweise vorhandenen Subdomain (z. B. www.) zusammen. *www.google.de* ist also ein Hostname, der aus der Subdomain www. und dem Domainnamen google.de besteht.

I

IIS
IIS (Internet Information Services) bezeichnet Dienste, die von Microsoft bereitgestellt werden (in Windows-Umgebungen), um Dateien in Netzwerken verfügbar zu machen, u. a. im World Wide Web. So können Entwickler Websites auch mithilfe von IIS-Server hosten (als Gegenstück zu den Linux-Varianten).

Index
Im Zusammenhang mit Suchmaschinen bezeichnet der Index den Bestand an bekannten Dokumenten. Damit ein Dokument gefunden werden kann, muss es im Suchmaschinenindex enthalten sein.

Impression
Unter einer Impression ist im Zusammenhang mit Google Webmaster Tools die Anzeige einer URL auf der Suchergebnisseite zu verstehen, die ein Nutzer aufgerufen hat. Es ist dabei unerheblich, ob der Nutzer den Suchtreffer auch wahrnimmt.

J

JavaScript

JavaScript ist eine Skript-Programmiersprache, die für Elemente und Funktionen genutzt wird, die im Web vorrangig beim Client bzw. Nutzer ausgeführt werden. Ein typischer Einsatzbereich von JavaScript sind User-Tracking-Systeme wie Google Analytics.

jQuery

jQuery bezeichnet ein JavaScript-Framework, das viele Funktionen bereitstellt, die auf einfache Art und Weise zum Beispiel die asynchrone Datenübertragung (Ajax) ermöglichen.

K

Keyword

Unter einem Keyword wird eine vom Nutzer gestellte Suchanfrage verstanden. Im Sinne der Onpage-Optimierung ist es wichtig, die vom Nutzer verwendeten Keywords innerhalb der eigenen Inhalte zu verwenden.

Knowledge Graph

Mit dem sogenannten Knowledge Graph (auf Deutsch: Wissensdatenbank) reichert Google die Ergebnisdarstellung bei Suchen nach bekannten Entitäten, beispielsweise Orten, Personen oder Organisationen, an. Ziel ist, dass Nutzer direkt die wichtigsten Informationen sehen können und auf Themen hingewiesen werden, die mit dem Gesuchten in Beziehung stehen. Am bekanntesten ist die Knowledge Graph-Darstellung rechts von den normalen Suchtreffern in der Google-Suche.

L

Linkjuice

Als Linkjuice bezeichnet man die Stärke bzw. Wertigkeit, die über eine Verlinkung von einer URL auf eine andere übertragen wird.

M

Malware

Als Malware wird eine Software bezeichnet, die vom Nutzer unerwünschte und häufig auch schädliche Funktionen oder Aktionen ausführt.

Meta-Description

Über die sogenannte Meta-Description kann Einfluss auf den Text genommen werden, den Suchmaschinen auf der Suchmaschinenergebnisseite (SERP) anzeigen. Als Faustregel kann man davon ausgehen, dass Suchmaschinen bis zu 155 Zeichen anzeigen. Die tatsächlich angezeigte Anzahl an Zeichen kann in der Google-Suche geringer sein, da Google nicht mit Zeichen, sondern einer fixierten Anzahl an Bildpunkten (Pixeln) arbeitet. Ist ein Beschreibungstext länger, wird er abgeschnitten. Solange die wichtigsten Informationen zur Adresse weiterhin sichtbar sind, stellt das kein Problem dar bis auf die Tatsache, dass die Nutzeransprache nicht ideal ist.

Meta Robots

Über die Angabe *<meta name="robots" content="noindex">* können Suchmaschinen angewiesen werden, einen Inhalt nicht dem Suchmaschinenindex hinzuzufügen. Dadurch ist ein Dokument nicht über die Websuche auffindbar. Die Angabe muss in den *<head>*-Bereich des HTML-Dokuments eingefügt werden.

Mikroformate

Durch die Auszeichnung von Daten mithilfe von Mikroformaten können zusätzliche Informationen an Suchmaschinen übermittelt werden. So ist es beispielsweise möglich, eine Telefonnummer unmissverständlich als solche auszuzeichnen. Suchmaschinen haben mit *schema.org* eine Sammlung von Mikroformaten definiert. Die Auszeichnung der Daten muss in einem der vordefinierten Schemas stattfinden.

O

Organischer Suchmaschinenindex

Im organischen Suchmaschinenindex ist die Platzierung eines Dokuments nicht über Gebote bzw. eine Bezahlung allgemein beeinflussbar. Für einen Klick innerhalb der organischen Ergebnisse erhalten Suchmaschinen keine Vergütung. Das Gegenstück des organischen Index ist der bezahlte Index.

Onpage-Optimierung

Bei den Maßnahmen der Onpage-Optimierung geht es darum, die Inhalte einer Website so aufzubereiten, dass sie von Suchmaschinen besser verstanden werden. Zur Onpage-Optimierung zählt unter anderem die Erstellung von auf ein Keyword ausgerichteten Seitentiteln.

Offpage-Optimierung

Neben Onpage-Signalen analysieren Suchmaschinen, ob ein Dokument als Quelle in anderen Dokumenten genannt ist. Die Gewinnung einer möglichst großen Anzahl von hochwertigen eingehenden Verlinkungen auf ein Dokument ist der Hauptaspekt der Offpage-Optimierung.

P

PageRank

Der PageRank-Algorithmus ist ein Verfahren, das Dokumenten aufgrund ihrer Verlinkungsstruktur ein Gewicht (»PageRank«) zuweist. Ein hohes Gewicht ist gleichbedeutend mit einer höheren Relevanz, was zu einem besseren Ranking führen kann.

R

RFC

RFC bezeichnet u.a. die Sammlung von technischen Spezifikationen, die in jeweils einzelnen Dokumenten erfasst sind und z.B. die Kommunikation zwischen einem Mailserver und einem Client (Mailverkehr) genauestens beschreiben. Damit ermöglichen sie es Entwicklern, diese Standards in ihre Applikationen einfließen zu lassen.

Rich Snippets

Unter Rich Snippets sind Elemente zu verstehen, die zusätzlich zu den standardmäßig angezeigten Elementen Seitentitel, Beschreibungstext (Meta-Description) und URL in der Websuche angezeigt werden. Rich Snippets basieren auf Mikroformatauszeichnung. Häufig anzutreffende Rich Snippets sind die Anzeige von Preisen, Bewertungen oder Eventdaten.

robots.txt

Mit der Datei *robots.txt* kann das Crawling von Webdokumenten durch Suchmaschinen gesteuert werden. Die Datei muss im Hauptverzeichnis des Webservers gespeichert werden und somit unter *www.ihre-website.de/robots.txt* erreichbar sein. Unter *www.robotstxt.org/robotstxt.html* finden Sie die zu verwendende Syntax, um Verzeichnisse oder Dateien zu sperren. Es ist dagegen nicht notwendig, das Crawling explizit freizugeben.

S

SERP

SERP ist das Akronym für *Search Engine Result Page*, also eine Suchmaschinenergebnisseite. In den meisten Fällen zeigt Google innerhalb der Websuche auf einer SERP 10 Suchtreffer an.

Sitemap

Eine Sitemap (entweder als HTML- oder als XML-Variante) ist eine Übersicht über die auf einem Webauftritt vorhandenen Inhalte. Inhalte (beispielsweise Text oder Bilder) werden über URLs repräsentiert. XML-Sitemaps können über Webmaster Tools an Suchmaschinen übermittelt werden. Dazu ist eine Referenzierung der Sitemap in der Datei *robots.txt* empfehlenswert. Durch die Eintragung von URLs in Sitemaps wird sichergestellt, dass Suchmaschinen von der Existenz einer Adresse wissen.

Subdomain

Als Subdomain bezeichnet man einen Hostnamen, der direkt unterhalb einer Domain liegt, also beispielsweise *www.google.com* oder auch *mail.google.com*.

U

User-Agent

Beim Zugriff auf eine Webseite wird vom anfragenden Client, also beispielsweise einem Browser oder einem Crawler, der sogenannte User-Agent übermittelt. Anhand des User-Agent kann bestimmt werden, welcher Seiteninhalt vom Webserver zurückgeliefert werden soll. Das ist beispielsweise für die Bereitstellung von Mobile-optimierten Inhalten wichtig.

Über den User-Agent können mithilfe von *robots.txt* Crawling-Einschränkungen festgelegt werden. Diese gelten nur für den angesprochenen User-Agent.

Index

Über die Autoren

Stephan Czysch

Stephan Czysch ist geschäftsführrender Gesellschafter der Online Marketing Agentur Trust Agents (*www.trustagents.de*). Die Berliner Agentur mit dem Schwerpunkt SEO unterstützt namenhafte Unternehmen dabei, ihre Reichweite im Internet zu erhöhen.

Der studierte Informationswissenschaftler arbeitete vor Gründung der Trust Agents im Online-Marketing-Team der Rocket Internet GmbH (unter anderem Zalando, eDarling, Groupon) und unterstützte dabei viele Beteiligungen bei der Konzeption und Umsetzung von SEO-Strategien.

Stephan Czysch lehrt Suchmaschinenoptimierung an der Hochschule Darmstadt, ist Autor des Fachbuchs »Suchmaschinenoptimierung mit Google Webmaster Tools« (ebenfalls im O'Reilly-Verlag erschienen) und veröffentlicht regelmäßig Fachbeiträge in einschlägigen Medien. Zudem ist er als Referent auf Online-Marketing-Konferenzen präsent.

Bei Fragen zu diesem Buch können Sie Stephan Czysch unter sc@trustagents.de kontaktieren.

Benedikt Illner

Benedikt Illner ist ausgebildeter Fachinformatiker in der Fachrichtung Anwendungsentwicklung und seit dem Jahr 2007 in den Bereichen E-Commerce und Online-Marketing tätig. Seine Passion gilt dabei zweifelsohne dem Themengebiet »Suchmaschinenoptimierung«.

Nach Stationen bei guenstiger.de und Rocket Internet gründete er Anfang 2012 mit seinen beiden Geschäftspartnern, Dominik Wojcik und Stephan Czysch die Online-Marketing-Agentur Trust Agents (www.trustagents.de) mit Sitz in Berlin. Neben der umfassenden SEO-Beratung entwickelt er dort vorrangig webbasierte Tools, Applikationen und Browser-Erweiterungen wie beispielsweise Seerobots (*www.seerobots.com*).

Seine vielfältigen Erfahrungen, vor allem im Bereich der technischen Suchmaschinenoptimierung und Webentwicklung, teilt er regelmäßig als Autor von Fachbeiträgen in Print- und Online-Magazinen sowie bei Seminaren und Workshops von Trust Agents.

Bei Fragen zu diesem Buch können Sie Benedikt Illner unter bi@trustagents.de kontaktieren.

Dominik Wojcik

Dominik Wojcik arbeitete nach seiner Zeit bei Energis Ision, wo er unter anderem als Systementwickler tätig war, bei Kühne & Nagel, bevor es ihn 2005 als IT-Consultant zu der Firma ITM Consulting Group zog. Nach einem Zwischenstopp bei Arcor/D+S Europe AG, wo Dominik Wojcik als 2nd-Level-Supporter beschäftigt war, übernahm er 2006 die Stelle des Head of SEO bei der guenstiger.de GmbH Gruppe (guenstiger.de & Preissuchmaschine.de).

2009 entschied er sich, den nächsten Schritt in seiner Karriere zu wagen und wechselte zur Rocket Internet GmbH als Senior Consultant für Online Marketing. In dieser Zeit betreute er Unternehmen wie Groupon, eDarling und Zalando in den unterschiedlichen internationalen Märkten und in den verschiedenen Online-Marketing-Kanälen. 2012 gründete er gemeinsam mit Stephan Czysch und Benedikt Illner die Agentur Trust Agents. Insgesamt blickt Dominik Wojcik auf über 12 Jahre Online-Marketing-, Softwareentwicklungs- und IT-Erfahrung zurück. Dominik ist regelmäßig als Speaker auf diversen Konferenzen vertreten und im Fachbuch »100 Experten. Online Marketing« (Expert Publishing) vertreten.

Bei Fragen zu diesem Buch können Sie Dominik Wojcik unter dw@trustagents.de kontaktieren.

Kolophon

Das Tier auf dem Cover von »Technisches SEO – Mit nachhaltiger Suchmaschinenoptimierung zum Erfolg« ist ein Puma (*Puma concolor*). Der Puma gehört zwar zur Unterfamilie der Kleinkatzen (Felinae), ist aber mit einer Rumpflänge von bis zu 1,80 Meter der größte Vertreter dieser Raubtiergattung. Das dichte gelbbraune bis silbergraue Fell hat ihm den Namen Silberlöwe eingebracht. Hinzu kommen schwarze Flecken an der Schwanzspitze, über den Augen, um das Maul herum und an den Außenseiten der Ohren. Die Unterseite ist immer weißlich. Der Kopf ist klein und rund, der Schwanz mit 60 bis 90 Zentimetern relativ lang.

Das Wort »Puma« stammt aus dem Quechua, einer indigenen südamerikanischen Sprache, die auf den Lebensraum dieses Tieres hinweist: Pumas sind in Süd-, Mittel- und Nordamerika verbreitet und leben in den Steppen-, Berg- und Wüstenzonen des Kontinents. Sie sind sehr anpassungsfähig und können in vielen Regionen überleben. Selbst oberhalb der Baumgrenze sind sie zu finden. Der Puma frisst alles, was die Umgebung ihm bietet – von Mäusen über Vögel bis hin zu Hirschen. Obwohl er sehr gut laufen kann, wird die Beute durch Heranpirschen und Auflauern erjagt. Ein Sprung aus der Deckung, und das Beutetier wird mit einem gezielten Nackenbiss getötet.

Pumas leben als Einzelgänger in großen Revieren. Nur zur Paarungszeit kommen Männchen und Weibchen zusammen. In einer Höhle im Fels bringt das Weibchen zwei bis vier Junge zur Welt, die zunächst noch blind sind und von der Mutter mehrere Wochen lang ausschließlich gesäugt werden. Nach einigen Wochen kommt fleischliche Nahrung hinzu und mit einem halben Jahr werden die Tiere entwöhnt. Sie bleiben aber noch gut eineinhalb Jahre als Familie zusammen, bis sich die Jungen ihre eigenen Reviere suchen.

Pumas haben außer Wölfen und Bären keine natürlichen Feinde. Nur der Mensch trachtet ihm seit Jahrhunderten nach dem Leben, wegen seines Fells und weil er ab und zu auch Vieh erbeutet. Farmer schießen nach wie vor auf den Silberlöwen, was die Bestände stark verkleinert hat. Man schätzt, dass es insgesamt nur noch 50 000 Exemplare dieser Raubkatze auf dem amerikanischen Kontinent gibt.